北大社"十三五"普通高等教育本科规划教材
高等院校机械类专业"互联网+"创新规划教材

控制工程基础与应用

周先辉　周泊龙　编　著
吴　波　主　审

U0196841

北京大学出版社
PEKING UNIVERSITY PRESS

内 容 简 介

本书主要讲述经典控制理论的基本知识及其在机械工程领域中的应用，使读者从整体的角度动态地看待一个机电系统，分析机电系统的动态行为，掌握设计计算方法。全书共7章，内容包括机械与控制、系统的数学模型、系统时域性能分析、系统稳定性与根轨迹分析、系统频域性能分析、控制系统的设计与校正及现代控制理论简介。工程分析设计示例贯穿全书。

本书可作为工程应用型高等院校机械、机电及测控类专业的教材，也可供广大工程技术人员和科技工作者学习参考。

图书在版编目(CIP)数据

控制工程基础与应用/周先辉，周泊龙编著 . —北京：北京大学出版社，2021.7
高等院校机械类专业"互联网+"创新规划教材
ISBN 978 - 7 - 301 - 31617 - 7

Ⅰ. 控… Ⅱ. ①周… ②周… Ⅲ. ①自动控制理论—高等学校—教材 Ⅳ. ①TP13

中国版本图书馆 CIP 数据核字(2020)第 171363 号

书　　　名	控制工程基础与应用	
	KONGZHI GONGCHENG JICHU YU YINGYONG	
著作责任者	周先辉　周泊龙　编著	
策 划 编 辑	童君鑫	
责 任 编 辑	李娉婷	
数 字 编 辑	蒙俞材	
标 准 书 号	ISBN 978 - 7 - 301 - 31617 - 7	
出 版 发 行	北京大学出版社	
地　　　址	北京市海淀区成府路 205 号　　100871	
网　　　址	http://www.pup.cn　新浪微博：@北京大学出版社	
电 子 信 箱	pup_6@163.com	
电　　　话	邮购部 010 - 62752015　发行部 010 - 62750672　编辑部 010 - 62750667	
印 刷 者	北京市科星印刷有限责任公司	
经 销 者	新华书店	

787 毫米×1092 毫米　16 开本　17.25 印张　399 千字
2021 年 7 月第 1 版　2021 年 7 月第 1 次印刷

定　　　价　54.00 元

序

进入 21 世纪，我国高等教育的发展速度和发展质量都进入了一个新阶段，尤其是我国的工程教育，无论是规模质量还是综合实力，甚至是国际竞争力都迈上了一个新的台阶。我国高等教育特别是工程教育，要服务和服从于国家的建设、社会的发展和人民的生活，为此，2018 年 10 月中华人民共和国教育部发布实施了"六卓越一拔尖"计划 2.0，大力推进新工科、新医科、新农科、新文科建设。在新的时代，传统的机械类工科专业为适应社会对专业人才的需求，必然要走工程教育改革的新道路。教材建设是新工科建设的重要内容，以学习者为中心，实现"教材"到"学材"的转变，使课本不仅是学习资源，更是学习指南，是新工科教材建设的发展潮流。翻阅本书，我欣慰地发现已有教育工作者结合自己多年的教学经验在此领域进行着一些初步的尝试。

"控制工程基础"课程是机械、机电类专业非常重要的一门专业核心课程。本书没有采用大量的数学知识来讲解各种控制理论和分析方法，而是根据实际机电控制系统分析和设计的需要选取理论知识，把重点放在培养读者机电控制系统的分析、设计能力方面，以"能力为本"的新理念是本书的一大特点。在内容设计方面，本书从机电系统实例出发，按照人的思维习惯和从简单到复杂的顺序，依次介绍机电控制系统的分析和设计方法。将天线速度和位置控制系统案例贯穿于全书，这种内容设计不仅符合读者的学习规律，而且能启发读者的思维并激发读者的学习兴趣。另外，本书将 MATLAB 这一分析和设计工具紧密融合于工程案例中，一改许多传统教材分析工具只以附录的形式存在，不仅简化了计算、降低了读者理解的难度，而且更符合工程设计与分析的实际。读完本书，从理念、思路和方法等方面，欣喜其"大道至简"的阐述。

由于读者水平和学校之间存在差异，因此"控制工程基础"课程不可能只有一本教材。"一花独放不是春，百花齐放春满园"，在这个"百舸争流千帆竞"的时代，机械工程控制领域出现了多种教材，我欣然发现有年轻的同行结合自己的教学体会和科学研究，编写出培养应用型人才的教材，这也符合国家对高等教育分类发展的目标。

新时代，新作为，我相信本书对读者学习机械控制工程有很大的帮助，对培养读者的创新能力有所帮助，同时也希望看到在更多的领域出现越来越多的创新应用型教材，助力我国的新工科建设，助力我国的工程教育，助力我国早日实现高等教育现代化。

吴波

华中科技大学　教授

前　　言

　　机械和控制有史以来就密切相关。任何机械都离不开控制技术，从简单机械中的手动控制到复杂机械中的计算机控制，控制技术的进步推动着机械设备的发展，控制技术决定着机电产品的性能和价值。

　　尽管控制技术越来越重要，控制理论或控制技术对机械类专业的初学者来说仍旧很难。在机械类专业的控制工程基础教学中，大量教材侧重采用严谨的数学方法说明各种控制理论和分析方法，在理论结果对实际机电控制系统的作用说明方面大多浅尝辄止或错综复杂。许多读者在阅读这些教材时，苦于数理基础知识的薄弱或实际分析系统的纵横交错，通常茫然无措或只能望而却步。

　　随着"中国制造2025"的推进，机械制造业特别是智能制造业对机械类人才的培养提出了新的要求，各高校正从不同层面培养适应时代发展需要的专业人才。我国地方应用型本科高校正在做积极的转型建设，人才培养模式逐渐从过去侧重于基础理论的传授转向实践应用能力的培养，开发应用型课程和教材是摆在面前的一项重要的基础工作。目前，许多应用型本科院校的教材"以选为主"，由于理论深度、内容结构和学生学习能力等方面存在差异，因此一些认可度高的面向研究型教学的经典教材，在使用中会出现"水土不服"的现象。为更好地服务课程建设和人才培养目标，应用型高等院校在教材建设方面正在积极尝试，进行相应的教材建设和数字化资源建设，以提高教学资源与应用型人才培养目标的契合度。

　　为此，本书围绕应用型人才培养目标，在选材上坚持"为机械服务、机电结合、紧密联系实际"的原则，对控制理论的说明尽量控制在必要的限度内，把重点放在说明理论怎样起作用上面。本着理论来源于工程实践并回归工程实践的理念，编者通过机器-隔振垫系统、RC滤波网络及天线速度和位置控制系统等工程实例，逐步说明基础理论与实际机电控制系统设计和分析之间的联系。为简化计算分析过程、便于读者直观地理解控制理论的基本知识，本书除补充了一些必要的数理基础知识外，还注重引导读者使用MATLAB软件进行系统仿真和分析，快速获得分析结果，以便直观地理解控制理论的基本知识。

　　全书共7章。第1章简要介绍了控制理论和实践的发展历史，说明了机械与控制工程学之间的密切关系，以实例解说机电控制系统的基本构成、类型、控制方式及设计、实现控制系统的一般流程和方法。第2～6章从系统的动、静特性对比入手，围绕"稳、准、快"的控制目标，通过实例讲解，使读者全面理解基本控制理论在系统设计和动态性能分析中的作用，内容包括控制系统的建模、时域分析、稳定性与根轨迹分析、频域分析、校正装置设计等。第7章介绍了现代控制理论的基本知识。各章均附有习题及参考答案。编者力图通过正文和习题，向读者介绍经典控制理论的基本原理和基本知识，以及这些理论在机械工程领域中的应用，同时掌握基本的现代设计计算和分析方法，并使之恰当地与现代控制理论相衔接。

　　本书第 1～6 章为南阳理工学院周先辉教授在多年课程讲义的基础上修改、补充而成，第 7 章由南阳理工学院周泊龙老师编写完成。华中科技大学吴波教授担任本书主审，对本书进行了详细审阅并提出了许多宝贵的建议，编者在此表示衷心的感谢。在本书的编写过程中，还得了平顶山学院赵志敏老师的帮助，协助对书稿内容进行了校阅，在此也表示衷心的感谢。

　　本书的出版，得到了南阳理工学院专业核心课程改革专项研究项目的支撑，编者在此表示衷心的感谢。在本书的编写过程中，编者参考了相关优秀教材，特向其作者表示感谢。

　　由于编者水平有限，疏漏之处在所难免，敬请读者批评指正，有关意见和建议可发送至邮箱：zhouxianhui2010@163.com，zzm0375@163.com。

编　者
2021 年 3 月

课程专栏

目　　录

第1章
机械与控制

本章概述

　　本章主要介绍了控制的基本概念——控制系统的结构组成、控制信息的传递、控制方式和控制系统的类型等；引入了雷达天线速度和位置控制系统案例；明晰了机电控制系统的基本概念及性能指标。

本章目标

　　掌握基本控制术语及信息在控制系统中的传递与变换过程；能熟练绘制控制系统的结构组成框图；了解控制理论的产生和发展背景、控制的不同实现方式；明确控制理论的研究对象及任务。

1.1　什么是控制

　　"控制"这一词，如今已相当广泛地应用在各行各业中。电子控制、计算机控制、环境控制、人口控制、经济控制等各种各样的术语被人们广泛使用。工程技术中，控制系统工程师通过理解和控制他们周边环境的一部分（即所谓的系统），为社会提供经济实用的产品。理解和控制是相辅相成的，因为对系统的有效控制需要对系统的理解和建模。

自动控制

　　那么，什么是控制呢？下面以工程中常见的实例来说明控制的基本过程。

　　图 1.1 表示了某恒温箱温度的控制及其不同的控制方式，该系统要求恒温箱中的温度保持在给定值。图 1.1(a)为系统结构简图，恒温箱的热量由加热电阻丝提供，加热电阻丝热量由电压调节，恒温箱的温度由温度计测量。为实现恒温箱预期的目标温度值，控制过程通常可分解为如下三步。

（1）获得恒温箱当前的温度值，即测量温度。

（2）比较恒温箱当前温度值与期望值，即求出偏差。

（3）根据偏差的大小调整温度。

由此可见，**测量、比较与调整**为该控制系统工作的三个基本过程。为实现恒温箱的温度控制，测量、比较和调整这三步可采用人工控制［图 1.1(b)］的方式来完成，即操作者观测恒温箱内当前的温度值，比较当前的温度与期望的温度，得到温度偏差的大小和方向；再根据偏差的大小和方向调节调压器，控制加热电阻丝的电流以调节温度达到期望值。值得注意的是，由于恒温箱受外界干扰的影响（如散热），其温度将随时间波动，因此操作者必须时刻留意控制系统温度的变化并进行调整，该过程为一**动态**过程。

为使人从劳动中解放出来，生产实际中，测量、比较和调整这三步常采用自动控制的方式来完成，如图 1.1(c)所示。当恒温箱采用自动控制方式时，通过电位器设定与预期的温度相对应的电压信号 u_{T}，由热电偶测量出当前的温度值并转换为对应的电压信号 u_2，比较电路完成与温度偏差对应的电压偏差（$\Delta u = u_2 - u_{\text{T}}$）的求取，$\Delta u$ 经电压及功率放大后，驱动执行电动机通过传动机构拖动调压器动触头动作。当温度偏高时，动触头向电流减小的方向运动；反之，动触头向电流增大的方向运动，直到温度达到给定值为止。当偏差 $\Delta u = 0$ 时，电动机停止转动。由于恒温箱受外界干扰的影响，因此该过程同样为一动态过程。

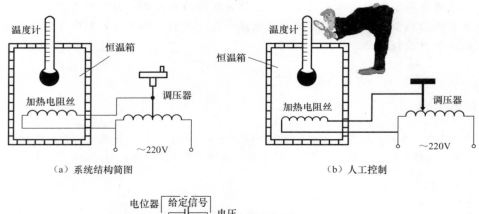

（a）系统结构简图　　　　　　　　　（b）人工控制

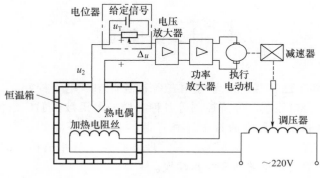

（c）自动控制

图 1.1　某恒温箱温度的控制及其不同的控制方式

由实例分析可知，人工控制是人有目的的一种活动，由人通过判断和操作进行控制。例如，汽车的人工驾驶即属于人工控制，驾驶人为到达目的地，需要根据路况和车况不断地操纵转向盘；人的行走、抓放物品等行为也都可称为人工控制。与此相反，**自动控制**则由具有控制功能的机器组成，在没有人直接参与的情况下，使生产过程和被控对象的某些物理量准确地按照预期规律变化。

综上所述，"控制"可定义为为达到某种目的，对某一对象施加所需的操作，含有"调节/调整""管理/监督""运行/操作"等意思。使被控量按给定量的变化规律变化，是控制系统的基本任务。

1.2 控制系统的结构组成

1.2.1 控制系统信息的传递

由恒温箱控制分析可知，控制系统是由相互关联的部件按一定的结构组成的，通过信息的传递使系统中的各物理量之间形成相互关联的整体，以提供预期的系统输出。对一般控制系统而言，尽管组成系统的元器件性质不同，数量不同，但以**系统信息传递方法**对控制过程进行描述时，总可以把系统分解成两大基本组成部分：控制装置和被控对象，其关系可用图1.2所示的框图来表示。图1.2中，方框代表系统中每一个具有一定功能的组成部分；箭头表示信息流动的方向，进入方框的箭头表示输入，离开方框的箭头表示输出。

这里，被控对象通常可指控制系统中的某些物体、机器、过程(程序)，或经济、社会现象等一般广泛的系统。为了对被控对象进行控制而附加的装置称为控制装置。在表示被控对象状态的量中，想实现控制的目标量(如恒温箱的温度等)称为**被控量**，也称输出量；所期望的温度等称为**目标值**。控制系统的输入通常包含控制输入和干扰。**控制输入**即系统的给定量，如上述恒温箱自动控制系统中通过电位器的给定信号，它与控制系统输出的期望值(目标值)对应。对控制系统产生扰动的输入称为**干扰**。外界因素对被控对象产生的干扰称为外扰 (如恒温箱的散热等)。

图 1.2　一般控制系统结构组成

干扰的存在往往会导致系统输出偏离目标值，偏差因之产生。为实现控制目标，必须对控制装置进行修正，修正的过程即偏差的自动调整过程。为获得偏差信号，控制系统通常需要检测元件从控制对象取出信息并馈送到输入端，该信息流动的过程称为**反馈**，反馈量与输入量之差称为**偏差**。系统分析时，习惯采用框图形式将控制系统中具体的对象联系起来，形象地表达一个控制系统的基本组成及其信息的流向和调节过程，这种框图称为控制系统结构组成框图(图1.2)。图1.3表示了信息在一个简单的反馈控制系统结构组成中的传递过程。分析图1.3可知，反馈控制系统一般由被控对象(设备或仪器等)、控制器、执行元件和测量元件等组成(这些物理要素有时是由独立的部分构成的，有时是由几个部分联合在一起构成的，也可能不同时出现)。其中，控制器是使被控对象达到所要求的性能或状态的控制设备，它接收指令信号(输入)和反馈信号,完成偏差信号的求取并按预定的规律给出控制信号(操作量),送到执行元件(放大器)。执行元件负责驱动被控对象实现预期目标。

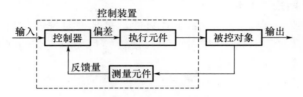

图 1.3　反馈控制系统结构组成

　　控制系统结构组成框图中,把输出的全部或部分返回到输入端的通道称为反馈通道,具有反馈通道的系统称为闭环系统,不具有反馈通道的系统则称为开环系统。图 1.4 所示为恒温箱的人工控制系统和自动控制系统结构组成框图。由框图可知,人工控制系统和自动控制系统均为闭环系统。人工控制系统中,测量功能是通过操作者眼睛观察温度计完成的。自动控制系统中,电压放大器、功率放大器、执行电动机、减速器、调压器、热电偶共同构成控制装置。由电位器设定与期望温度相对应的电压信号,由热电偶获得实际温度值,采用电压放大器进行控制偏差的求解。对比自动控制系统与人工控制系统的结构组成,可知自动控制系统存在三个最基本的结构要素。

　　(1)控制器,代替人的大脑完成比较、计算、判断,并发出调节指令。

　　(2)测量元件与变送器,代替人的眼睛完成信号的采集、测量和变送。

　　(3)执行元件,代替人的肌肉和手完成或实现对被控对象的调节作用。

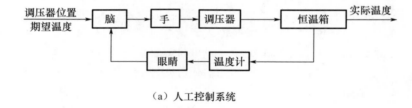

(a)人工控制系统

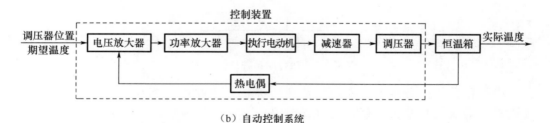

(b)自动控制系统

图 1.4　恒温箱的人工控制系统和自动控制系统结构组成框图

1.2.2　控制装置的结构要素

　　自动控制系统中,将控制施加给被控对象的装置称为控制装置。因此,在前面所示的恒温箱控制系统中,除被控对象方框外,其他方框都是构成控制装置的要素。不同的控制系统,虽然控制结构不同,但各自含有通用的要素,即控制器、传感器和传动装置。

要实现控制,传感器和传动装置是不可缺少的。这是因为要想知道现在系统是否需要进入控制工作状态,就必须先准确地测出其当前状态;要想达到系统所希望的状态,必须要有对系统做直接物理性作用的传动装置。另外,机械控制装置随着时代的发展不断地进步,系统控制器常由微型计算机担当。汽车、机器人、机床、照相机、缝纫机等的控制系统中都使用了微型计算机作为控制器。下面对作为控制装置的三大组成要素——控制器、传感器和传动装置,从机械控制的观点说明它们的功能。

1. 控制器(微型计算机)

控制器(微型计算机)通常由微处理器、存储器和输入/输出接口(I/O接口)三大部分组成,其结构如图1.5所示。目前,单片机(如MCS系列)、数字信号处理器(DSP)和可编程控制器(PLC)为机电控制系统中常用的控制器。图1.6表示了由三类不同的控制器构成的简单控制系统。

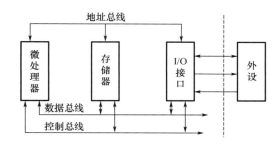

图 1.5　控制器(微型计算机)的基本组成

单片机有着体积小、功耗低、功能强、性价比高、易于推广应用等显著优点,在自动化装置、智能化仪器仪表、过程控制和家用电器等领域得到日益广泛的应用。单片机可直接用简单高级语言(如C语言)编程,I/O接口功能众多,如A/D转换器、D/A转换器、LED/LCD光管显示驱动、特殊串行I/O接口、DMA控制、FIFO缓冲器、脉宽调制(PWM)输出、锁相环控制(PLL)等。

数字信号处理器是一种特别适合进行数字信号处理运算的微处理器,其主要应用是实时、快速地实现各种数字信号处理算法。与模拟系统相比,数字信号处理系统与其他以现代数字技术为基础的系统或设备相互兼容,其接口方便。由于数字信号处理系统以数字处理为基础,受环境温度及噪声的影响较小,因此可靠性高、稳定性好,便于测试、调试和大规模生产。

可编程控制器是一种专门为在工业环境下应用而设计的数字运算操作的电子装置。它采用可以编制程序的存储器,用来存储执行逻辑运算、顺序运算、计时、计数和算术运算等操作的指令,并通过数字式或模拟式的输入和输出,控制各类机械或生产过程。与通用计算机控制系统相比较,可编程控制器控制可靠性高,易操作,采用与电气原理图相近的梯形图语言编程。当生产工艺流程和生产设备更换时,一般不必改变可编程控制器的硬件设备,只需要改变程序就可以适应新的需要,因而得到了大多数工程技术人员的青睐。

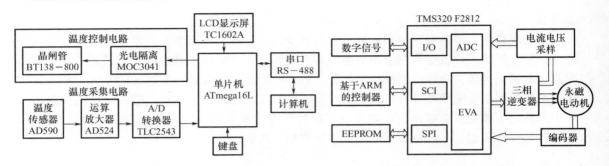

（a）单片机温度控制系统　　　　　　　　　（b）永磁同步电机调速数字信号处理器控制系统

单片机温度
控制系统

永磁同步
电动机

变频器
控制电动机

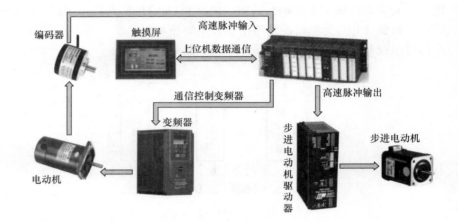

（c）电动机调速可编程控制器控制系统

图 1.6　由三类不同的控制器构成的简单控制系统

2. 传感器

传感器是一种能把位移、速度、力、温度、光度等物理量和浓度、成分等化学量转换为电信号的装置。如果把人类看成精巧的控制系统，人拥有视觉、听觉、嗅觉、味觉、触觉，则人的眼、耳、鼻、舌、皮肤起着传感器的作用。在控制系统中，传感器的作用就是对控制量进行检测，确定系统当前的状态。

为了构建一个优良的控制系统，良好的检测技术是必不可少的。测量位移及速度等状态量，使用市售的传感器就可实现，但要测量表示特殊状况的状态量时，使用市售的传感器就困难重重。例如，控制系统所有的要素是否都在正常工作，或在工作时是否受不良环境的影响而引起变化等，这需要把所有传感器有机地组合起来之后才能检测出来。

就单纯的温度控制来说，用什么样的传感器、测量的最高温度是多少等问题会不断出现。例如，汽车空调系统检测车内温度时，车内温度因位置的不同差异很大。此时可使用数个温度传感器在不同位置测量，把检测的平均值作为测量温度。但这种方法配线的负担太大。实际应用中，为检测乘车人所感受到的温度，需用一个小型风机吸入周围的空气，用半导体温度传感器（热敏电阻）检测其空气的温度。而检测汽车外部气温时，为了检出稳定的外部空气温度，需将半导体温度传感器放入一个大热容量的容器中，这是十分费力的。

设计控制系统时，传感器的选择十分关键。要想达到什么程度的控制，应充分研究如何检测及检测什么样的状态等问题。信号检测技术对整个系统的性能有决定性的影响。

3. 传动装置

传动装置也称操作装置，其在控制系统中接受判断、调节环节的信号，直接对被控对象进行作用。若把人比作控制系统的话，眼、耳、鼻、舌、皮肤相当于传感器，大脑相当于计算机，手就相当于传动装置。几乎所有的机械自动控制系统中，传动装置都是对系统的执行机构以力的形式发挥其作用的。传动装置一般需要能源。传动装置若采用直流电动机，则需要直流电源；若采用液压缸，则需要液压泵；若是气动机械的话，则需要空气压缩机。恒温箱控制系统中，人工控制时操作者的手就相当于传动装置，能源来自操作者；而自动控制时，执行电动机和减速器共同构成传动装置，能源来自电压放大器和功率放大器。目前，控制系统中常见的传动装置的驱动方式大致分为机械式、电动式和液压式几种。

机械式控制机构工作可靠，抗环境干扰能力强，但不能进行遥控和信号变换。电动式控制机构灵敏度高，响应迅速，可遥控和进行信号变换等，但应注意环境干扰的问题。液压式控制机构可用在大功率系统中，但系统的体积大。实际应用中，输入时多采用电动式控制机构，输出时多采用机械式控制机构或液压式控制机构。现在多采用电动－机械式控制机构或电动－液压式控制机构。

电动机有许多类型，如步进电动机、直流电动机、交流电动机等。步进电动机以数字信号工作，微机控制最简单。直流电动机虽然体积小，但可得到较大的输出转矩，市场销售的样式也多，被广泛使用。另外，输出转矩较大的交流电动机因采用了逆变电路，使转速连续可变，控制性提高，也被广泛使用。

在确定传动装置的结构时，掌握控制对象的特点并研究控制方式是非常重要的。只由现成的电动机等部件构成传动装置的情况很少见，多数情况下，只有把电动机等部件和独立的机械装置组合在一起，才能设计和生产出适合控制系统的传动装置。

要制造出良好的控制系统，首先要充分掌握控制对象的机械特征，其次要正确检测出系统的当前状态，确定系统控制量的大小和传动装置的形式。为了提高控制系统的性能，必须要有一个好的控制算法，并掌握电子计算机的应用技术。因此，从事机械系统自动控制工作的工程技术人员必须具备相当丰富的知识。

1.2.3 闭环反馈控制系统结构框图与组成环节

"反馈"是机械工程控制论中一个最基本、最重要的概念，工程技术领域中的自动控制系统，往往为达到一定的控制目的有意设计"反馈控制"。同时，机械系统中还广泛存在各种自然形成的反馈，即内在反馈。分析和处理系统中的反馈问题是研究机械系统动态特性的关键。**自动控制工程学中，闭环反馈控制系统是主要的研究对象，分析和比较这些控制系统的组成，对理解和分析自动控制具有重要的意义。**

1. 典型闭环系统结构组成框图

如果将图 1.4 所示恒温箱的自动控制系统结构框图推广到一般形式，可得到图 1.7 所示典型的闭环自动控制系统结构组成框图。

7

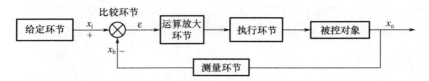

图 1.7　典型的闭环自动控制系统结构组成框图

一个自动控制系统通常包含以下环节。

（1）给定环节

给定环节是指给出输入信号的环节，用于确定被控对象的目标值（或称给定值）。给定环节可以用各种形式（电量、非电量、数字量、模拟量等）发出信号。例如，图 1.1(c)所示的电位器即为给定环节，数控机床进给系统的输入装置也是给定环节。

（2）测量环节

测量环节用于测量被控制量，并将被控制量转换为便于传送的另一物理量（一般为电量）。例如，用热电偶将温度转换为电压信号，用测速电动机将转速转换成电压信号，用光栅测量装置将直线位移转换成数字信号等。一般来说，测量环节是指非电量的电测量环节。

（3）比较环节

在比较环节中，输入信号 x_i 与测量环节发出来的有关被控量 x_o 的反馈量 x_b 相比较，并得到一个小功率的偏差信号 ε，$\varepsilon = x_i - x_b$。常用的比较器有差动放大器、机械差动装置、电桥电路等，微型计算机控制器可方便地完成信号的比较运算。偏差信号是比较器的输出。

（4）运算放大环节

为了实现控制，需要对偏差信号做必要的校正，然后进行功率运算放大，以便推动执行环节。常用的放大类型有电流放大、电气-液压放大等。

（5）执行环节

执行环节接收运算放大环节送来的控制信号，驱动被控对象按照预期的规律运行。执行环节一般是一个有源的功率放大装置，工作中要进行能量转换。例如，把电能通过直流电动机转换为机械能，驱动被控对象做机械运动。前述恒温箱控制系统中的执行电动机、减速器及调压器等均属于这类环节。

（6）校正环节

控制系统的基本结构上往往还附加补偿元件或校正元件。最简单的校正元件是由电阻、电容组成的无源或有源网络。这些结构或参数便于调整的元件，用串联或反馈的方式连接在系统中，对偏差信号进行必要的校正，以提高控制系统的性能（图 6.34）。

给定环节、测量环节、比较环节、运算放大环节和执行环节一起，组成了控制系统的控制部分，目的是实现对被控对象的控制。当然，有的装置可兼有两个环节的作用。

2. 控制系统结构组成分析示例

【例 1-1】 液位控制。

图 1.8(a)所示为一个能调节容器液位的人工控制系统。其中，系统的输入（预期输出）

是按规定应该保持的液面参考位置(此操作位置存放在操作者的脑海中),控制放大器的是操作者,而传感器则是操作者的眼睛。操作者比较实际液面与预期液面的差异,通过打开或关闭阀门(即执行机构)调节输出流量,达到维持液面高度的目的。人工控制系统结构组成框图如图 1.8(b)所示。

图 1.8(c)所示是一种机械式液位自动控制系统,控制液面高度保持不变。水通过阀门控制而进入水箱。当水位不断上升时,通过浮子反馈,经杠杆机构使阀门关小,进水流量减少。当水位下降时,通过浮子反馈,经杠杆机构使阀门开大。这一闭环控制系统是用杠杆机构作控制器来比较实际液面高度和所期望的液面高度,并通过控制阀门的开度对偏差进行修正,从而保持液面高度不变。其结构组成框图如图 1.8(d)所示。

图 1.8(e)所示的机电式液位自动控制系统中,给水量 Q_1 的增减是通过改变控制阀门的开度来控制的,而控制阀门是由伺服电动机带动变速箱来驱动的。因此,电动机-变速箱-控制阀便构成了该系统的执行元件。液位的实际高度通过浮球的位置反映。浮球位置改变,使得杠杆带动电位器 RP_B 上的动触点上下移动,从而改变电压 U_B 的大小。因此,浮球-杠杆-电位器 RP_B 就构成了液位的检测与反馈环节,U_B 为反馈量。电位器为给定元件,电压 U_A 为给定量。U_B 与 U_A 的差值即为偏差量 ΔU,即 $\Delta U = U_A - U_B$。偏差量 ΔU 经控制器与放大器放大后即为伺服电动机 SM 的电枢控制电压 U_a。根据以上分析,可绘出如图 1.8(f)所示的机电式液位自动控制系统结构组成框图。系统中扰动量为 Q_2,被控制量为液面的高度 H,被控对象为水箱。

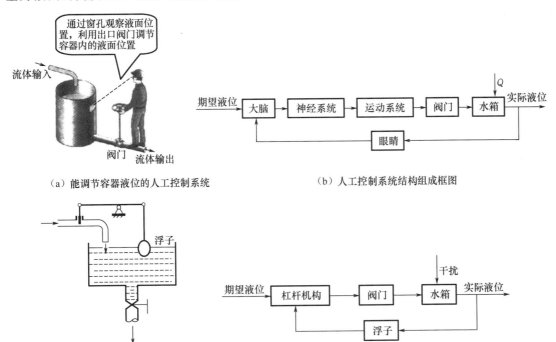

(a) 能调节容器液位的人工控制系统　　　　(b) 人工控制系统结构组成框图

(c) 机械式液位自动控制系统　　(d) 机械式液位自动控制系统结构组成框图

图 1.8　液位控制系统及其结构组成框图

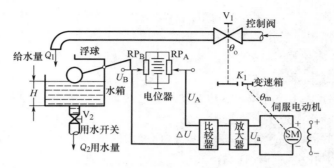

（e）机电式液位自动控制系统

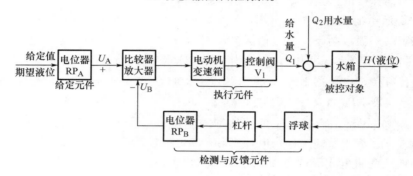

（f）机电式液位自动控制系统结构组成框图

图 1.8　液位控制系统及其结构组成框图（续）

【例 1 - 2】 转速控制。

　　在机械工程中，转速控制是常见的问题。图 1.9 所示为用于控制蒸汽机转速的离心调速器控制系统。离心调速器的转轴上装有伸缩弓架状的连杆机构，杆端装有重球。随着转轴转速的变化，变化的重球离心力使轴上的套筒沿轴上下运动，套筒的上下运动通过杠杆传送给节气阀。当蒸汽机无外来扰动时，离心调速器的飞锤旋转角速度基本为一定值。此时，飞锤、弹性元件、杠杆、阀门处于相对平衡的状态。如果负荷一侧的机械工作量增大，蒸汽机的转速变小，重球离心力小，使其旋转半径变小，套筒就向下移动。套筒向下移动使节气阀向增大开口面积方向转动，蒸汽机内的蒸汽量增加，蒸汽机的转速就提高了。相反，负荷减小，蒸汽机转速增大，重球的离心力增大，套筒就向上移动，使节气阀向减小开口面积的方向移动，进入蒸汽机内的蒸汽量减少，蒸汽机的转速变小，以保证角速度恒定。当速度下降到一定值后，滑套、杠杆又恢复到原位，从而保持了转速的恒定。

　　图 1.10 所示为一种包含电动机、电路和电源的典型电动机转速闭环控制系统。电动机转速由测速发电机测量后，转变为电动势，测速发电机的电动势与外接电位进行比较，以电位差驱动工作电动机。当电动机转速因干扰而发生改变时，测速发电机的电位也发生改变，引起电位差改变。工作电动机的转速也跟着调节，以保持转速不变。在该控制系统中，被控对象为电动机，执行机构也是电动机，被控量为电动机转速。

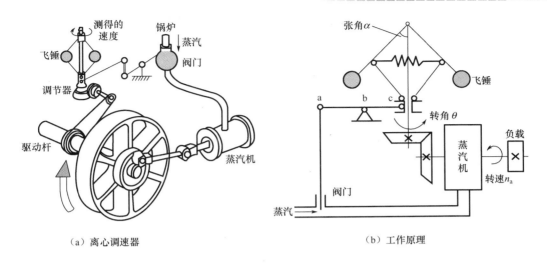

（a）离心调速器　　　　　　　　　（b）工作原理

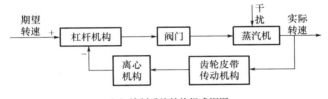

离心调速器

（c）控制系统结构组成框图

图 1.9　用于控制蒸汽机转速的离心调速器控制系统

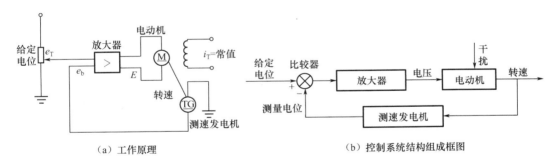

（a）工作原理　　　　　　　　　（b）控制系统结构组成框图

图 1.10　电动机转速闭环控制系统

【**例 1 - 3**】　轨迹控制。

　　当汽车能快速准确地对驾驶人的操纵做出响应时，驾驶汽车无疑是一件令人惬意的事情。许多汽车都装有驾驶和制动用的动力装置，它们通过液压放大器将操纵力放大以便控制驱动轮或者制动。汽车行驶时，驾驶人将预期的行车路线与实际测量的行车路线相比较，获得行驶偏差，根据偏差操纵转向盘，使汽车朝着期望的轨迹行驶。汽车典型的行驶方向响应曲线、驾驶控制系统结构组成框图如图 1.11 所示。其中，测量通常是通过视觉和触觉（身体运动）的反馈来实现的，还有一种反馈是通过手感知转向盘的变化来实现的。与汽车驾驶控制系统相似的反馈系统还有远洋轮或大型飞机的驾驶控制系统。

11

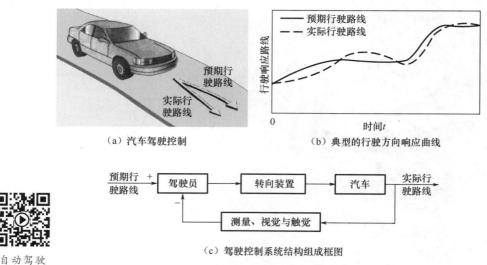

（a）汽车驾驶控制　　　　　　　　　（b）典型的行驶方向响应曲线

（c）驾驶控制系统结构组成框图

图 1.11　汽车行驶路线驾驶控制系统

图 1.12(a)所示为某配钥匙机构的工作原理。该配钥匙机构的实质为仿形加工。工作时，电动机 1 驱动铣刀旋转，安装在支架上的模型(母版钥匙)和工件(钥匙坯)随支架同时移动。触指紧靠模型齿面(期望轨迹)，铣刀贴紧工件被加工面，由差动轮获得触指轨迹与铣刀轨迹的位置偏差。差动轮带动电位器上的滑片将位置偏差转换为电压信号，放大后驱动电动机 2 工作，再经齿轮齿条传动带动刀架移动，使铣刀切削点的运动轨迹与期望轨迹一致，从而实现钥匙齿面轨迹的复制。该控制系统结构组成框图如图 1.12(b)所示。

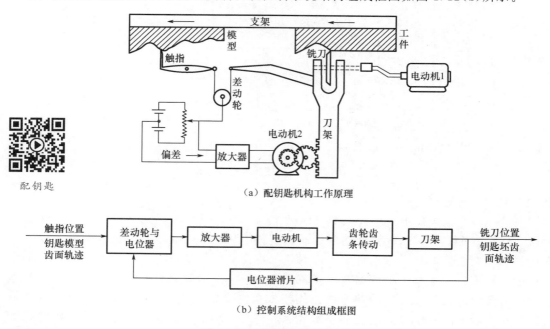

（a）配钥匙机构工作原理

（b）控制系统结构组成框图

图 1.12　配钥匙机构控制系统

工业机器人位置控制系统如图 1.13 所示。该工业机器人要完成将工件放入指定孔中的任务，对应的基本控制框图如图 1.13（b）所示。其中，控制器的任务是根据指令要求、传感器所测得的手臂实际位置和速度反馈信号，考虑手臂的动力学，按一定的规律产生控制作用，驱动手臂各关节，以保证机器人手臂完成指定的工作并满足性能指标的要求。

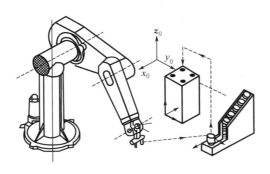

机械手
搬运

（a）完成装配工作的机器人

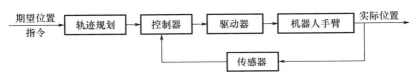

（b）控制系统结构组成框图

图 1.13　工业机器人位置控制系统

工业上还有许多控制系统实例，如速度控制、温度控制、压力控制、位置控制、厚度控制、配方控制和质量控制等，这些系统都有上述控制系统所示的基本构成。其实，在自然界、人类社会及人们日常生活中，也存在大量的控制系统。人就是一个极其复杂而又极其完备的控制系统，以体温作为输出时，人的体温就是一个自动调节系统。控制论的创始人维纳通过大量研究发现，在机器系统、生命系统甚至社会与经济系统中，都存在一个共同的本质的特点，它们都通过信息的传递、处理与反馈来进行控制，这就是控制论的中心思想。工程控制论正是用这种系统的观点，以信息传递方法与可控制的思想来研究工程技术中的动力学问题的理论。

1.3　控 制 方 式

在自动控制工程学中，"控制"一词已与其他词组合构成了各种各样的复合词。按控制对象、控制量、目标值、控制装置、控制方式及使用信号的种类等，可将这些复合词按表 1-1 所示结构进行归类。对于一般的应用场合而言，"控制方式"一词包含广泛的内容，如人工控制方式与自动控制方式、微机控制方式与电力电子控制方式、连续控制方式与数字控制方式、开环控制方式与闭环控制方式等。

表 1-1 各种控制用语

复合词	举 例
【被控对象】以被控对象作为对象进行控制	机械控制、发动机控制、过程控制
【控制量】受控制的量	位置控制、速度控制、张力控制、压力控制、温度控制、流量控制
【目标值】控制到目标值	定量控制、跟踪控制、比率控制、程序控制
【控制装置】由控制装置控制	微机控制、计算机控制、气液控制、电力电子控制
【控制方式】以控制方式控制	反馈控制、前馈控制、最优控制、学习控制、自适应控制、顺序控制
【信号】用于控制的信号	连续控制、数学控制、采样控制

1.3.1 控制系统的发展

按所用控制器件划分，机电控制系统的控制方式主要经历了以下四个阶段。最早的机电控制系统出现在 20 世纪初，它仅借助于简单的接触器与继电器等控制器件，实现对被控对象的启、停及有级调速等控制。在这个阶段，控制系统处理的信号为断续变化的开关量，属断续控制方式，其控制速度慢，控制精度也较差。20 世纪 30 年代，控制系统从断续控制发展到连续控制。在连续控制方式中，控制系统处理的信号为连续变化的模拟量，如某些设备的直流电动机调速系统。连续控制系统可随时检查控制对象的工作状态，并根据输出量与给定量的偏差对被控对象自动进行调整。连续控制的快速性及控制精度都大大超过了最初的断续控制，并简化了控制系统，减少了电路中的触点，提高了可靠性，使生产效率大为提高。20 世纪 40—50 年代出现了大功率可控水银整流器控制，50 年代末期出现了大功率固体可控整流元件——晶闸管。晶闸管控制很快就取代了水银整流器控制。后来又出现了功率晶体管控制。晶体管和晶闸管具有效率高、控制特性好、反应快、寿命长、可靠性高、维护容易、体积小、质量轻等优点，它们的出现为机电自动控制系统开辟了新纪元。

随着数控技术的发展，计算机的应用特别是微型计算机的出现和应用，又使控制系统发展到一个新阶段——计算机数字控制。在数字控制方式中，控制系统处理的信号为离散的数字量。数字控制也是一种断续控制，但是和最初的断续控制不同。由于数字控制的控制间隔（采样周期）比控制对象的变化周期短得多，因此数字控制在客观上完全等效于连续控制。数字控制把晶闸管技术与微电子技术、计算机技术紧密地结合在一起，使晶体管与晶闸管的控制具有强大的生命力。20 世纪 70 年代初，计算机数字控制系统应用于数控机床和加工中心。这不仅加强了数控机床和加工中心的自动化程度，而且提高了数控机床和加工中心的通用性和加工效率，使其在生产上得到了广泛应用。工业机器人的诞生为实现机械加工全面自动化创造了物质基础。20 世纪 80 年代以来，出现了由数控机床、工业机器人及自动搬运车等组成的统一由中心计算机控制的机械加工自动线——柔性制造系统（FMS），它是自动化车间和自动化工厂的重要组成部分。

1.3.2　开环控制与闭环控制

控制系统结构组成框图中是否有反馈通道是区分开环控制系统与闭环控制系统的依据。 那么，控制一个被控对象是否都要采用具有反馈的闭环控制方式呢？事实上，有很多控制采用的并不是闭环控制而是开环控制。

开环控制与闭环控制

在图1.14(a)所示的开环控制系统中，一台直流电动机拖动一个需要恒速转动的工作台。电动机两端的电压由直流放大器提供。直流放大器的输入信号是电位计R的给定电压。当工作台的转速给定后，人们可以根据传动比及电动机的特性，确定需要加在电动机两端的电压值，然后根据直流放大器的放大倍数确定需要加在直流放大器输入端的电压大小，进而决定电位计滑片所在的位置。在该系统中，系统的实际输出值能否达到预定的数值，系统并不予以理会。即使由于各种原因(如负载的波动、传动零件磨损、传动关系变化等)使实际的输出值没有达到预期值，系统也无法加以纠正。控制系统的控制精度完全取决于所用的元件及校准的精度。但由于开环系统结构简单、调整方便、成本低，因此在精度要求不高或扰动影响较小的情况下，这种控制方式具有一定的实用价值。目前，用于国民经济各部门的一些自动化装置，如自动售货机、自动洗衣机、产品自动生产线、经济型数控机床及指挥交通的红绿灯的转换等，一般都是开环控制系统。

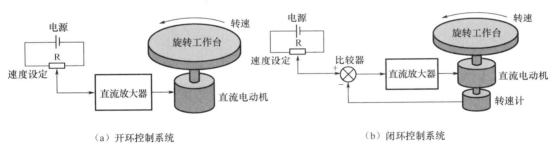

（a）开环控制系统　　　　　　　　　　　　　　　（b）闭环控制系统

图 1.14　旋转工作台的开环控制与闭环控制

在图1.14(b)所示的闭环控制系统中，采用转速计将旋转工作台的速度信号反馈到比较器中，输入电压与转速计输出电压相减得到偏差电压信号后送入直流放大器，驱动直流电动机带动工作台旋转。由于采用反馈并靠偏差来控制，因此，当系统受到外界变化或内部变化的影响，使被控量偏离给定值时，系统能及时发现并自动纠正偏差，使系统达到较高的控制精度。闭环控制系统的控制误差可达到开环控制系统误差的1/100。

与开环控制系统比较，闭环控制系统的结构比较复杂，建造较困难。特别是，闭环控制系统存在反馈信号，如果偏差控制设计得不合理，将会使系统无法正常和稳定地工作。此外，当系统的静态精度要求较高时，精度与系统的稳定工作之间也常常存在矛盾。为什么会这样呢？在以后各章节的学习中将会进行详细的分析。但为了使大家有一个初步的概念，我们可以通过人驾驶汽车的过程进行简要说明。如果驾驶员不参与控制，为了保持汽车在公路上按一定方向行驶，只要使转向盘保持在一定的位置就可以了。如果驾驶员参与控制的话，当发现汽车偏离了给定方向后，就要按偏离的大小及方向转动转向盘。在这里，驾驶员就相当于闭环控制系统中的控制器。如果驾驶员的驾驶技术不高明(这相当于控制器的性能不好)，驾驶员根据观测到的偏差给出的转向盘的操纵量太大，使汽车方向偏转过猛，可能很快就偏离了原来的行驶方向。如果此时驾驶员反应很迟钝，待他发现时，汽车早已偏离了原来的方向，此时他又会给转向盘一个很大的反方向偏转，使汽车向另一个方向产生很大的转动。如此循环下去，其结果就是汽车在公路上来回摆动，以致发生交通事故。造成这种现象的原因是，驾驶员依偏差进行控制，但又没有优质地按偏差进行控制。

本书主要研究闭环控制系统，即研究实现反馈控制的理论与方法。

1.3.3　前馈控制与反馈控制

为了理解前馈控制和反馈控制的不同，让我们看一看汽车空调对汽车车内温度控制的例子。图 1.15 所示为某型号汽车空调信号传递框图。设定温度间隔为 0.5℃，在 LED 灯显示的同时，将期望的车内温度值输入电子控制装置（ECU）中。另外，来自前窗的日照量及当前车内温度、车外温度也由各自的传感器输入 ECU 中。ECU 根据输入的这些信息，为保持期望的车内温度，通过空气压缩机的开或停，来控制风机的风量及蒸发器阀。那么，该汽车空调的基本控制组成应该是什么样的呢？

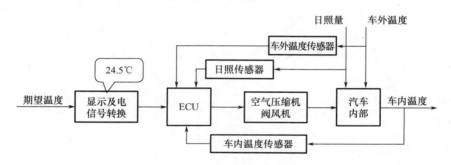

图 1.15　某型号汽车空调信号传递框图

如果没有日照传感器和车外温度传感器方框的话，显然这个控制系统是典型的反馈控制系统，即目标值同控制量（车内温度）比较，通过其偏差实现控制的作用。

就车内温度控制而言，日照量和车外温度是对控制对象即车内温度起不良影响的外界干扰，即外扰。在反馈控制系统中，也存在这种外扰，其控制作用就是为了消除这种外扰。可是若在夏天，当车外温度超过 30℃ 时，会有相当多的热量流入车内，靠单纯的反馈控制，车内温度难以达到期望温度，将产生恒定的温差（例如，期望温度为 24.5℃，而车内温度只能达到 26℃）。对汽车空调系统进行更精确控制的方法是：用传感器测出日照量和车外温度，根据测得数据调节冷风量，抵消由车外流入车内的热量。这样在日照量和车外温度对车内温度出现影响前，就对可能出现的影响加以控制。我们说，此系统对日照量和车外温度对车内温度可能产生的影响进行了前馈控制。

由此可见，前馈控制可理解为通过观察情况、收集整理信息、掌握规律、预测趋势，为避免在未来不同发展阶段可能出现的问题而事先采取措施。因此，前馈控制具有防患于未然的作用。图 1.16 所示的控制系统基本上采用了反馈控制方式，只是对外扰部分又采用了前馈控制方式，因此可以说该系统为反馈控制和前馈控制的组合。

以上给出了三种控制系统的基本结构。采用什么样的控制结构更好，没有一般定论。更复杂的控制结构，可能实现更好的控制效果，但超出了本书所要论述的范围。

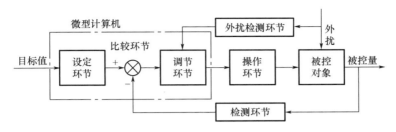

图 1.16 反馈控制和前馈控制组合的控制系统结构

1.4 控制系统的分类

由于自动控制技术发展很快，应用很广，加之看问题的角度不同，因此自动控制的分类方法很多。

程序控制系统

1.4.1 按输入信号的运动规律进行分类

控制系统按输入信号的运动规律来分类，可分为以下三种类型。

1. 恒值控制系统

恒值控制系统又称自动调节系统，特点是输入信号（期望的目标值）是一个恒定值，控制任务是尽量消除干扰的影响，使输出信号以一定的准确度保持在期望值上。前述恒温箱温度控制系统、液位控制系统、转速控制系统即属于这种类型。在生产过程中，用来控制温度、湿度、压力、流量、电压、电流、频率、速度等的自动控制系统多为恒值控制系统。

2. 程序控制系统

程序控制系统的特点是输入信号按预先设定的规律（或程序）变化，即输入信号是随时间变化的已知函数。前述工业机器人位置控制系统即属于这种类型。此外，数控机床也是一个典型的程序控制系统。

3. 随动控制系统

随动控制系统又称自动跟踪系统，其输入信号是预先未知的随时间任意变化的函数，系统的任务是使输出信号以尽可能小的误差跟随输入信号变化。前述配钥匙机构控制系统即属于这种类型。此外，雷达自动跟踪系统、火炮自动瞄准系统、各种电信号记录仪等都是随动控制系统。

1.4.2 按控制器的实现方式进行分类

控制系统按控制器的实现方式来分类，可以分为以下两种类型。

随动控制系统

1. 连续模拟式控制系统

在图 1.1 所示的恒温箱自动控制系统、图 1.8 所示的液位控制系统等系统里，控制器是由模拟部件（如电位器、比较器、放大器等模拟电子部件）实现的。此外，系统中的被控对象及其他控制部件（如执行部件等）的行为都是随时间连续变化的。因此，在这种系统里，所有部件的信号都是随时间连续变化的，信号的大小也都是可以任意取值的模拟量（如电压、电流、温度、位移等），这种系统称为连续模拟式控制系统。

2. 计算机控制系统

在恒温箱自动控制系统中，若控制器用计算机来实现，那么，这种系统就是计算机控制系统。在这种系统里，一般说被控对象的行为是随时间连续变化的，控制装置中的执行部件也常常是模拟式的，但控制器是由计算机来实现的。也就是说，系统中对信号的处理及控制指令的产生等都是在计算机中通过数值计算来完成的。由于计算机只能接收二进制的数字量且它是串行分时工作的，因此为了把输入量及被控对象的连续变化的模拟量送入计算机，在系统中就必须加入必要的 A/D 转换器。同时，为了输出计算机计算所得的数字信号，控制执行部件，在系统里还要加入 D/A 转换器。典型的计算机控制系统结构组成框图如图 1.17 所示。众所周知，由于数字计算机直接参与控制，计算机控制系统比连续模拟式控制系统具有许多可贵的优点，如性价比高，灵活性及适应性强，能快速完成复杂控制规律的计算，容易实现智能控制等，因此计算机控制系统是控制系统的主要发展方向。

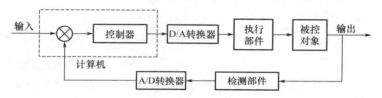

图 1.17　典型的计算机控制系统结构组成框图

1.4.3　按系统元件的信号特性或描述系统动态特性的数学模型进行分类

控制系统按系统元件的信号特性或描述系统动态特性的数学模型进行分类，可分为以下四种类型。

1. 线性系统和非线性系统

如果组成系统的所有元件的输入/输出信号特性具有线性关系，则这种系统称线性系统；反之，只要系统中有一个元件的输入/输出信号特性呈非线性关系，那它就是非线性系统。线性系统的运动规律可用线性微分方程或差分方程来描述，而非线性系统的运动规律只能用非线性微分方程或非线性差分方程来描述。

在工程实际中，严格来说一切系统都是非线性系统。但许多系统的非线性特性并不很强，把它们当作线性系统来处理，结果与实际差别不大，故为了便于研究，一般视为线性系统。

2. 连续系统和离散系统

若系统中所有信号均为时间 t 的连续函数，则称这类系统为连续系统；反之，只要系统中有一个信号是脉冲序列或数字编码，则称这类系统为离散系统。连续系统运动规律可用微分方程来描述，离散系统运动规律可用差分方程来描述。

3. 定常系统和时变系统

如果组成系统的所有元件的参数不随时间的进程而变化，那么描述系统运动规律的微分方程或差分方程中的各个系数也不会随时间的进程而变化，这样的系统称为定常系统。工程实际中的系统，绝大多数是定常系统。但也有少数系统，其组成元件的参数是随时间的延续而变化的，从而导致描述系统动态特性的微分方程或差分方程中的一个（或几个）系数是时间 t 的函数，这种系统称为时变系统。运载火箭就是典型的时变系统，它的质量随时间的延续而变化。

4. 单输入/单输出系统和多输入/多输出系统

所谓单输入/单输出系统（又称单变量系统），是指只有一个输入信号和一个输出信号的系统；而多输入/多输出系统（又称多变量系统）是指具有多个输入信号和多个输出信号的系统，包括有一个输入信号多个输出信号的系统和有多个输入信号一个输出信号的系统。图 1.18 所示的蒸汽发电机的协调控制系统是一个典型的多输入/多输出系统。

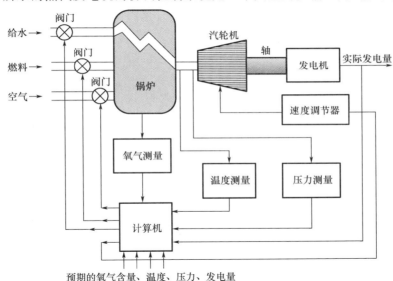

图 1.18　蒸汽发电机的协调控制系统

以上这些分类方法表面上看起来各有各的含义，各自孤立存在，其实不然，它们反映的是同一事物的不同侧面。一个系统，不论它是恒值控制系统还是随动控制系统，抑或程序控制系统，它都可以既是线性的，又是连续的，还同时是定常的和单变量的，这样的系统称为单变量线性定常连续系统。同理，还有单变量线性时变连续系统、多变量线性定常离散系统等组合称法，不再一一列举。

尽管自动控制理论是在长期广泛研究自动控制系统的一般原理的基础上建立起来的，反映的是自动控制系统的普遍规律，但这些普遍规律也存在于一般的物理系统之中，不为自动控制系统所独有。况且，自动控制系统本身也是物理系统，自动控制理论也已被广泛应用于其他许多学科。因此，在后续章节的讨论中，为便于说明原理，所涉及的系统不一定是真正意义上的自动控制系统，更多的是易于理解的一般物理系统（或元件），即通常所说的广义动力学系统。

1.5 控制系统的性能要求与设计指标

    系统的控制过程是以被控量随时间的变化来表达的。被控量随时间的变化曲线称为控制过程曲线或响应曲线。一般来说，可能有图 1.19 所示的几种形式。对于图 1.19(a)、图 1.19(b) 所示的稳定系统来说，当系统受到干扰或者人为改变参考输入量时，被控量就会发生变化，通过系统的自动控制作用，经过一定的过渡过程，被控量又恢复到给定值或一个新的稳定值。反之，则为不稳定系统。图 1.19(c) 为临界状态。图 1.19(d)、图 1.19(e) 所示不稳定系统的被控量为发散曲线或等幅振荡曲线，被控量处于变化状态的过程称为系统的动态过程，被控量处于平衡的状态称为静态或稳态。

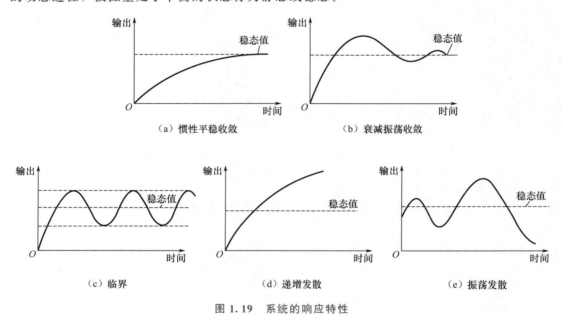

图 1.19 系统的响应特性

    实际系统中，由于总是存在不同性质的储能元件（如机械装置中的质量，电气元件中的电感、电容，电炉的热容量等），储能元件对信号的变化体现为存储能量的变化，而能量的存储与释放都不可能在瞬间完成，因此，当输入突然改变时，相应的输出需经过一个渐变的过渡过程，即具有"惯性"。显然，从控制的任务看，我们希望响应曲线越逼近期望值越好，响应过程越平稳越好。工程上通常以系统的响应曲线情况来评价系统的性能。

1.5.1 对控制系统的基本要求

    评价一个控制系统好坏的指标是多种多样的，但对控制系统的基本要求（即控制系统所需的基本性能）一般可归纳为：稳定性、快速性和准确性。

    1. 稳定性

    由于系统存在惯性，因此当系统的各个参数分配不当时，将会引起系统振荡而使系统失去工作能力。稳定性是指动态过程的振荡倾向和系统能够恢复平衡状态的能力。输出量偏离平衡状态后应该随着时间收敛并且最后回到初始的平衡状态。不稳定的系统受到干扰或给定量变化以后不能重新恢复稳态，如图1.19(d)和图1.19(e)所示的系统，就不可能完成控制任务。稳定是控制系统正常工作的首要条件。

2. 快速性

快速性是在系统稳定的前提下提出的。快速性是指当系统输出量与给定的输入量之间产生偏差时，消除这种偏差的快速程度。

3. 准确性

准确性是指在调整过程结束后输出量与给定的输入量之间的偏差，或称静态精度，这也是衡量系统工作性能的重要指标。例如，数控机床精度越高，则加工精度也越高。

由于受控对象的具体情况不同，各种系统对稳定性、快速性和准确性的要求各有侧重。例如，随动系统对快速性要求较高，而调速系统对稳定性要求较高。对机械系统而言，首要的是稳定性，因为过大的振荡将会使部件过载而损坏。同时，同一系统的稳定性、快速性和准确性是相互制约的。快速性好，可能会有强烈振荡；稳定性改善，控制过程则可能过于迟缓，准确性也可能变坏。分析和解决这些矛盾，是控制工程学科讨论的重要内容。

1.5.2 控制系统设计指标

控制系统设计的任务，就是根据控制对象的特性、技术要求及工作环境，选择设计元件、部件及信号变换处理装置，组成相应形式的控制系统，完成给定的控制任务。控制任务不同，系统设计方案不同，具体的技术指标也不同。对反馈控制系统而言，设计技术指标依设计方法而定，以不同形式给出，主要的设计指标通常有稳定性要求指标、静态特性指标和动态特性指标等。

1. 控制系统设计概论

控制系统设计的目的是逐步确定预期系统的结构配置、设计规范和关键参数，以满足实际的控制需求。

自动控制系统设计过程的第一步是确立系统目标。例如，可以将精确控制电动机的运行速度作为控制目标。第二步是确定要控制的系统变量(如电动机速度)。第三步是拟定设计规范，以明确系统变量应该达到的精度指标，如速度控制的精度指标。所要求的控制精度将指导我们选择用于测量受控变量的传感器。

对系统设计师而言，控制系统设计的首要任务应是设计能达到预期控制性能的系统结构配置。系统通常的结构配置包括传感器、被控对象、执行机构和控制器。其次，选定执行机构，这当然与被控对象有关，应选择能有效调节对象工作性能的装置作为执行机构。例如，如果想控制飞轮的旋转速度，就应选择电动机作为执行机构。再次，选择合适的传感器。在实施电动机速度控制时所选的传感器应能精确测定转速。这样便可得到控制系统各个组成部分的模型。接下来，选择控制器。控制器通常包含一个求和放大器，通过求和放大器将预期响应与实际响应进行比较，然后将偏差信号送入另一个放大器中。最后，调节系统参数以便获得所期望的系统性能。如果通过参数调节达到了期望的系统性能，设计工作就告结束，可着手形成设计文档。否则，就需要改进系统结构配置，甚至可能需要选择功能更强的执行机构和传感器。此后就是重复上述设计步骤，直到满足设计指标的要求，或者确认设计指标的要求过于苛刻，必须放宽指标要求。

2. 设计示例：雷达天线控制系统设计

（1）系统构成

雷达天线以一定的速度转动，观测目标物体的位置和形状，并对目标进行跟踪，主要用于制导和通信。图1.20所示为雷达天线控制系统的结构原理。雷达天线控制系统由直流电动机驱动雷达天线旋转，对天线进行速度和位置的控制。最典型的控制方法是反馈控制。天线的旋转速度和位置分别依靠直接连接在电动机轴上的测速传感器和连接在天线轴上的电位器测出，目标速度或目标位置由输入设定用的电位器给定。将目标值与测量值的偏差输入放大器，然后将与偏差成比例的电压传给直流电动机，使目标值和反馈信号之差趋于0。当控制天线速度时，接通开关A，当控制天线位置时，接通开关B。该系统为单纯的反馈控制系统，其结构组成及信息的传递与变换框图如图1.21所示。

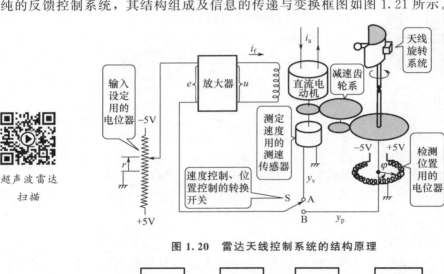

超声波雷达
扫描

图1.20　雷达天线控制系统的结构原理

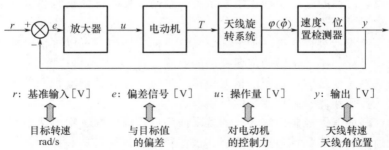

图1.21　雷达天线控制系统结构组成及信息的传递与变换框图

用这样单纯的控制系统果真就能顺利地实现速度控制和位置控制吗？在后续的各章节内容中，我们将结合控制工程的理论和方法，对其进行分析和讨论。

（2）控制指标

在设计控制系统时，首先应确定使用目的和应达到的性能指标。对上述雷达天线控制系统而言，设计时的转速控制指标及位置控制指标如下。

指标 1：对单位阶跃输入的稳态误差 e_{ss} 为 0。

指标 2：超调量 M_p 在 8% 以内。

指标 3：滞后时间 t_d 在 0.75s 以内。

图 1.22 以典型的二阶系统为例，对稳态误差、超调量和滞后时间做了说明。

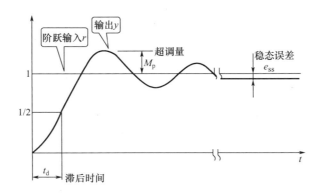

图 1.22　稳态误差、超调量及滞后时间

所谓稳态误差 e_{ss}，是指在系统输入后经过充分时间，系统达到平稳状态时，输入和输出之间的误差。稳态误差指标为 0，是指最终使系统的输出与输入一致。

所谓超调量 M_p，是指阶跃输入响应的最大位和最终位之差，用相对最终值的百分率表示。超调量大，控制系统产生振动大，稳定性不好。

所谓滞后时间 t_d，是指阶跃输入响应达到最终值的 50% 时所需的时间。滞后时间长，输出值达到最终值的时间也长。

以上提到的控制指标，规定了今后设计控制系统的特性，称为性能指标。在实际控制系统的设计中，有必要对这种性能指标的选择进行充分研究。**对性能指标要求的严格程度涉及控制的复杂性、控制系统的有用性及得到的满足度**，可用图 1.23 所示曲线表示。随着性能指标的提高，控制方法和装置的复杂性等随指数函数的增大而增大。指标过于严格的控制系统是不可能实现的。过分严格地给定性能指标将造成费力太多、所得很少的局面。表示这种关系的曲线称满足度曲线。从图 1.23 可知，性能指标最好选择在能保证控制系统有用性的下限附近。对这样的性能指标的选择，需要拥有对控制对象的深刻了解和很好的控制系统设计技术。

图 1.23　性能指标的选择和得到的满足度

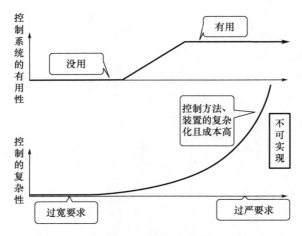

图 1.23　性能指标的选择和得到的满足度(续)

1.6　机械与控制

1.6.1　机械控制与机械的进步

自动控制理论
的发展变迁
和前沿方向

　　机械可以代替人类从事各种有益的工作，给人们的生活带来了帮助。为达到某种工作目的的机械必须配备控制装置。广义地讲，机械运转本身也可称为控制，但为使机械完成人类所期望的工作而有意识地附加控制装置，是从18世纪末詹姆斯·瓦特的离心调速器开始的。当时，蒸汽机广泛应用于各种机械驱动。为解决蒸汽机转速因负荷的变动而发生很大变化的问题，图1.9所示的离心调速器应运而生。这种离心调速器使蒸汽机的转速不受负载变化的影响而保持恒定，起到了出色的自动控制装置的作用，是一个划时代的发明。

　　随着带有离心调速器的蒸汽机的普及，人们发现这个控制系统存在一个问题，即离心调速器舞蹈(摆动)的现象：在某种使用条件下，蒸汽机的转速和离心调速器套筒的位置都周期性地发生很大变化，形成异常运转状态。为什么会发生这种现象？这一问题引起了学术界的关注。蒸汽机和离心调速器能单独地各自稳定地工作，为什么在组合的情况下就出现不稳定状态呢？19世纪后半叶，麦克斯韦发现了离心调速器和蒸汽机一起构成的系统特性，劳斯和赫尔维茨发现了不引起离心调速器出现摆动现象的条件，即系统稳定工作的条件(稳定性判据)，之后这个问题才得以解决。可以说这就是控制理论的开始，它对以后的机械设计起了很大的作用。

　　在上述蒸汽机的速度控制中，由于调节节气阀所需的力比较小，因此用调速器重球的离心力和重力产生的合力就可以解决，并不需要另外的动力源来控制装置。但是，随着机械设备的大型化，为使机械设备控制在所期望的状态，需要大的操作力，因此当前的控制装置大都配备另外的动力源。例如，在给发电用的水轮机供水的流量调节阀和船舶的自动舵上，安装了油压驱动的控制装置。

　　控制装置动力源的采用，使得更新的、适应控制对象特性的控制方法成为可能。为了得到更好的控制性能，采用什么样的控制方法好呢？为此，必须进行理论研究，用数学方法描述控制对象和控制装置的特性，研究在标准输入信号作用下系统的响应特性。这在船舶操纵和飞机操纵等方面得到了广泛的应用，在分析和设计控制系统时，常采用这种方法。

随着电子、通信工程学的发展，遥控(远距离操纵)机械装置逐渐变成现实。机械装置已不是纯机械结构了。为达到工作目的，机械装置多与电气装置、电子装置结合在一起。在控制工程学中，也采用了通信工程学的手法(频率响应法、奈奎斯特稳定性判据等)，并逐步形成了自己的方式。

1950年前后，控制工程学和实际的机械控制已经密切相关，并相互促进。但也正是从这时候开始，控制工程学盛行的研究理论和实际的机械控制方法产生了距离。数学家们开始对控制理论产生兴趣，并开始研究以最优控制、自适应控制、学习控制等为目标的现代控制理论。刚开始时，控制理论高度数学化，一般的技术人员要将控制理论应用到工程中常显得非常困难。

在这期间，实际的机械控制也取得了进步，新型机械不断出现。按确定的次序和条件，依次有目的地作业，以自动进行的顺序控制为主体的各种自动机械，以及电子计算机和伺服机构技术组合的各种数字控制工作机械等，促进了生产工艺的自动化。另外，集成电路技术的飞速发展，加上微型计算机的出现，使机械控制与人类的关系更密切了。微型计算机促进了工业机器人的诞生，使汽车发动机的控制成为现实，使缝纫机、照相机、手表等的外形也完全改变，这是众所周知的事。

图1.24所示为机械控制和控制工程学变迁的对比。进入20世纪80年代，价格昂贵

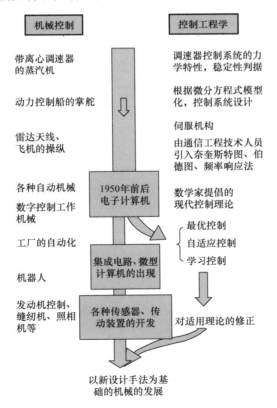

图 1.24　机械控制和控制工程学变迁的对比

的传感器和传动装置(操作机)可以低价购买了。另外，随着具有中型计算机以上计算能力的微型计算机的普及，机电一体化时代随之到来。以前只有在航天、发电厂、化工成套设备等大规模系统中才可能应用的电子计算机控制系统，现在在普通的机械中也得到了广泛应用，实现了高级控制装置的低价格化。

就现代控制理论来说，将尝试对有益的理论进行修正，以便于一般的工程技术人员理解。而在不远的将来，当控制理论渗透到普通机械中时，机械肯定会再次得到发展。

1.6.2 机械工程技术人员和控制工程学

应用控制工程学，开发比以前精度更高、功能更多、用时更短且实用性更强的新型机械时，是机械工程技术人员通过学习控制工程学进行设计好呢，还是控制工程学的专家通过学习机械工程学后进行设计好呢？可以说只有机械工程技术人员才能设计出优良的机械，因为机械工程技术人员更能准确地把握作为控制对象的机械的功能和特性。控制对象的准确把握是机械控制的出发点。不管控制方法多么高级，如果控制对象的模型粗糙，也不会有好的结果。因此，机械工程技术人员学好控制工程学是研究开发新机械的前提。

控制理论不仅是一门极为重要的学科，而且是科学方法论之一。控制理论在工程技术领域体现为工程控制论，在同机械工业相应的机械工程领域体现为机械工程控制论。控制工程中所指的系统是广义的，广义系统不限于前述所指的物理系统(如一台机器)，它也可以是一个过程(如切削过程、生产过程)。同时，一些抽象的动态现象(如在人-机系统中研究人的思维及动态行为)，也可以把它们视为广义系统去进行研究。因此，工程控制论实质上是研究工程技术中广义系统的动力学问题。具体地说，它研究的是工程技术中的广义系统在一定的外界条件(即输入或激励，包括外加控制与外加干扰)作用下，从系统一定的初始状态出发，所经历的由其内部的固有特性(即由系统的结构与参数所决定的特性)所决定的整个动态历程，以及研究这一系统及其输入、输出之间的动态关系。

工程控制论所要研究的问题在机械制造领域是极为广泛的。例如，在现代测试技术中应充分注意到，某一仪器调整到什么状态，方能保证在给定的外界条件下获得精确的测量结果。在这里，调整到一定状态的仪器本身是系统，外界条件是输入，测量结果是输出。显然，这里所研究的问题是系统及其输入、输出之间的动态关系。又例如，在图 1.25(a)所示的车削过程中，往往会产生自激振动，这种现象的产生与切削过程本身存在内部反馈作用有关。当刀具以名义进给量 x 切入工件时，由切削过程特性产生切削力 P_y。在 P_y 的作用下，机床-工件系统发生变形退让 y，从而减少了刀具的实际进给量，刀具的实际进给量变成 $a = x - y$。上述的信息传递关系可用图 1.25(b)所示的闭环系统来表示。这样，对于切削过程的动态特性及切削自激振动，完全可以应用控制理论有关的稳定性理论进行分析，从而提出控制切削过程、抑制切削振动的有效途径。

尽管机械系统的控制技术及动态性能分析越来越重要，但对许多机械工程技术人员而言，掌握控制理论或控制技术却非常困难。一方面，由于控制工程是一个跨学科的综合性工程科学，机械控制中不仅需要掌握检测机械状态(位移、速度、温度等)的传感器知识、给予机械控制力的传动装置方面的知识；而且，根据控制方法计算控制力大小的微型计算机等电子电路知识也不可缺少。另一方面，许多控制工程学的专业书中，在理论结果对实际机械控制系统设计和分析上能起到什么作用的说明很少，针对具体控制系统的设计和分析等问题的描述也很少，读者在学习中往往难以体会控制理论的重要作用。

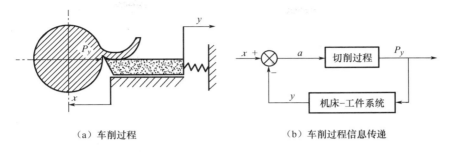

（a）车削过程　　　　　　　（b）车削过程信息传递

图 1.25　车削加工系统

其实，用在实际控制系统中的控制理论并不深奥，目前应用的理论几乎都是初级的基础知识。实现指定的合理的控制目标（机械的指标）的控制方法不止一种，应通过比较从中选取一种。因此，实现机械控制最重要的问题是控制目标的决定和建立机械系统（控制对象）的数学模型。这些问题对于熟悉机械的技术人员来说，并不那么难。

本书以机械控制系统的设计和分析实例为主线，通俗易懂地阐述经典控制理论用于机械工程领域的基本内容，即机械工程控制基础。通过综合实例，从工程控制和分析的角度出发，阐述如何将控制理论应用到实际的机械控制系统中。读者在阅读本书的时候，要特别注重关联不同章节中同一工程实例，从不同的角度体会控制理论的工程应用，以便理解控制理论的真谛。

习　题

1.1　机械工程控制论的研究对象和任务是什么？

1.2　试比较开环控制和闭环控制的优缺点。

1.3　控制系统有哪些基本组成环节，这些环节的功能是什么？

1.4　对自动控制系统的基本要求是什么？最首要的要求是什么？

1.5　某液体物料温度控制系统如图 1.26 所示，工艺要求保持物料出口温度为 185℃，u_N 为该系统的指令信号。分析该图，完成下列各题。

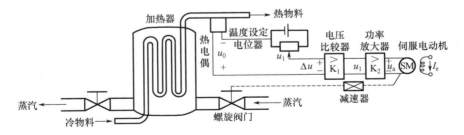

图 1.26　某液体物料温度控制系统

（1）简述该物料温度自动控制的工作过程。

（2）该控制系统的被控对象、被控量、干扰信号分别是什么？

（3）按信息传递的流向画出该控制系统的结构组成框图。

（4）请指出该控制系统的测量、比较、放大、执行环节分别由哪些元件实现。

1.6　某仓库大门自动开闭控制系统如图 1.27 所示，试说明自动开闭控制大门开启和关闭的工作原理，并按控制信息传递的流向画出系统的结构组成框图。

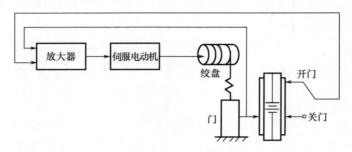

图 1.27　某仓库大门自动开闭控制系统

1.7　对比图 1.28(a) 及图 1.28(b) 所示的液面自动控制系统的结构，说明系统稳定性的含义。

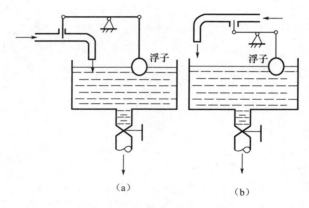

（a）　　　　　　　　　（b）

图 1.28　液面自动控制系统

第 1 章
在线答题

第**2**章
系统的数学模型

本章概述

本章主要阐述了动态系统的三种数学模型——微分方程、传递函数和传递函数框图；介绍了工程计算中常用的数学知识——拉普拉斯变换；结合机电系统实例，说明了系统动态数学模型的建立方法和步骤；运用 MATLAB 展示了利用计算机建立系统动态数学模型的方法。

数学模型

本章目标

掌握微分方程、传递函数和传递函数框图三种数学模型的建立方法及相互联系；理解传递函数的概念和特点；熟悉常见传递函数框图的化简方法；了解机电系统使用 MAT-LAB 建立系统数学模型的过程和意义。

2.1 系统微分方程的建立

由第 1 章可知，系统的控制通常都表现为一个动态过程。这种动态过程的形式多种多样，既可以是自动控制系统中受控量的动态变化（如恒温箱中的温度），也可以是机械系统中物理量的动态变化（如机械系统中的振动），还可以是测试系统的动态测试过程（如对瞬变参数的测试）。因此，机械工程控制基础研究的是机械工程中的广义系统，这些系统的本质是动态的。在定性地了解这些系统的工作原理的基础上，需要对其动态性能做进一步的定量分析，以揭示系统的结构、参数与动态性能的关系。此时，建立系统的数学模型是一项必要的工作。

控制系统数学模型的建立方法有分析法和实验法两种。分析法是对系统各部分的运动机理进行分析，根据它们所依据的物理规律或化学规律分别列写相应的方程。实验法是人为地给系统施加某种测试信号，记录其输出响应，并用适当的数学模型去逼近，这种方法也称系统辨识。本书研究用分析法建立系统数学模型。

2.1.1 动态数学模型

系统的动态数学模型用来表达系统及其输入、输出之间的动态关系。对机械系统而言，其输入和输出又分别称为"激励"和"响应"。机械系统的激励一般是外界对系统的作用，如作用在系统上的力，即载荷等，而响应则一般是系统的变形或位移。一个系统的激励，如果是人为地、有意识地加上去的，往往又称控制；而如果是由偶然因素产生的，无法加以人为控制，则称为扰动。

实际的物理系统是很复杂的，由于不可能了解和考虑到所有的相关因素，因此在系统建模时通常需要忽略系统的一些固有物理特性，对其做一些简化假设，使之理想化。**理想化的系统称为物理模型，物理模型的数学描述称为数学模型。**如果被忽略的因素对响应的影响比较小，那么数学模型的分析结果与物理系统的实验研究结果将很好地吻合。

图 2.1(a)所示为一个由一台机器(机床)放在隔振垫上组成的机械系统。假定该系统的输入(激励)为作用在机器上的外力 $f(t)$，输出(响应)为机器在竖直方向的位移 $x(t)$。如何建立数学模型来表达该系统的输入与输出之间的定量关系呢？

建模时，通常先将机器简化为质量为 m 的刚性质块，将隔振垫简化为弹簧 k 和阻尼 c 组成的隔振系统，依次简化为如图 2.1(b)、图 2.1(c)所示的机器、隔振垫物理系统模型。由于该系统的输入 $f(t)$ 和输出 $x(t)$ 的状态与时间有关，系统本质上是动态的，因此描述系统行为的数学模型通常是微分方程或微分方程组。运用牛顿第二定律，对该系统可建立如下方程(过程参见例 2-1)。

$$m\ddot{x}(t)+c\dot{x}(t)+kx(t)=f(t) \tag{2-1}$$

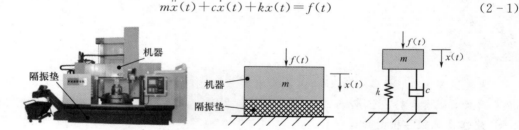

（a）实物形态　　　　　（b）机器简化　　　　　（c）隔振垫简化

图 2.1　机器-隔振垫系统的模型简化

式(2-1)是图 2.1 所示系统的一个数学模型，是一个二阶常系数非齐次常微分方程，它表达了系统输出(响应)$x(t)$ 与输入(激励)$f(t)$ 及系统固有参数 m、c、k 之间的动态关系。当系统运动很慢时，有 $\dot{x}(t)\approx0$，$\ddot{x}(t)\approx0$，式 (2-1) 简化为

$$x(t)\approx\frac{f(t)}{k} \tag{2-2}$$

这就是系统的静态模型，相当于载荷 $f(t)$ 作用在弹簧上，引起变形 $x(t)$，可看作一弹簧秤模型。

在式(2-1)中，若 $m=1000\mathrm{kg}$，$c=3\times10^4\mathrm{N/(m/s)}$，$k=2\times10^7\mathrm{N/m}$，$\dot{x}(t)\approx0$，$x(t)\approx0$，$f(t)=\begin{cases}10^3\mathrm{N}(t>0)\\0\mathrm{N}(t=0)\end{cases}$，可获得如图 2.2 所示的系统输出(位移)随时间的变化历程(求解方法

见第3章)。分析图2.2可知，系统中质量在载荷 $f(t)$ 的作用下，其位移在经历一段时间的波动后，将稳定地偏离原平衡位置0.05mm。若不考虑时间因素的影响，系统受到的是恒定的1000N载荷，则该系统中质量的位移：$x=\dfrac{f}{k}=\dfrac{10^3}{2\times10^7}\text{m}=0.5\times10^{-4}\text{m}=0.05\text{mm}$。该值即为系统动态过程达到稳定后的值。

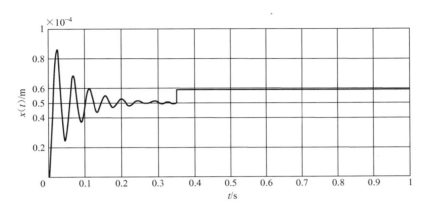

图 2.2 系统输出(位移)随时间的变化历程

综上所述，系统动态数学模型表达了系统响应与激励及系统固有参数间的动态关系。与静态模型(研究系统在恒定载荷或缓变载荷作用下或在系统平衡状态下的特性)相比，动态模型研究的是系统在迅变载荷作用下或在系统不平衡状态下的特性。

2.1.2 机电系统典型元件物理规律

实际机电系统建模时，通常先将其简化为由一些理想元件组成的物理系统模型(图2.1)，这些理想元件的运动作用特性和能量特性均满足一定的物理规律。机械系统中以各种形式出现的物理现象，常简化为质量、阻尼和弹簧三个要素。根据机械系统直线或旋转运动方式的不同，这些基本元件具有不同的物理特性。电气系统中，常见的理想元件有电容、电感和电阻。

1. 机械系统三元件及其基本特性

(1) 质量 m

图2.3所示为质量符号及其表示。

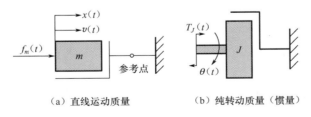

(a) 直线运动质量   (b) 纯转动质量（惯量）

图 2.3 质量符号及其表示

图2.3(a)所示的直线运动中，作用在质量 m 上的力 $f_m(t)$ 与质量 m 的位移 $x(t)$ 或速度 $v(t)$ 及质量 m 之间满足关系式

$$f_m(t) = m \frac{\mathrm{d}^2}{\mathrm{d}t^2}x(t) = m \frac{\mathrm{d}}{\mathrm{d}t}v(t) \tag{2-3a}$$

图 2.3(b)所示的旋转运动中，若旋转体的转动惯量为 J，则作用在惯量上的转矩 $T_J(t)$ 与惯量的转角 $\theta(t)$ 或角速度 $\omega(t)$ 之间的关系为

$$T_J(t) = J \frac{\mathrm{d}^2}{\mathrm{d}t^2}\theta(t) = J \frac{\mathrm{d}}{\mathrm{d}t}\omega(t) \tag{2-3b}$$

（2）阻尼 c

物体的运动常常受到来自各方面的阻力作用，如液体和空气的黏性阻尼，或物体相对运动表面的干摩擦。机械系统建模时，常将这些因素理想化为阻尼器，其结构通常可分解为做相对运动的缸体和杆件两部分，用来在机械系统中提供运动阻力及耗散运动能量。图 2.4 所示为阻尼符号及其表示。

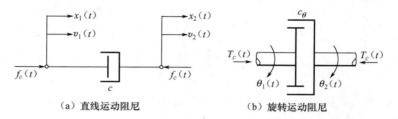

（a）直线运动阻尼   （b）旋转运动阻尼

图 2.4 阻尼符号及其表示

图 2.4(a)所示的直线运动阻尼中，阻尼力两端点的线位移分别为 $x_1(t)$ 和 $x_2(t)$，速度分别为 $v_1(t)$ 和 $v_2(t)$，则阻尼力 $f_c(t)$ 与两端点的相对位移 $x(t)=x_1(t)-x_2(t)$ 和阻尼 c 之间满足

$$f_c(t) = c[v_1(t) - v_2(t)] = cv(t) = c \frac{\mathrm{d}x(t)}{\mathrm{d}t} = c\left[\frac{\mathrm{d}x_1(t)}{\mathrm{d}t} - \frac{\mathrm{d}x_2(t)}{\mathrm{d}t}\right] \tag{2-4a}$$

图 2.4(b)所示的旋转运动阻尼中，作用在阻尼上的转矩 $T_c(t)$ 与阻尼两端点的角位移 $\theta_1(t)$、$\theta_2(t)$ 或角速度 $\omega_1(t)$、$\omega_2(t)$ 及阻尼 c_θ 之间满足

$$T_c(t) = c_\theta[\omega_1(t) - \omega_2(t)] = c_\theta\omega(t) = c_\theta \frac{\mathrm{d}\theta(t)}{\mathrm{d}t} = c\left[\frac{\mathrm{d}\theta_1(t)}{\mathrm{d}t} - \frac{\mathrm{d}\theta_2(t)}{\mathrm{d}t}\right] \tag{2-4b}$$

（3）弹簧 k

弹性力是一种弹簧的弹性恢复力，其大小与机械变形成正比，弹性力分平动和旋转两种。图 2.5 所示为弹簧符号及其表示。

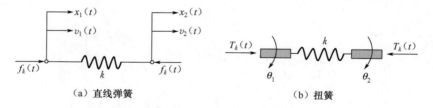

（a）直线弹簧   （b）扭簧

图 2.5 弹簧符号及其表示

图 2.5（a）所示的直线运动中，若作用在弹簧上的力为 $f_k(t)$，弹簧两端点的线位移分别为 $x_1(t)$ 和 $x_2(t)$，两端点的速度分别为 $v_1(t)$ 和 $v_2(t)$，弹簧的变形量 $x(t)=x_1(t)-x_2(t)$，弹性系数为 k，则有关系式

$$f_k(t) = k[x_1(t) - x_2(t)] = kx(t) = k\int_{-\infty} v(t)\mathrm{d}t = k\int_{-\infty}[v_1(t) - v_2(t)]\mathrm{d}t \quad (2-5\mathrm{a})$$

图 2.5 （b）所示的旋转运动中，作用在扭簧上的扭矩 $T_k(t)$ 与扭簧两端点的角位移 $\theta_1(t)$、$\theta_2(t)$ 或角速度 $\omega_1(t)$、$\omega_2(t)$ 及弹簧扭转刚度 k 之间满足

$$T_k(t) = k[\theta_1(t) - \theta_2(t)] = k\theta(t) = k\int_{-\infty}\omega(t)\mathrm{d}t = k\int_{-\infty}[\omega_1(t) - \omega_2(t)]\mathrm{d}t \quad (2-5\mathrm{b})$$

2. 电气系统三元件及其基本特性

图 2.6 所示为电气系统三元件符号及其表示。

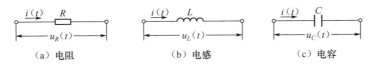

(a) 电阻　　　　　　(b) 电感　　　　　　(c) 电容

图 2.6　电气系统三元件符号及其表示

（1）电阻 R

电阻为耗能元件。电阻两端电压与电流的关系满足

$$i(t) = \frac{u_R(t)}{R} \quad \text{或} \quad u_R(t) = Ri(t)$$

（2）电感 L

电感将能量储藏在磁场内。流过电感的电流与两端的电压关系满足

$$u_L(t) = L\frac{\mathrm{d}i(t)}{\mathrm{d}t} \quad \text{或} \quad i(t) = \frac{1}{L}\int u_L(t)\mathrm{d}t$$

（3）电容 C

电容将能量储存在电场内。电容两端电压与电流的关系满足

$$i(t) = C\frac{\mathrm{d}u_C(t)}{\mathrm{d}t} \quad \text{或} \quad u_C(t) = \frac{1}{C}\int i(t)\mathrm{d}t$$

列写微分方程时，各变量和有关参数的单位（量纲）需采用国际标准制。

2.1.3　系统微分方程的建立

利用系统自身的物理规律可以建立描述系统动态特性的微分方程，这种方法可以用于机械系统、电气系统、液压系统和热力学系统等。系统微分方程建立的一般步骤如下。

（1）划分环节，确定系统或各环节或元件的输入量 $x_i(t)$ 和输出量 $x_o(t)$。系统的给定输入量或扰动输入量都是系统的输入量，而被控制量则是输出量。对于一个环节或元件而言，应按系统信号传递情况来确定输入量和输出量。

微分方程

（2）按照信号的传递顺序，从系统的输入端开始，根据各变量所遵循的运动规律（如电路中的基尔霍夫定律、力学中的牛顿定律等），列写各环节的微分方程。列写时按工作条件，忽略一些次要因素，并考虑相邻元件间是否存在负载效应。对非线性项应进行线性化处理。

（3）消除所列各微分方程的中间变量，得到描述系统的输入量和输出量之间关系的微分方程。

（4）整理所得微分方程，一般将与输出量有关的各项放在方程的左侧，与输入量有关

的各项放在方程的右侧，各阶导数项按降幂排列。

微分方程的一般形式为

$$a_n \frac{\mathrm{d}^n x_\mathrm{o}(t)}{\mathrm{d}t^n} + a_{n-1} \frac{\mathrm{d}^{n-1} x_\mathrm{o}(t)}{\mathrm{d}t^{n-1}} + \cdots + a_1 \frac{\mathrm{d}x_\mathrm{o}(t)}{\mathrm{d}t} + a_0 x_\mathrm{o}(t)$$

$$= b_m \frac{\mathrm{d}^m x_\mathrm{i}(t)}{\mathrm{d}t^m} + b_{m-1} \frac{\mathrm{d}^{m-1} x_\mathrm{i}(t)}{\mathrm{d}t^{m-1}} + \cdots + b_1 \frac{\mathrm{d}x_\mathrm{i}(t)}{\mathrm{d}t} + b_0 x_\mathrm{i}(t)$$

$$(2-6)$$

式中，a_i，$b_j (i=1,2,\cdots,n, j=1,2,\cdots m)$ 为实常数，由物理系统的参数决定。由于物理系统含有储能元件，因此 $n > m$。

下面举例说明系统微分方程的建立步骤和方法。

【例 2-1】 建立图 2.1 所示机器-隔振垫系统的微分方程。

解： 由简化后的物理模型 2.1(c) 可知，该系统为质量-弹簧-阻尼系统。

（1）系统输入为力 $f(t)$，输出为质量块 m 的位移 $x(t)$。

（2）取质量块 m 为分离体，以 $x(t)$ 的平衡工作点为坐标原点（故不计重力作用），作受力分析如图 2.7 所示。

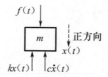

图 2.7　机器-隔振垫系统中质量块 m 的受力分析

取受力分析图中位移 $x(t)$ 方向为正方向，由牛顿第二定律 $\sum F = m\ddot{x}(t)$，得

$$f(t) - c\dot{x}(t) - kx(t) = m\ddot{x}(t)$$

（3）将上述方程式整理为标准形式，得该系统的微分方程为

$$m\ddot{x}(t) + c\dot{x}(t) + kx(t) = f(t) \qquad (2-7)$$

【例 2-2】 图 2.8 是由电阻 R、电感 L 和电容 C 组成的无源网络，其输入量为 $u_\mathrm{i}(t)$，输出为电容上的电量 $q(t)$，试列出该系统的微分方程。

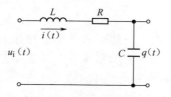

图 2.8　RLC 无源网络

解： 图 2.8 所示的无源网络只包含一个回路，设回路电流为 $i(t)$，根据基尔霍夫定律可以写出回路的电压方程为

$$\begin{cases} L \dfrac{\mathrm{d}i(t)}{\mathrm{d}t} + Ri(t) + \dfrac{1}{C}\displaystyle\int i(t)\mathrm{d}t - u_\mathrm{i}(t) = 0 \\ i(t) = \dfrac{\mathrm{d}q(t)}{\mathrm{d}t} \end{cases}$$

消除上述方程中的中间变量 $i(t)$，整理为标准形式，得该系统的微分方程为

$$L\ddot{q}(t) + R\dot{q}(t) + \frac{1}{C}q(t) = u_i(t) \qquad (2-8)$$

总结例2-1和例2-2可得如下结论。

（1）对于简单的机械系统和电学系统，只要熟悉其基本组成元件所遵循的物理规律，根据机械系统的牛顿定律和电网络的基尔霍夫定律，即可建立系统的微分方程。

（2）不同物理系统变量变化规律在数学上有惊人的相似性。尽管式（2-7）和式（2-8）表达的是两个完全不同的系统，但系统微分方程的形式却完全相同。因此，在研究工作的一定阶段，人们可以抛开系统的具体物理属性，只对数学表达式进行研究，研究所得结论适用于具有不同物理属性的各类系统。

通常，我们将这种能用相同形式的数学模型表示的系统称为相似系统。在相似系统的数学模型中，占据相同位置的物理量称为相似量。例2-1和例2-2称为力-电压相似，系统中的m与LC、c与RC、k与$\frac{1}{C}$为相似量。表2-1为机电系统中一些常见的相似系统。

表2-1　机电系统中一些常见的相似系统

系统	示意图	输入	响应	物理法则	微分方程
机械直线运动		力	速度	$\sum F = 0$	$M\dfrac{dv}{dt} + cv = F_a$
机械回转运动		力矩	角速度	$\sum T = 0$	$J\dfrac{d\omega}{dt} + c_\theta\omega = T_a$
电气串联		电压	电流	$\sum u = 0$	$L\dfrac{di}{dt} + Ri = u_i$
电气并联		电流	电压	$\sum i = 0$	$C\dfrac{du}{dt} + \dfrac{u}{R} = i_i$
液压		输入流量	水头	$\sum q = 0$	$C\dfrac{dh}{dt} + \dfrac{h}{R} = q_i$
热力		热量	温度	$\sum q = 0$	$C\dfrac{dT}{dt} + \dfrac{T}{R} = q_i$

下面通过实例说明较复杂的机电系统微分方程的建立方法。

【例2-3】　图2.9所示为两级RC滤波网络，试写出输入电压$u_i(t)$与输出电压$u_o(t)$满足的微分方程。

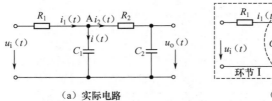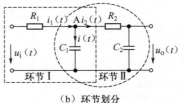

（a）实际电路　　　　　　　　（b）环节划分

图 2.9　两级 RC 滤波网络

解：（1）分析该电路［图 2.9（a）］可知，输入电压 $u_i(t)$ 首先在 R_1、C_1 网络中产生电流，进而又在 R_2、C_2 网络中产生电流。根据信号的传递顺序将系统划分为两个环节，如图 2.9（b）中的虚线框所示。

电流 $i_1(t)$ 和 $i_2(t)$ 的影响是相互的，即 $i_1(t)$ 是 $i_2(t)$ 产生的原因，而 $i_2(t)$ 产生后会反过来影响 $i_1(t)$，即我们划分的环节 I 和环节 II 并不是孤立的。在列写系统微分方程时需仔细考虑相邻环节间的负载效应，否则可能得到错误的结果。

（2）对各环节，根据欧姆定律和基尔霍夫定律分别建立微分方程。

由于节点 A 处电流满足关系式 $\sum i_A = 0$，因此流过电容 C_1 上的电流 $i(t) = i_1(t) - i_2(t)$，对 R_1、C_1 和 $u_i(t)$ 构成的环节 I 运用基尔霍夫定律，有

$$i_1(t)R_1 + \frac{1}{C_1}\int[i_1(t) - i_2(t)]\mathrm{d}t - u_i(t) = 0$$

对 R_2、C_2 和 $u_o(t)$ 构成的环节 II 运用基尔霍夫定律，有

$$i_2(t)R_2 + \frac{1}{C_2}\int i_2(t)\mathrm{d}t - \frac{1}{C_1}\int[i_1(t) - i_2(t)]\mathrm{d}t = 0$$

电容 C_2 上的电压满足

$$u_o(t) = \frac{1}{C_2}\int i_2(t)\mathrm{d}t$$

（3）消去上述三个方程中的中间变量 $i_1(t)$ 和 $i_2(t)$，整理为标准形式，得该系统的微分方程为

$$R_1R_2C_1C_2\frac{\mathrm{d}^2u_o(t)}{\mathrm{d}t^2} + (R_1C_1 + R_2C_2 + R_1C_2)\frac{\mathrm{d}u_o(t)}{\mathrm{d}t} + u_o(t) = u_i(t) \qquad (2-9)$$

在本例中，要直接消去中间变量 $i_1(t)$ 和 $i_2(t)$ 是比较困难的，若对方程组进行拉普拉斯变换则可以使运算大大简化，这将在后面介绍。

【例 2-4】　写出图 2.10 所示电枢控制直流电动机的微分方程，图中 $u_a(t)$ 为电枢电压，ω 为电动机转速，R_a 和 L_a 分别是电枢电路的电阻和电感，M_c 是折合到电动机轴上的总负载转矩，励磁电流 i_f 为常量。

电枢控制直流
电动机的
工作原理

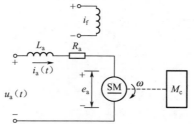

图 2.10　电枢控制直流电动机的工作原理

解： 本例为一机电联合系统，可按以下步骤建立微分方程。

（1）电枢控制直流电动机的工作原理是将输入的电能转换为机械能，也就是输入电压 $u_a(t)$ 在电枢回路中产生电流 $i_a(t)$，再由电流 $i_a(t)$ 与励磁磁通相互作用产生电磁转矩 M，从而拖动负载运动。因此，此系统中输入信号为 $u_a(t)$，输出信号为 ω，负载转矩 M_c 为干扰信号。设电枢电流 $i_a(t)$、电枢反电动势 e_a 及电磁转矩 M 为中间变量。

（2）根据直流电动机的工作原理，将系统划分为两个环节：电枢回路组成的电网络系统和电动机轴组成的机械旋转系统。首先根据基尔霍夫定律列出电枢回路的电压平衡方程

$$L_a \frac{\mathrm{d}i_a(t)}{\mathrm{d}t} + R_a i_a(t) + e_a - u_a = 0$$

式中，e_a 是电枢旋转时产生的反电动势，它与励磁磁通和电动机转速的大小成正比，方向与 $u_a(t)$ 相反，设电动机的反电动势常数为 C_e，则有

$$e_a = C_e \omega$$

再写出电动机轴上的转矩平衡方程

$$M - M_c = J \frac{\mathrm{d}\omega}{\mathrm{d}t}$$

式中，J 是电动机和负载折合到电动机轴上的转动惯量，M 是电枢产生的电磁转矩，设电动机的转矩系数为 C_m，则

$$M = C_m i_a(t)$$

（3）消去上述四个方程中的三个中间变量 $i_a(t)$、e_a、M，整理后即可得到以 $u_a(t)$ 和 M_c 为输入量、ω 为输出量的直流电动机微分方程

$$\frac{L_a J}{C_e C_m} \ddot{\omega} + \frac{R_a J}{C_e C_m} \dot{\omega} + \omega = \frac{1}{C_e} u_a(t) - \frac{L_a}{C_e C_m} \dot{M}_c - \frac{R_a}{C_e C_m} M_c \qquad (2-10)$$

令 $L_a/R_a = T_a$，$R_a J/(C_e C_m) = T_m$，$1/C_e = K_e$，$T_m/J = K_m$，则式（2-10）可写成

$$T_a T_m \ddot{\omega} + T_m \dot{\omega} + \omega = K_e u_a(t) - K_m T_a \dot{M}_c - K_m M_c \qquad (2-11)$$

式（2-11）即为电枢控制式直流电动机的数学模型，由式可见，转速 ω 既由 $u_a(t)$ 控制，又受 M_c 的影响。如果电枢电阻 R_a、电枢电感 L_a 和电动机转动惯量 J 都很小，式（2-11）可简化为

$$\omega = K_e u_a(t) \qquad (2-12)$$

即电动机的转速和电枢电压成正比，因此电动机可作为测速发电机使用。

2.1.4 平衡工作点与非线性微分方程的线性化

1. 平衡工作点

在例 2-1 中，假设系统处于平衡状态，即质量块 m 静止，此时 $x(t)$ 及其各阶导数均为零，则式（2-7）变为代数方程

$$x(t) = \frac{f(t)}{k} \qquad (2-13)$$

式（2-13）表示的是系统在平衡状态下的输入和输出之间的关系，为系统的静态数学模型。若系统处于某一平衡状态时，其输入量和输出量分别为 $f = f_0$，$x = x_0$，根据式（2-13），有

$$x_0 = \frac{f_0}{k} \qquad (2-14)$$

式中，f_0 和 x_0 表示在此平衡状态下系统输入和输出的具体值，若此时系统的输入量发生变化，其增量为 Δf，则系统的平衡状态被破坏，输出量也相应产生一个增量 Δx，这时系统的输入和输出分别为

$$f = f_0 + \Delta f \quad x = x_0 + \Delta x$$

将上式代入式(2-7)，得到

$$m\frac{d^2(x_0 + \Delta x)}{dt^2} + c\frac{d(x_0 + \Delta x)}{dt} + k(x_0 + \Delta x) = f_0 + \Delta f \qquad (2-15)$$

由于 $kx_0 = f_0$，因此式(2-15)可变为

$$m\frac{d^2\Delta x}{dt^2} + c\frac{d\Delta x}{dt} + k\Delta x = \Delta f \qquad (2-16)$$

比较式(2-16)和式(2-7)，可以发现两者具有相同的形式，区别在于式(2-16)中各变量是相对于平衡工作点 (f_0, x_0) 的增量。利用这种增量方程的形式，在建立系统的微分方程时，可以从系统的某个平衡工作点出发，分析系统各变量的增量之间的关系，这样可以把系统的初始条件变为零，从而为系统分析带来很多方便。例2-1的受力分析中并没有考虑质量块 m 所受的重力，就是因为在重力作用下，系统处于平衡状态，而式(2-7)可以视为以此平衡状态为原点的增量方程。

2. 线性系统

线性系统

由微分方程理论可知，如果微分方程的系数是常数或者仅仅是自变量的函数，则该微分方程是线性的。在上述四例中，系统微分方程的系数均为常数，故这种微分方程称为线性定常微分方程。能够用线性定常微分方程描述的系统称为线性定常系统。如果描述系统的微分方程的系数是时间的函数，则称这类系统为线性时变系统。宇宙飞船控制系统就是时变控制系统的一个例子(宇宙飞船的质量随着燃料的消耗而减小)。

线性系统满足叠加原理，即两个不同的激励同时作用于系统时，系统的响应等于两个激励单独作用的响应之和。因此，线性系统对几个输入量同时作用的响应可以一个一个地处理，然后对响应结果进行叠加。这一原理使得我们有可能由一些单解构造出线性微分方程的复杂解。

严格地说，实际中物理元件或系统都是非线性的。例如，由于弹簧的刚度与其形变有关，因此弹簧弹性系数 k 实际上是其位移 x 的函数，并非常值。电阻、电容、电感等参数值与周围环境（温度、湿度、压力等）及流经它们的电流有关，也并非常值。电动机本身的摩擦、死区等非线性因素会使其运动方程复杂化而成为非线性方程。但绝大多数物理系统的参数在一定范围内呈现出线性特性，许多机械元件和电气元件的线性范围也是相当宽的。由于线性系统满足叠加原理，分析起来要比非线性系统简单得多，因此许多时候会将系统理想化或简化为线性系统。

3. 非线性微分方程的线性化

对于非线性元件，我们常常可以在所谓"小信号"的条件下对其进行线性化。其实质是在一个很小的范围内，将非线性特性用一段直线来代替，具体方法如下所述。

图 2.11 示出了某个非线性元件的特性曲线 $y = f(x)$，它是一个连续的非线性函数。

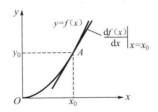

图 2.11　非线性函数的线性化

为了将函数线性化，取平衡点 A 为工作点，在 A 点有 $y_0=f(x_0)$。当元件在 A 点附近工作时，有 $x=x_0+\Delta x$，相应的 $y=y_0+\Delta y$。由于系统在工作点附近做小偏差运行，函数在该段一般是连续可微的，在 A 点附近可以进行泰勒级数展开

$$y=f(x)=f(x_0)+\frac{\mathrm{d}f(x)}{\mathrm{d}x}\bigg|_{x=x_0}(x-x_0)+\frac{1}{2!}\frac{\mathrm{d}^2f(x)}{\mathrm{d}x^2}\bigg|_{x=x_0}(x-x_0)^2+\cdots \quad (2-17)$$

当 $\Delta x=x-x_0$ 在小范围内波动时，可以略去其高次幂项，即使用以函数在工作点处的导数 $\dfrac{\mathrm{d}f(x)}{\mathrm{d}x}\bigg|_{x=x_0}$ 为斜率的直线来近似代替函数曲线，因此式(2-17)可近似为

$$y=f(x_0)+\frac{\mathrm{d}f(x)}{\mathrm{d}x}\bigg|_{x=x_0}(x-x_0)=y_0+m_0(x-x_0) \quad (2-18)$$

式中，m_0 为工作点处的斜率。这样，元件的特性函数 $y=f(x)$ 就变成了线性函数

$$(y-y_0)=m_0(x-x_0)$$

或

$$\Delta y=m_0\Delta x$$

下面通过一个实例说明此方法的应用。

【例 2-5】　单摆振荡器如图 2.12 所示。考虑图 2.12(a)所示的单摆，作用于小球 m 上的扭矩为

$$M=mgL\sin\theta \quad (2-19)$$

式中，g 为重力加速度。

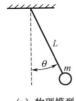　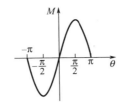　

(a) 物理模型　　　(b) 小球m上的扭矩-摆角关系

神奇的
单摆运动

图 2.12　单摆振荡器

由式(2-19)可知，单摆为一非线性元件，其所受扭矩和角位移之间的关系如图 2.12(b)所示。取竖直位置为平衡工作点，此时 $\theta_0=0$，利用式(2-19)在工作点处的一阶导数可以得到系统的线性近似，即

$$M-M_0=mgL\frac{\mathrm{d}\sin\theta}{\mathrm{d}\theta}\bigg|_{\theta=\theta_0}(\theta-\theta_0)$$

式中，$M_0=0$，于是可得

$$M = mgL(\cos 0)(\theta - 0) = mgL\theta \qquad\qquad (2-20)$$

式(2-20)即为单摆系统的线性近似。当单摆的摆动幅度不大，即 θ 在很小范围内变化时，这个线性近似模型的精度是相当高的。

通过以上分析，可以看出线性化处理有如下特征。

(1) 线性化是对某一平衡工作点进行的。平衡工作点不同，线性化的结果会不一样。

(2) 若要使线性化有足够的精度，变量偏离平衡点的偏差必须足够小。

(3) 线性化后的方程式是相对于平衡工作点来描述的，因此可认为其初始条件为零。

值得注意的是，有一些非线性是不连续的，不能满足展开成泰勒级数的条件，这时就不能用小偏差法进行线性化。这类非线性称为本质非线性，对于这类问题要用非线性控制理论来解决。

2.2　典型输入信号与系统动态响应历程

在建立了形如式(2-6)所示的系统微分方程后，需要给系统一定形式的激励信号 $x_i(t)$，以获得其动态响应历程 $x_o(t)$，进而评价该系统的性能。通常，实际物理系统所受的外加输入信号有些是确定性的，有些是具有随机性而事先无法确定的。在分析和设计系统时，为了便于对系统的性能进行比较，通常选定几种具有典型意义的试验信号作为外加的输入信号，这些信号称为典型输入信号。

2.2.1　典型输入信号

典型输入信号通常数学表达式简单，反映系统所受到的实际输入，且容易在现场或实验室获得。同时，典型输入信号能够使系统工作在最不利的情况下。常用的典型输入信号有五种。

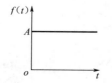
图 2.13　阶跃函数

1. 阶跃函数

阶跃函数的定义为

$$f(t) = \begin{cases} 0 & t < 0 \\ A(A\text{ 为常数}) & t \geqslant 0 \end{cases}$$

阶跃函数的图像如图 2.13 所示。当 $A=1$ 时，称为单位阶跃信号，可表示为 $1(t)$。

阶跃函数是自动控制系统在实际工作中经常遇到的一种外作用形式。$t=0$ 处的阶跃信号，相当于一个不变的信号突然加到系统上。例如，电源电压突然跳变，负载突然增大或减小，液位的突然增大或减小等。对于恒值系统，相当于给定值突然变化或者突然变化的扰动量；对于随动系统，相当于加一个突变的给定位置信号。系统在阶跃输入信号作用下的响应特性常用来评价系统的动态性能，以单位阶跃函数为输入信号，也可以用来考查系统对于恒值信号的跟踪能力。

2. 脉冲函数

工程实际问题中，有许多物理现象、力学现象都具有脉冲性质，它反映除了连续分布的量以外，还有集中于一点或一瞬时的量，如冲击力、脉冲电压、点电荷、点热源、质点的质量等。研究此类问题需要引入一个新的函数，把这种集中的量与连续分布的量来统一处理，这便是脉冲函数，其定义为

$$f(t)=\begin{cases} \dfrac{A}{\varepsilon} & 0\leqslant t\leqslant\varepsilon(\varepsilon\to 0) \\ 0 & t<0, t>\varepsilon(\varepsilon\to 0) \end{cases}$$

狄利克雷函数

式中，A 为常数；ε 为趋于 0 的正数。脉冲函数如图 2.14 所示。当 $A=1$，$\varepsilon\to 0$ 时，$f(t)$ 称为单位脉冲函数，用 $\delta(t)$ 表示，又称狄拉克(Dirac)函数，表达式为

$$\delta(t)=\begin{cases} \infty & t=0 \\ 0 & t\neq 0 \end{cases}$$

$$\int_{-\infty}^{\infty}\delta(t)\mathrm{d}t=1$$

工程上，单位脉冲函数一般用一条长度等于 1 的有向线段来表示，这条线段的长度表示单位脉冲函数的积分值，称为单位脉冲函数的强度。在 $t=t_0$ 处的单位脉冲函数用 $\delta(t-t_0)$ 来表示，函数 $A\delta(t)$ 的冲击强度为 A，如图 2.15 所示。单位脉冲函数可认为是在间断点上单位阶跃函数对时间的导数，反之，对单位脉冲函数求积分就是单位阶跃函数。

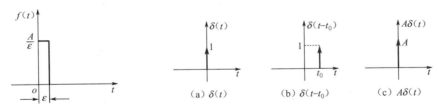

图 2.14 脉冲函数　　　　　图 2.15 工程中的单位脉冲函数

脉冲输入在现实中是不存在的，只有数学上的定义，但它却是一个重要而有效的数学工具。由于单位脉冲函数具有如下特性

$$\int_{-\infty}^{\infty}\delta(t)*f(t)\mathrm{d}t=f(0)$$

式中，$f(0)$ 为 $t=0$ 时刻函数 $f(t)$ 的值。这使得分析某些问题会变得相当简单。例如信号取样时，用 $f(t)$ 表示取样信号，用 $\delta(t)$ 表示单位脉冲信号，那么对 $f(t)*\delta(t)$ 进行积分，就能得到 $f(t)$ 在 0 时刻的信号，对 $f(t)*\delta(t-t_0)$（t_0 表示常量）进行积分，就能得到 $f(t)$ 在 t_0 时刻的信号。在控制理论研究中，一个任意形式的外作用因此可以分解为不同时刻的一系列脉冲输入之和。这样，通过研究系统在脉冲输入作用下的响应特性，便可以了解其在任意形式作用下的响应特性。

3. 斜坡函数

等速增大的量都可用斜坡函数表示。在直角坐标中，可用斜线表示，斜线的斜率表示等速变化的速度，因此斜坡函数又称等速函数，其数学表达式为

$$f(t)=\begin{cases} 0 & t<0 \\ At & t\geqslant 0 \end{cases}$$

式中，A 为常数。当 $A=1$ 时，$f(t)$ 称为单位斜坡函数，如图 2.16 所示。

斜坡函数在随动系统中多见。例如雷达-高射炮防空系统，当雷达跟踪的目标做匀速

运动时，该系统便可视为工作在斜坡函数之下，通过以单位斜坡函数为输入信号，来考查系统对匀速信号的跟踪能力。

4. 等加速函数

顾名思义，等加速函数若表示为曲线，它是一条抛物线，故又称抛物线函数，其数学表达式为

$$f(t)=\begin{cases} 0 & t<0 \\ \dfrac{1}{2}At^2 & t\geqslant 0 \end{cases}$$

式中，A 为常数。当 $A=1$ 时，$f(t)$ 称为单位等加速函数，如图 2.17 所示。

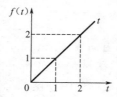

图 2.16　单位斜坡函数　　　　图 2.17　单位等加速函数

例如，雷达-高射炮防空系统中，当雷达跟踪的目标不做匀速运动而做加速运动时，该系统便可视为工作在等加速函数之下，通过以等加速函数为输入信号，来考查系统的机动跟踪能力。

5. 正弦函数

当系统的输入作用具有周期性的变化时，常用正弦函数作为输入信号。正弦函数的数学表达式为

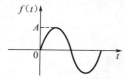

$$f(t)=\begin{cases} 0 & t<0 \\ A\sin\omega t & t\geqslant 0 \end{cases}$$

式中，A 为正弦输入的幅值；ω 为正弦输入的角频率。其变化曲线如图 2.18 所示。

图 2.18　正弦函数

很多实际的随动系统经常在正弦函数的外作用下工作。例如，舰船的消摆系统处在形如正弦函数的波浪下工作，机械系统的零部件在周期性简谐振动力作用下工作，等等。

在分析控制系统时，究竟选用哪一种典型函数作为系统的试验信号，则应视所研究系统的实际输入信号而定。有些控制系统的输入信号是变化无常的随机信号而非确定性信号，同一系统对不同形式的输入信号所产生的响应是不同的，但它们所反映的系统性能是一致的。一般来说，单位阶跃函数常用来作为系统性能分析的输入信号。

2.2.2　拉普拉斯变换

拉普拉斯

系统输入信号确定之后，求解所建立的系统微分方程数学模型即可获得系统输出的动态历程。但由于复杂微分方程的求解比较困难，实践中常利用拉普拉斯变换将其转换为代数方程，以便大大简化方程的求解过程。

1. 典型函数的拉普拉斯变换与反变换

对于实变量 t 的函数 $f(t)$，如果积分 $\int_0^\infty f(t)e^{-st}\,dt$（$s=\sigma+j\omega$ 为复变量）存在，则称这一积分为函数 $f(t)$ 的拉普拉斯变换。变换后的函数是复变量 s 的函数，记作 $F(s)$ 或 $L[f(t)]$，即

$$F(s) = L[f(t)] = \int_0^\infty f(t)e^{-st}\,dt \qquad (2-21)$$

$f(t)$ 通常称为原函数，$F(s)$ 称为象函数。由 $F(s)$ 求 $f(t)$ 的逆变换运算为

$$f(t) = L^{-1}[F(s)] = \frac{1}{2\pi j}\int_{\sigma-j\omega}^{\sigma+j\omega} F(s)e^{st}\,ds \qquad (2-22)$$

式（2-22）又称 $F(s)$ 的拉普拉斯反变换。

在大多数问题中经常用到的拉普拉斯变换通常可直接由变换积分式（2-21）求得。例如，对单位阶跃函数有

$$F(s) = L[f(t)] = \int_0^\infty 1e^{-st}\,dt = -\frac{e^{-st}}{s}\Big|_0^\infty = \frac{1}{s}$$

单位脉冲函数 $\delta(t)$ 的拉普拉斯变换为

$$L[\delta(t)] = \int_0^\infty \delta(t)e^{-st}\,dt = e^{-st}\big|_{t=0} = 1$$

指数函数 $f(t)=\begin{cases}0 & t<0 \\ e^{at} & t\geq0\end{cases}$ 的拉普拉斯变换为

$$L[e^{at}] = \int_0^\infty e^{at}\cdot e^{-st}\,dt = \int_0^\infty e^{-(s-a)t}\,dt = -\frac{e^{-(s-a)t}}{s-a}\Big|_0^\infty = \frac{1}{s-a}$$

拉普拉斯
变换对照表

实际中，常把原函数与象函数之间的对应关系列成对照表的形式。通过查表来获得原函数的象函数，或象函数的原函数。附录 1 给出了常用函数拉普拉斯变换表，表 2-2 给出了一些重要的典型输入信号函数的拉普拉斯变换对。

表 2-2　典型输入信号函数的拉普拉斯变换对

序号	$f(t)$	$F(s)$
1	$\delta(t)$	1
2	$1(t)$	$\dfrac{1}{s}$
3	t	$\dfrac{1}{s^2}$
4	e^{-at}	$\dfrac{1}{s+a}$
5	te^{-at}	$\dfrac{1}{(s+a)^2}$
6	$\sin\omega t$	$\dfrac{\omega}{s^2+\omega^2}$
7	$\cos\omega t$	$\dfrac{s}{s^2+\omega^2}$
8	$t^n\ (n=1,2,3,\cdots)$	$\dfrac{n!}{s^{n+1}}$

也可利用 **MATLAB** 等数学软件快速获得各类时间函数的拉普拉斯变换结果。例如，求单位阶跃函数的拉普拉斯变换后的象函数，只需在 MATLAB 的 Command Window 窗口中输入如下指令。

```
>> syms t     % 设置系统变量 t
>> laplace(t/t)     % 构造单位阶跃函数
```

按 Enter 键，获得的计算结果为

```
ans=

    1/s
```

2. 常见拉普拉斯变换的性质与应用

引出典型函数是为了以它们作为输入或干扰来研究控制系统。严格说来，实际控制系统所接收的控制信号和所受到的干扰，一般不会是这些典型的信号，但是，复杂函数常常是一些典型函数的组合。为了便于进行分析计算，在工程上常将不同复杂程度的输入及干扰信号，简化成相应的典型函数或典型函数的组合。在对这些复杂信号做拉普拉斯变换时，就需要用到拉普拉斯变换性质。附录 B 给出了拉普拉斯变换的基本性质。下面给出了一些重要的拉普拉斯变换性质。

(1) 线性性质

拉普拉斯变换是一个线性变换。若函数 $f_1(t)$ 和 $f_2(t)$ 经拉普拉斯变换后的象函数分别为 $F_1(s)$ 和 $F_2(s)$，则对常数 k_1、k_2，有

$$L[k_1 f_1(t) + k_2 f_2(t)] = k_1 L[f_1(t)] + k_2 L[f_2(t)]$$
$$= k_1 F_1(s) + k_2 F_2(s) \tag{2-23}$$

(2) 延时定理

若 $f(t)$ 的拉普拉斯变换为 $F(s)$，则对任意正数 a，有

$$L[f(t-a)] = e^{-as} F(s) \tag{2-24}$$

式中，$f(t-a)$ 为延迟时间 a 的 $f(t)$，当 $t < a$ 时，$f(t-a) = 0$。

(3) 复数域位移定理

若 $f(t)$ 的拉普拉斯变换为 $F(s)$，则对任意常数 a（实数或复数），有

$$L[e^{-at} f(t)] = F(s+a) \tag{2-25}$$

(4) 相似定理

若 $f(t)$ 的拉普拉斯变换为 $F(s)$，则对任意常数 a，有

$$L[f(at)] = \frac{1}{a} F\left(\frac{s}{a}\right) \tag{2-26}$$

(5) 微分定理

若 $f(t)$ 的拉普拉斯变换为 $F(s)$，则

$$L[f'(t)] = sF(s) - f(0^+) \tag{2-27}$$

根据式（2-27）可以推出 $f(t)$ 的各阶导数的拉普拉斯变换为

$$L[f''(t)] = s^2 F(s) - sf(0^+) - f'(0^+)$$

$$L[f^{(n)}(t)]=s^nF(s)-s^{n-1}f(0^+)-s^{n-2}f'(0^+)-\cdots-f^{(n-1)}(0^+) \qquad (2-28)$$

式中，$f^{(i)}(0^+)(0\leqslant i<n)$表示 $f(t)$ 的 i 阶导数在 t 从正向趋近于零时的值。当初始条件为零时，即

$$f(0^+)=f'(0^+)=f''(0^+)=\cdots=f^{(n-1)}(0^+)=0$$

则有

$$L[f^{(n)}(t)]=s^nF(s) \qquad (2-29)$$

（6）积分定理

若 $f(t)$ 的拉普拉斯变换为 $F(s)$，则

$$L\left[\int_0^t f(t)\mathrm{d}t\right]=\frac{F(s)}{s}+\frac{1}{s}f^{(-1)}(0^+) \qquad (2-30)$$

式中，$f^{(-1)}(0^+)$是 $f(t)$ 的积分在 t 从正向趋近于零时的值。根据式(2-30)可得

$$L\left[\int_0^t\int_0^t\cdots\int_0^t f(t)(\mathrm{d}t)^n\right]=\frac{1}{s^n}F(s)+\frac{1}{s^n}f^{(-1)}(0^+)+\frac{1}{s^{n-1}}f^{(-2)}(0^+)$$
$$+\cdots+\frac{1}{s}f^{(-n)}(0^+) \qquad (2-31)$$

式中，$f^{(-i)}(0^+)(0<i\leqslant n)$为 $f(t)$ 的积分及其各重积分在 t 从正向趋近于零时的值。若

$$f^{(-1)}(0^+)=f^{(-2)}(0^+)=\cdots=f^{(-n)}(0^+)=0$$

则有

$$L\left[\int_0^t\int_0^t\cdots\int_0^t f(t)(\mathrm{d}t)^n\right]=\frac{1}{s^n}F(s) \qquad (2-32)$$

（7）初值定理

若函数 $f(t)$ 及其一阶导数的拉普拉斯变换都存在，则函数 $f(t)$ 的初值为

$$f(0^+)=\lim_{t\to 0^+}f(t)=\lim_{s\to\infty}sF(s) \qquad (2-33)$$

即原函数 $f(t)$ 在自变量 t 从正向趋近于零时的极限值，取决于其象函数 $F(s)$ 的自变量 s 趋于无穷大时 $sF(s)$ 的极限值。

（8）终值定理

若函数 $f(t)$ 及其一阶导数的拉普拉斯变换都存在，并且除在原点有唯一的极点外，$sF(s)$ 在包含虚轴的右半平面内是解析的[这意味着 $t\to\infty$ 时 $f(t)$ 趋于一个确定的值]，则函数 $f(t)$ 的终值为

$$\lim_{t\to\infty}f(t)=\lim_{s\to 0}sF(s) \qquad (2-34)$$

【例2-6】 假设当 $t<0$ 时，$f(t)=0$，求下列函数拉普拉斯变换后的象函数。

（1）$f(t)=1+3t+4\mathrm{e}^{-3t}+\sin 3t$；（2）$f(t)=t^3\mathrm{e}^{-3t}+\mathrm{e}^{-t}\cos 2t+\mathrm{e}^{-3t}\sin 4t$。

解：（1）利用典型函数拉普拉斯变换及拉普拉斯变换基本性质，可得

$$F(s)=L[f(t)]=L(1+3t+4\mathrm{e}^{-3t}+\sin 3t)=\frac{1}{s}+\frac{3}{s^2}+\frac{4}{s+3}+\frac{3}{s^2+3^2}$$

（2）利用典型函数拉普拉斯变换及其基本性质，查拉普拉斯变换表（附录1），可得

$$F(s)=L[f(t)]$$
$$=L(t^3\mathrm{e}^{-3t}+\mathrm{e}^{-t}\cos 2t+\mathrm{e}^{-3t}\sin 4t)$$
$$=\frac{3!}{(s+3)^{3+1}}+\frac{s+1}{(s+1)^2+2^2}+\frac{4}{(s+3)^2+4^2}$$
$$=\frac{6}{(s+3)^4}+\frac{s+1}{(s+1)^2+4}+\frac{4}{(s+3)^2+16}$$

也可利用计算机中的数学软件方便快捷地获得拉普拉斯变换后的象函数。例如，对例 2-6 中的题(1)，在 MATLAB 界面的 Command Window 窗口中输入如下指令。

```
>> syms t      % 设置系统变量 t
>> laplace(1+3*t+4*exp(-3*t)+sin(3*t))      % 求函数表达式 (1+3t+4e^{-3t}+sin3t) 的拉
普拉斯变换
```

按 Enter 键，获得拉普拉斯变换后的象函数，结果为

```
ans=

1/s+3/s^2+4/(s+3)+3/(s^2+9)
```

【例 2-7】 已知复数域象函数 $F(s)=\dfrac{3s^2+2s+8}{s(s+2)(s^2+2s+4)}$，求其时间域内的原函数 $f(t)$ 的极值 $\lim\limits_{t\to\infty}f(t)$ 及 $t\to0^+$ 时的 $f(0^+)$ 值。

解：利用拉普拉斯变换的终值定理，有

$$\lim_{t\to\infty}f(t)=\lim_{s\to0}sF(s)=\lim_{s\to0}\frac{s(3s^2+2s+8)}{s(s+2)(s^2+2s+4)}=\frac{8}{2\times4}=1$$

利用拉普拉斯变换的初值定理，有

$$f(0^+)=\lim_{t\to0^+}f(t)=\lim_{s\to\infty}sF(s)=\lim_{s\to\infty}\frac{s(3s^2+2s+8)}{s(s+2)(s^2+2s+4)}=0$$

2.2.3　拉普拉斯反变换与微分方程的求解

1. 拉普拉斯反变换

已知象函数 $F(s)$，求原函数 $f(t)$ 的方法有以下几种。

(1) 查表法：即直接利用拉普拉斯变换表查出相应的原函数。这种方法适用于比较简单的象函数。

(2) 有理函数法：根据拉普拉斯反变换的定义式(2-22)求解。由于公式中的被积函数是一个复变函数，需要使用复变函数中的留数定理求解，本书不做介绍。

(3) 部分分式法：通过代数运算，先将一个复杂的象函数化为数个简单的部分分式之和，再分别求出各个分式的原函数，总的原函数即可求得。

(4) 利用计算机数学软件求得。

一般来说，$F(s)$ 是复数 s 的有理代数式，可表示为

$$F(s)=\frac{B(s)}{A(s)}=\frac{b_ms^m+b_{m-1}s^{m-1}+\cdots+b_0}{a_ns^n+a_{n-1}s^{n-1}+\cdots+a_0}=\frac{K(s-z_1)(s-z_2)\cdots(s-z_m)}{(s-p_1)(s-p_2)\cdots(s-p_n)}$$

式中，p_1，p_2，$\cdots$，p_n 和 z_1，z_2，$\cdots$，z_m 分别为 $F(s)$ 的极点和零点，它们是实数或共轭复数，且 $n>m$。如果 $n\leqslant m$，则分子 $B(s)$ 可用分母 $A(s)$ 去除，得到一个 s 的多项式和一个余式之和，在余式中分母阶次高于分子阶次。由于 $F(s)$ 存在无重极点和有重极点两种不同的情况，因此 $F(s)$ 化为部分分式之和的方法不同。下面只介绍 $F(s)$ 无重极点时的化解方法。

若 $F(s)$ 无重极点，则它总是能展开为下面简单的部分分式之和，即

$$\frac{B(s)}{A(s)} = \frac{K_1}{s-p_1} + \frac{K_2}{s-p_2} + \cdots + \frac{K_n}{s-p_n} \tag{2-35}$$

式中，K_1，K_2，$\cdots$，K_n 为待定系数。

为求出待定系数 K_1，以$(s-p_1)$乘以式（2-35）两边，并令 $s=p_1$，则有

$$K_1 = \frac{B(s)}{A(s)}(s-p_1)\Big|_{s=p_1}$$

同样，以$(s-p_2)$乘以式（2-35）两边，并令 $s=p_2$，得

$$K_2 = \frac{B(s)}{A(s)}(s-p_2)\Big|_{s=p_2}$$

依此类推，得

$$K_i = \frac{B(s)}{A(s)}(s-p_i)\Big|_{s=p_i} = \frac{B(p_i)}{A'(p_i)} \quad (i=1,2,3,\cdots,n) \tag{2-36}$$

式中，p_i 为 $A(s)=0$ 的根，$A'(p_i)=\dfrac{\mathrm{d}A(s)}{\mathrm{d}s}\Big|_{s=p_i}$。

当 $F(s)$ 的某极点等于零或为共轭复数时，同样可以用上述方法。注意，由于 $f(t)$ 是一个实函数，若 p_1 和 p_2 是一对共轭复极点，那么相应的系数 K_1 和 K_2 也是共轭复数，只要求出其中一个系数，即可得另一个系数。

【例2-8】 求 $F(s)=\dfrac{14s^2+55s+51}{2s^3+12s^2+22s+12}$ 的拉普拉斯反变换。

解：
$$A(s)=2s^3+12s^2+22s+12=2(s+1)(s+2)(s+3)$$
$$p_1=-1, \quad p_2=-2, \quad p_3=-3$$
$$A'(s)=6s^2+24s+22$$
$$A'(-1)=4, \quad A'(-2)=-2, \quad A'(-3)=4$$
$$B(s)=14s^2+55s+51$$
$$B(-1)=10, \quad B(-2)=-3, \quad B(-3)=12$$

由式（2-36）得

$$K_1=\frac{10}{4}=2.5, \quad K_2=\frac{-3}{-2}=1.5, \quad K_3=\frac{12}{4}=3$$

由式（2-35）和式（2-23），得

$$f(t)=L^{-1}[F(s)]=L^{-1}\left[\frac{2.5}{s+1}\right]+L^{-1}\left[\frac{1.5}{s+2}\right]+L^{-1}\left[\frac{3}{s+3}\right]$$
$$=2.5\mathrm{e}^{-t}+1.5\mathrm{e}^{-2t}+3\mathrm{e}^{-3t}$$

在 MATLAB 界面的 Command Window 窗口中输入如下指令。

```
>> syms s          % 设置系统变量 s
>> ilaplace((14*s^2+55*s+51)/(2*s^3+12*s^2+22*s+12))          % 求函数表达式
```
$\dfrac{14s^2+55s+51}{2s^3+12s^2+22s+12}$的拉普拉斯反变换

按 Enter 键，获得拉普拉斯反变换后的原函数，结果为

```
ans =
    3*exp(-3*t)+5/2*exp(-t)+3/2*exp(-2*t)
```

【例 2 - 9】 求下面象函数的拉普拉斯反变换。

$$F(s)=\frac{20(s+1)(s+3)}{(s+1+j)(s+1-j)(s+2)(s+4)}$$

解： 由式(2 - 35)可得

$$F(s)=\frac{K_1}{s+1+j}+\frac{K_2}{s+1-j}+\frac{K_3}{s+2}+\frac{K_4}{s+4}$$

$$K_1=\left[\frac{B(s)}{A(s)}(s+1+j)\right]\Bigg|_{s=-1-j}=\frac{20(-j)(2-j)}{(-2j)(1-j)(3-j)}=4+3j$$

$$K_2=\left[\frac{B(s)}{A(s)}(s+1-j)\right]\Bigg|_{s=-1+j}=\frac{20j(2+j)}{2j(1+j)(3+j)}=4-3j$$

$$K_3=\left[\frac{B(s)}{A(s)}(s+2)\right]\Bigg|_{s=-2}=\frac{20\times(-1)\times1}{(-1+j)(-1-j)\times2}=-5$$

$$K_4=\left[\frac{B(s)}{A(s)}(s+4)\right]\Bigg|_{s=-4}=\frac{20\times(-3)\times(-1)}{(-3+j)(-3-j)\times(-2)}=-3$$

$$F(s)=\frac{4+3j}{s+1+j}+\frac{4-3j}{s+1-j}-\frac{5}{s+2}-\frac{3}{s+4}$$

所以

$$f(t)=L^{-1}[F(s)]$$
$$=(4+3j)e^{(-1-j)t}+(4-3j)e^{(-1+j)t}-5e^{-2t}-3e^{-4t}$$
$$=e^{-t}[4(e^{-jt}+e^{jt})+3j(e^{-jt}-e^{jt})]-5e^{-2t}-3e^{-4t}$$
$$=e^{-t}(8\cos t+6\sin t)-5e^{-2t}-3e^{-4t}$$

在 MATLAB 的 Command Window 窗口中输入如下指令。

```
>> syms s       % 设置系统变量 s
>> ilaplace((20*(s+1)*(s+3))/((s+1+j)*(s+1- j)*(s+2)*(s+4)))
```
　　　　% 求表达式 $\frac{20(s+1)(s+3)}{(s+1+j)(s+1-j)(s+2)(s+4)}$ 的拉普拉斯反变换

按 Enter 键，获得拉普拉斯反变换后的原函数，结果为

```
ans =
    8*exp(- t)*cos(t)+6*sin(t)*exp(- t)- 5*exp(- 2*t)- 3*exp(- 4*t)
```

2. 用拉普拉斯变换解微分方程

用拉普拉斯变换解微分方程，首先通过拉普拉斯变换将微分方程化为复数域的代数方程，进而求出解的象函数，最后用拉普拉斯反变换求得微分方程的解。下面举例说明具体过程。

【例 2 - 10】 设 RC 充电电路的实际电路如图 2.19(a)所示，在开关 K 闭合之前，电容 C 上的初始电压为零。试求将开关瞬时闭合后，电容端电压 u_C 的变化历程。

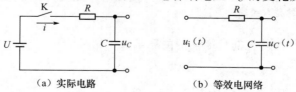

(a) 实际电路　　　　　　　　(b) 等效电网络

图 2.19 RC 充电电路

解：开关 K 瞬时闭合，等效于图 2.19（b）所示的电网络，有阶跃电压输入 $u_i(t) = \begin{cases} U & (t \geqslant 0) \\ 0 & (t < 0) \end{cases}$。设电路的电流为 i，写出电路的电压平衡方程

$$\begin{cases} u_i(t) = Ri(t) + u_C(t) \\ u_C(t) = \dfrac{1}{C}\int i(t)\,\mathrm{d}t \end{cases} \tag{2-37}$$

消去中间变量 i，得到电路的微分方程

$$RC\frac{\mathrm{d}u_C(t)}{\mathrm{d}t} + u_C(t) = u_i(t)$$

由于电容 C 上的初始电压为零，利用式（2-29）对该微分方程式两边进行拉普拉斯变换。令 $u_C(t)$、$u_i(t)$ 的象函数分别为 $U_C(s)$、$U_i(s)$，得

$$RCsU_C(s) + U_C(s) = U_i(s)$$

将 $U_i(s) = L[u_i(t)] = \dfrac{U}{s}$ 代入，整理得电容端电压的拉普拉斯变换为

$$U_C(s) = \frac{U}{s(RCs+1)} = \frac{U}{s} - \frac{RCU}{RCs+1}$$

拉普拉斯反变换得到电容的端电压信号为

$$u_C(t) = L[U_C(s)] = U - Ue^{-\frac{1}{RC}t} \tag{2-38}$$

本例中，若取 $U = 10\text{V}$，$R = 10^3\text{k}\Omega$，$C = 1\mu\text{F}$，则 $u_C(t) = 10(1-e^{-t})\text{V}$，由式（2-38）可作出如图 2.20 所示的变化曲线。该曲线反映了电路中当开关 K 闭合后，直流电压 U 通过 RC 回路对电容 C 充电时，电容上电压的动态变化过程，亦即图 2.19（b）所示的 RC 一级电网络系统对阶跃信号输入的动态响应历程。

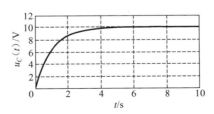

图 2.20　电容端电压的动态变化历程

【例 2-11】　对图 2.1 所示的机器-隔振垫系统，若不计阻尼 c，质量块 m 的初始位移和速度均为 0。试求系统在单位脉冲力 $\delta(t)$ 作用下，质量块 m 的运动规律。

解：根据例 2-1 的分析，由式（2-7）可知，不计阻尼时机械系统的运动微分方程可写为

$$m\ddot{x}(t) + kx(t) = \delta(t)$$

对方程逐项做拉普拉斯变换，令 $x(t)$ 的象函数为 $X(s)$。因 $x(0) = \dot{x}(0) = 0$，由微分定理得

$$ms^2 X(s) + kX(s) = 1$$

所以有

$$X(s) = \frac{1}{ms^2 + k}$$

对 $X(s)$ 做拉普拉斯反变换，即可获得质量块 m 的运动规律。

$$x(t) = L^{-1}[X(s)] = L^{-1}\left[\frac{1}{ms^2+k}\right] = L^{-1}\left[\frac{1}{\sqrt{mk}}\frac{\sqrt{k/m}}{s^2+(\sqrt{k/m})^2}\right]$$

$$x(t) = \frac{1}{\sqrt{mk}}\sin\sqrt{\frac{k}{m}}t \qquad (2-39)$$

在该系统中，若取 $m = 1000\text{kg}$，$k = 2 \times 10^7\text{N/m}$，代入式（2-40），得

$$x(t) = \frac{1}{\sqrt{10^3 \times 2 \times 10^7}}\sin\sqrt{\frac{2 \times 10^7}{10^3}}t$$

$$= \frac{10^{-5}}{\sqrt{2}}\sin 100\sqrt{2}t \text{ m} \qquad (2-40)$$

$$= 7.07 \times 10^{-3}\sin 100\sqrt{2}t \text{ mm}$$

由式（2-40）可作出图 2.21 所示的变化曲线，它反映了该系统在单位脉冲力作用下，质量块 m 的位移的动态变化历程，也反映了该系统在锤击力作用下，其输出（线位移）为频率 $f = \dfrac{100\sqrt{2}}{2\pi}\text{Hz} \approx 22.5\text{Hz}$，绕平衡位置 $x(0) = 0$ 波动的等幅振荡过程。

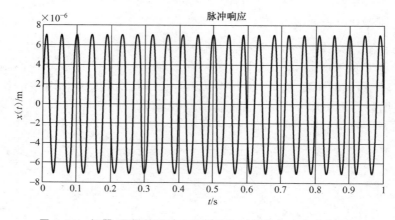

图 2.21　机器–隔振垫系统在阻尼为 0 时的单位脉冲响应历程

2.3　控制系统的传递函数

通过求解给定输入及初始条件下的控制系统微分方程得到系统输出响应的方法虽然直观，但如果系统的结构发生改变或某个参数发生变化，就要重新列写并求解微分方程（图 2.2 和图 2.21）。这既不便于系统分析设计，也难以直接把握结构参数变化对响应的影响规律。

传递函数是控制系统在复数域中的数学模型，不仅可以表征系统的动态性能，而且可以用来研究系统的结构或参数变化对系统性能的影响。经典控制理论中广泛应用的根轨迹法和频率法，就是以传递函数为基础建立起来的。传递函数是经典控制理论中最基本和最重要的概念。

2.3.1 传递函数的定义和性质

1. 定义

线性定常系统的传递函数，定义为零初始条件下，系统输出量的拉普拉斯变换与输入量的拉普拉斯变换之比。

设线性定常系统由下述 n 阶线性常微分方程描述

$$a_n \frac{\mathrm{d}^n}{\mathrm{d}t^n}x_o(t)+a_{n-1}\frac{\mathrm{d}^{n-1}}{\mathrm{d}t^{n-1}}x_o(t)+\cdots+a_1\frac{\mathrm{d}}{\mathrm{d}t}x_o(t)+a_0 x_o(t)$$
$$=b_m \frac{\mathrm{d}^m}{\mathrm{d}t^m}x_i(t)+b_{m-1}\frac{\mathrm{d}^{m-1}}{\mathrm{d}t^{m-1}}x_i(t)+\cdots+b_1\frac{\mathrm{d}}{\mathrm{d}t}x_i(t)+b_0 x_i(t)$$

$$(2-41)$$

式中，$x_o(t)$ 是系统输出量；$x_i(t)$ 是系统输入量；$a_i(i=1,2,\cdots,n)$ 和 $b_j(j=1,2,\cdots,m)$ 是与系统结构和参数有关的常系数。设 $x_o(t)$ 和 $x_i(t)$ 及其各阶导数在 $t=0$ 时的值均为零，即零初始条件，对式（2-41）中各项分别求拉普拉斯变换，并令 $X_o(s)=L[x_o(t)]$，$X_i(s)=L[x_i(t)]$，可得关于 s 的代数方程

$$[a_n s^n+a_{n-1}s^{n-1}+\cdots+a_1 s+a_0]X_o(s)=[b_m s^m+b_{m-1}s^{m-1}+\cdots+b_1 s+b_0]X_i(s)$$

于是，由定义可得系统的传递函数为

$$G(s)=\frac{X_o(s)}{X_i(s)}=\frac{b_m s^m+b_{m-1}s^{m-1}+\cdots+b_1 s+b_0}{a_n s^n+a_{n-1}s^{n-1}+\cdots+a_1 s+a_0} \qquad (2-42)$$

【例 2-12】 设系统的单位阶跃响应为 $x_o(t)=1-e^{-2t}+e^{-t}$，求该系统的传递函数。

解： 根据传递函数的定义，可得该系统的传递函数为

$$G(s)=\frac{X_o(s)}{X_i(s)}=\frac{L(1-e^{-2t}+e^{-t})}{L[1(t)]}=\frac{\dfrac{1}{s}-\dfrac{1}{s+2}+\dfrac{1}{s+1}}{\dfrac{1}{s}}=\frac{s^2+4s+2}{(s+1)(s+2)}$$

【例 2-13】 求例 2-2 中 RLC 无源网络的传递函数。输入为 $u_i(t)$，输出为电容 C 上的端电压 $u_C(t)$。

解： 建立微分方程

$$LC\frac{\mathrm{d}^2 u_C(t)}{\mathrm{d}t}+RC\frac{\mathrm{d}u_C(t)}{\mathrm{d}t}+u_C(t)=u_i(t)$$

在零初始条件下，对等式中的各项做拉普拉斯变换，并令 $U_C(s)=L[u_C(t)]$，$U_i(s)=L[u_i(t)]$，得关于 s 的代数方程

$$(LCs^2+RCs+1)U_C(s)=U_i(s)$$

由传递函数定义求得该 RLC 无源网络的传递函数为

$$G(s)=\frac{U_C(s)}{U_i(s)}=\frac{1}{LCs^2+RCs+1}$$

2. 性质

传递函数作为系统的复数域数学模型，具有以下性质。

（1）传递函数是复变量 s 的有理真分式函数，具有复变函数的所有性质；$m \leqslant n$，且所有系数均为实数。

（2）传递函数是一种用系统参数表示输出量与输入量之间关系的表达式，它只取决于

系统或元件的结构和参数，而与输入量的形式无关，也不反映系统内部的任何信息。因此，可以用图 2.22 所示的框图来表示一个具有传递函数 $G(s)$ 的线性系统。图 2.22 表明，系统输入量与输出量的因果关系可以用传递函数联系起来。

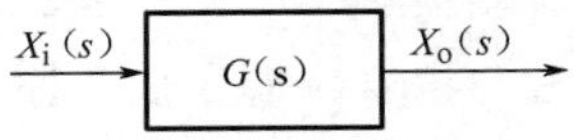

$$X_i(s) \longrightarrow \boxed{G(s)} \longrightarrow X_o(s)$$

图 2.22　传递函数的框图

（3）传递函数与微分方程有相通性。传递函数分子多项式系数及分母多项式系数，分别与相应微分方程的右端及左端微分算子多项式系数相对应。故在零初始条件下，将微分方程的算子 d/dt 用复数 s 置换便得到传递函数；反之，将传递函数多项式中的变量 s 用算子 d/dt 置换便得到微分方程。例如，由传递函数

$$G(s) = \frac{X_o(s)}{X_i(s)} = \frac{b_1 s + b_0}{a_2 s^2 + a_1 s + a_0}$$

可得 s 的代数方程

$$(a_2 s^2 + a_1 s + a_0) X_o(s) = (b_1 s + b_0) X_i(s)$$

在零初始条件下，用微分算子 d/dt 置换 s，便得到相应的微分方程

$$a_2 \frac{d^2}{dt^2} x_o(t) + a_1 \frac{d}{dt} x_o(t) + a_0 x_o(t) = b_1 \frac{d}{dt} x_i(t) + b_0 x_i(t)$$

（4）传递函数 $G(s)$ 的拉普拉斯逆变换是脉冲响应 $g(t)$。脉冲响应 $g(t)$ 是系统在单位脉冲函数 $\delta(t)$ 输入时的输出响应，此时由于 $X_i(s) = L[\delta(t)] = 1$，故有

$$g(t) = L^{-1}[G(s) X_i(s)] = L^{-1}[G(s)] \qquad (2-43)$$

传递函数是在零初始条件下定义的。控制系统的零初始条件有两方面的含义：一是指输入量是在 $t \geq 0$ 时才作用于系统，因此，在 $t = 0^-$ 时，输入量及其各阶导数均为零；二是指输入量加于系统之前，系统处于稳定的工作状态，即输出量及其各阶导数在 $t = 0^-$ 时的值也为零，实际中的工程控制系统多属此类情况。因此，传递函数可表征控制系统的动态性能，并用以求出在给定输入量时系统的零初始条件响应，即由拉普拉斯变换的卷积定理，有

$$x_o(t) = L^{-1}[X_o(s)] = L^{-1}[G(s) X_i(s)] = g(t) * x_i(t) \qquad (2-44)$$

3. 零点和极点

传递函数的分子多项式和分母多项式经因式分解后可写为如下形式。

$$G(s) = \frac{b_m(s - z_1)(s - z_2) \cdots (s - z_m)}{a_n(s - p_1)(s - p_2) \cdots (s - p_n)} = K \cdot \frac{\prod_{i=1}^{m}(s - z_i)}{\prod_{j=1}^{n}(s - p_j)} \qquad (2-45)$$

式中，$K = b_m/a_n$，称为传递系数或增益；$z_i(i = 1, 2, \cdots, m)$ 是分子多项式的根，称为传递函数的零点；$p_j(j = 1, 2, \cdots, n)$ 是分母多项式的根，称为传递函数的极点。传递函数的零点和极点可以是实数，也可以是复数。

2.3.2　传递函数的典型环节

为了分析和研究问题方便起见，通常将一个复杂系统的传递函数看成由一些典型环节组合而成。注意，各典型环节并不一定对应一个真实的物理结构，之所以划分典型环节，是为了通过分析典型环节的特性，以方便研究整个系统的动态特性。典型环节具体如下。

（1）比例环节 K。

（2）积分环节 $\dfrac{1}{Ts}$，T 为积分时间常数。含 ν 个积分环节的系统称为 ν 型系统，ν 为系统型次。

（3）微分环节 τs，τ 为微分时间常数。

（4）惯性环节 $\dfrac{1}{Ts+1}$，T 为惯性环节时间常数。

（5）一阶微分环节 $\tau s+1$，τ 为一阶微分时间常数。

（6）振荡环节 $\dfrac{1}{T^2 s^2+2\zeta Ts+1}$ 或 $\dfrac{\omega_n^2}{s^2+2\zeta\omega_n s+\omega_n^2}$，$T$ 为振荡环节时间常数，ω_n 为无阻尼固有频率，$T=\dfrac{1}{\omega_n}$，ξ 为阻尼比，$0\leqslant\xi\leqslant 1$。

（7）二阶微分环节 $\tau^2 s^2+2\zeta\tau s+1$，$\tau$ 为二阶微分时间常数。

（8）延时环节 $e^{-\tau s}$，τ 为延迟时间。

需要说明的是，传递函数由具有不同物理性质的系统、环节或元件建立，可以有量纲，也可以无量纲。在实际工程计算时，本书采用国际单位制。时间常数的单位取 s，频率 ω 的单位取 rad/s。

下面通过举例说明物理系统传递函数的求取过程及其所包含的典型环节。

【例 2 - 14】 试写出图 2.1 所示机器-隔振垫系统的典型环节。

解： 根据传递函数的定义，对式（2-1）两端做拉普拉斯变换，获得该系统的传递函数

$$G(s)=\frac{X(s)}{F(s)}=\frac{1}{ms^2+cs+k}=\frac{1}{k}\cdot\frac{\dfrac{k}{m}}{s^2+\dfrac{c}{m}s+\dfrac{k}{m}}$$

从传递函数可以看出，该系统由比例环节 $\dfrac{1}{k}$ 和振荡环节 $\dfrac{\dfrac{k}{m}}{s^2+\dfrac{c}{m}s+\dfrac{k}{m}}$ 组成。

【例 2 - 15】 某机械系统的物理模型如图 2.23(a)所示。设 x 为输入位移，y 为输出位移，若不计杆件质量和变形，且 x、y 均为小位移，试写出该系统的传递函数。

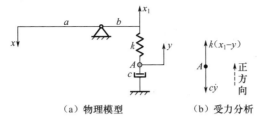

（a）物理模型　　　（b）受力分析

图 2.23　某机械系统的物理模型与受力分析

解： 杆件两端点位移 x_1 与 x 之间的关系为

$$x_1=\frac{b}{a}x$$

取无质量的点 A 为分离体做受力分析[图 2.23(b)]，由牛顿第二定律可得

$$k\left(\frac{b}{a}x - y\right) - c\dot{y} = 0$$

整理得

$$\frac{c}{k}\dot{y} + y = \frac{b}{a}x$$

初始条件为零，对上式两边做拉普拉斯变换，得

$$\frac{c}{k}sY(s) + Y(s) = \frac{b}{a}X(s)$$

所以，该系统的传递函数为

$$G(s) = \frac{Y(s)}{X(s)} = \frac{\dfrac{b}{a}}{\dfrac{c}{k}s + 1}$$

从传递函数可以看出，该系统由比例环节 $\dfrac{b}{a}$ 和惯性环节 $\dfrac{1}{\dfrac{c}{k}s + 1}$ 组成。

【例 2 - 16】 图 2.24 所示为由运算放大器组成的积分电路，输入电压为 u_i，输出电压为 u_o。试写出系统的传递函数。

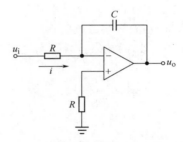

图 2.24　由运算放大器组成的积分电路

解：设图中电阻 R 上的电流为 i，方向如图所示，根据运算放大器的原理可得系统的微分方程为

液压阻尼器
减震

$$i = \frac{u_i}{R}, u_o = -\frac{1}{C}\int i\,\mathrm{d}t$$

消去中间变量 i，可得

$$-C\frac{\mathrm{d}u_o}{\mathrm{d}t} = \frac{u_i}{R}$$

则系统的传递函数为

$$G(s) = -\frac{1}{RCs}$$

故该电路为一积分环节。

【例 2 - 17】 图 2.25 所示为液压阻尼器，设活塞位移 x 为输入，缸体位移 y 为输出，若不计活塞质量，p_1、p_2 分别为油缸的上、下腔压强，A 为活塞面积，q 为流量，R 为节流阀液阻，k 为弹簧的弹性系数。假设液体不可压缩，写出系统的传递函数。

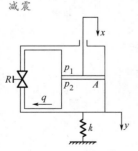

图 2.25　液压阻尼器

解： 首先分析阻尼器的工作过程，假定活塞杆上加一阶跃位移输入 x，在开始施加位移的瞬间，缸体位移 $y=x$。然而由于弹簧力的作用，使 y 逐渐减小到零，即缸体逐渐回到初始位置，迫使下腔的油液通过节流阀流到上腔。在这个工作过程中，以缸体为分离体，力的平衡方程为

$$A(p_1-p_2)=ky \tag{2-46}$$

通过对节流阀的特性线性化，近似得到流量 q 与压力差成正比，与液阻 R 成反比，即

$$q=\frac{p_2-p_1}{R}$$

不计油的压缩和泄漏，根据流量连续方程，可求得

$$q=A(\dot{x}-\dot{y})$$

即

$$A(\dot{x}-\dot{y})=\frac{p_2-p_1}{R} \tag{2-47}$$

根据式（2-46）和式（2-47），可求得

$$\dot{y}+\frac{k}{RA^2}y=\dot{x}$$

零初始条件下，对上式两边做拉普拉斯变换，得

$$sY(s)+\frac{k}{RA^2}Y(s)=sX(s)$$

进而求得阻尼器的传递函数

$$G(s)=\frac{Y(s)}{X(s)}=\frac{s}{s+\dfrac{k}{RA^2}}=\frac{Ts}{Ts+1}$$

式中，$T=\dfrac{k}{RA^2}$，可看出阻尼器由一个微分环节和一个惯性环节组成，当 $T\ll1$ 时，有

$$G(s)=Ts$$

这时，可近似地看作一个微分环节。纯微分环节在物理上是无法实现的，只能在一定条件下近似得到。

【例 2-18】 图 2.26 所示为机械卷筒机构，输入转矩 M 作用于轴上，通过卷筒上的钢索带动质量块 m 做直线运动，其位移 x 为输出，转子惯量为 J，其他参数如图所示。试写出系统的传递函数。

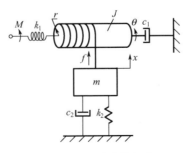

图 2.26　机械卷筒机构

解： 设输入轴的转角为 θ_1，通过扭转弹簧带动卷筒，使其转角为 θ，钢丝绳对质量块 m 的拉力为 f，取输入轴为分离体，列方程

$$M = k_1(\theta_1 - \theta)$$

取卷筒为分离体，列方程

$$k_1(\theta_1 - \theta) - rf - c_1\dot{\theta} = J\ddot{\theta}$$

即

$$J\ddot{\theta} + c_1\dot{\theta} + rf = M \qquad (2-48)$$

取质量块 m 为分离体，对其进行受力分析并列方程

$$m\ddot{x} + c_2\dot{x} + k_2 x = f \qquad (2\text{-}49)$$

且有

$$\theta = \frac{x}{r} \qquad (2-50)$$

对式（2-48）、式（2-49）及式（2-50）分别进行拉普拉斯变换，得

$$Js^2\Theta(s) + c_1 s\Theta(s) + rF(s) = M(s)$$

$$ms^2 X(s) + c_2 s X(s) + k_2 X(s) = F(s)$$

$$\Theta(s) = \frac{X(s)}{r}$$

消去中间变量 $F(s)$ 和 $\Theta(s)$，可得系统的传递函数

$$G(s) = \frac{X(s)}{M(s)} = \frac{r}{(J + mr^2)s^2 + (c_1 + c_2 r^2)s + k_2 r^2} = \frac{K}{T^2 s^2 + 2\xi T s + 1}$$

式中，$T^2 = \dfrac{J + mr^2}{k_2 r}$，$\xi = \dfrac{c_1 + c_2 r^2}{2r\sqrt{k_2(J + mr^2)}}$，$K = \dfrac{1}{2k_2 r}$。

由传递函数可以看出，该系统包含一个比例环节和一个振荡环节。

【例 2-19】 图 2.27 所示为钢带轧制过程。在钢带厚度控制系统中，距轧辊 L 处设置厚度检测点，设轧制速度为 v，写出系统的传递函数。

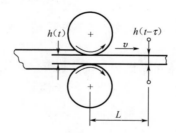

图 2.27 钢带轧制过程

解： 从轧制点到检测点存在传输的延迟，延迟时间为

$$\tau = \frac{L}{v}$$

设输入为轧制点处钢带厚度 $h(t)$，经延时时间 τ 后在检测点测量钢带厚度，测得的厚度值 $h(t-\tau)$ 为输出，则系统的传递函数为

$$G(s) = \frac{L[h(t-\tau)]}{L[h(t)]} = \frac{\mathrm{e}^{-\tau s} H(s)}{H(s)} = \mathrm{e}^{-\tau s}$$

即此系统为一延时环节，它反映了信号传输中的延迟现象，这种现象广泛存在于机械系统、液压系统、气动系统乃至电子系统中。

2.3.3 在 MATLAB 中建立系统的传递函数

在 MATLAB 中建立一个传递函数的表达式时，通常先建立两个向量 num 和 den，分别代表传递函数表达式中的分子多项式和分母多项式，向量的各元素即为多项式的各项系数；然后把这两个向量作为 tf 函数的参数，建立的传递函数赋值给变量 G。

【例 2-20】 在 MATLAB 中建立图 2.1 所示机械-隔振垫系统的传递函数表达式 $G(s) = \dfrac{1}{ms^2+cs+k}$，取 $m=1000\text{kg}$，$c=20000\text{N/(m/s)}$，$k=2\times10^7\text{N/m}$。

解： 代入结构参数值后的系统的传递函数表达式为

$$G(s) = \frac{1}{10^3 s^2 + 2\times10^4 s + 2\times10^7}$$

在 MATLAB 的 Command Window 窗口输入如下命令。

```
>> num=[1];          % 建立 G(s) 表达式中的分子多项式,将 s 降幂排列的系数赋值给变量 num
>> den=[10^3 2*10^4 2*10^7];       % 建立 G(s) 表达式中的分母多项式,将 s 降幂排列的系数赋
值给变量 den
>> G=tf(num,den)      % 使用 tf 函数求出以 num 为分子、以 den 为分母的传递函数
```

按 Enter 键，MATLAB 的 Command Window 窗口输出以下结果。

```
Transfer function:
          1
-----------------------------------
1000 s^2+20000 s+200000
```

在 MATLAB 中，系统的传递函数除了可以写为标准形式外，还经常用式（2-45）所示的零极点增益模型的形式表示。

【例 2-21】 在 MATLAB 中建立以下传递函数表达式

$$G(s) = \frac{5s}{(s+1+j)(s+1-j)(s+2)}$$

解： 上式中系统的传递函数表示为零极点增益模型，它有一个零点、两个共轭复极点和一个实数极点。为建立以上传递函数，可在 MATLAB 的 Command Window 窗口中输入如下命令。

```
>> Z=[0];      % 建立向量 Z,表达 G(s) 的零点
>> P=[-1-1i-1+1i-2];      % 建立向量 P,表达 G(s) 的极点
>> K=5;      % 定义变量 K,代表系统的增益
>> G=zpk(Z,P,K)      % 把 Z、P 和 K 作为函数 zpk 的参数,建立的传递函数赋值给变量 G
```

按 Enter 键，MATLAB 的 Command Window 窗口输出以下结果。

```
Zero/pole/gain:
          5 s
--------------------
(s+2) (s^2+2s+2)
```

函数 tf 和 zpk 既可用于建立相应形式的数学模型，还可以用于传递函数形式的变换。

【例 2-22】 把传递函数 $G(s) = \dfrac{s}{s^2+3s+2}$ 变换为零极点增益形式。

解： 在 MATLAB 的 Command Window 窗口中输入如下命令。

```
>> num=[1 0];        % G(s)表达式中的分子向量 num
>> den=[1 3 2];      % G(s)表达式中的分母向量 den
>> G= tf(num,den);   % 把 num、den 作为 tf 函数的参数,建立的传递函数赋值给变量 G
>> G1= zpk(G)        % 将传递函数 G 变换为零极点的形式
```

按 Enter 键，MATLAB 的命令窗口输出以下结果。

```
Zero/pole/gain:
         s
    -----------
    (s+2) (s+1)
```

2.4 控制系统传递函数框图

对于复杂的系统，如果仍采用微分方程经拉普拉斯变换消除中间变量，进而求得系统传递函数的方法，不仅在计算上烦琐，而且在消除中间变量之后，总表达式只剩下输入变量和输出变量，信号在通道中的传递过程全然得不到反映。采用传递函数框图，既便于求取复杂系统的传递函数，又能直观地看到输入信号及中间变量在通道中传递的全过程。因此，框图作为一种数学模型，在控制理论中得到了广泛的应用。

2.4.1 框图的组成

控制系统传递函数框图由许多对信号进行单向运算的方框和一些信号流向线组成，包含四个基本单元。

（1）信号线。信号线是带有箭头的直线，箭头表示信号的流向，在直线旁标记信号的时间函数或象函数，如图 2.28(a)所示。

（2）引出点。引出点表示信号引出或测量的位置，从同一位置引出的信号在数值和性质方面完全相同，如图 2.28(b)所示。

（3）比较点。比较点表示对两个以上的信号进行加减运算，"＋"号表示相加，"－"号表示相减，"＋"号可省略不写，如图 2.28(c)所示。

（4）方框。方框表示对信号进行的数学变换，方框中写入部件或系统的传递函数，如图 2.28(d)所示。显然，方框的输出变量等于方框的输入变量与传递函数的乘积，即

$$X_o(s) = G(s)X_i(s)$$

因此，方框可视作单向运算的算子。

【例 2-23】 绘制例 2-10 所示 RC 充电电路的传递函数框图。

解： 在零初始条件下，对例 2-10 中所列微分方程组(2-37)进行拉普拉斯变换并调整，得

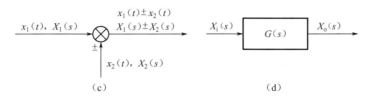

图 2.28 框图的基本单元

$$\left[U_{\mathrm{i}}(s)-U_C(s)\right]\frac{1}{R}=I(s) \qquad (2-51\mathrm{a})$$

$$\frac{1}{Cs}I(s)=U_C(s) \qquad (2-51\mathrm{b})$$

将式(2-51a)和式(2-51b)分别用框图表示，具体如图 2.29 和图 2.30 所示。

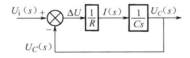

图 2.29 式(2-51a)框图　　　图 2.30 式(2-51b)框图

合并图 2.29 和图 2.30，将电路的输入量 $U_{\mathrm{i}}(s)$ 置于图的最左端，输出量置于图的最右端，并将同一信号通路连在一起，得 *RC* 充电电路的传递函数框图如图 2.31 所示。

图 2.31 *RC* 充电电路的传递函数框图

由例 2-23 可知，框图实际上是一种用信号线依次将各元部件传递函数方框连接在一起的数学图形，用于表示系统中各变量之间的因果关系及对各变量所进行的运算。它补充了系统结构组成框图中所缺少的定量描述。传递函数框图是控制理论中描述复杂系统的一种简便方法，既适用于线性系统，也适用于非线性系统。

2.4.2 系统框图的建立

对于一个复杂的系统，要绘制它的传递函数框图，可按以下步骤进行。

（1）按照系统的结构和工作原理，列出描述系统各环节的微分方程。

（2）在零初始条件下，对各环节的原始方程进行拉普拉斯变换，求出每个环节的传递函数，并将它们以框图的形式表示出来。

（3）根据信号在系统中传递、变换的过程，依次将各传递函数框图连接起来（同一变量的信号通路连接在一起），系统输入量置于左端，输出量置于右端，便得到系统的传递函数框图。

下面举例说明框图的建立方法。

【例 2 - 24】 画出例 2 - 4 中电枢控制直流电动机的传递函数框图。

解： 对例 2 - 4 中列出的四个电枢控制直流电动机的微分方程，在零初始条件下进行拉普拉斯变换，并根据信号传递关系进行适当整理，得

$$I_a = \frac{U_a - E_a}{L_a s + R_a}, \quad E_a = C_e \Omega$$

$$\Omega = \frac{M - M_c}{Js}, \quad M = C_m I_a$$

按照上述方程可分别绘制相应元件的框图，如图 2.32 所示。然后，用信号线按信号流向依次将各方框连接起来，便得到电枢控制直流电动机的传递函数框图，如图 2.33 所示。

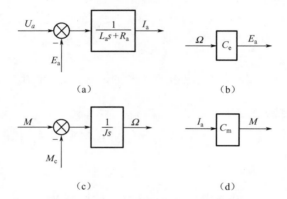

图 2.32 电枢控制直流电动机的相应元件的框图

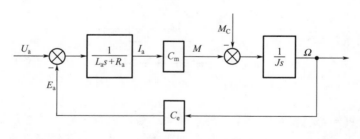

图 2.33 电枢控制直流电动机的传递函数框图

【例 2 - 25】 试绘制图 2.9 所示两级 RC 滤波网络的传递函数框图。

解：（1）在零初始条件下，对例 2 - 3 所列的三个微分方程分别进行拉普拉斯变换，得

$$I_1(s)R_1 + \frac{1}{C_1 s}[I_1(s) - I_2(s)] - U_i(s) = 0$$

$$I_2(s)R_2 + \frac{1}{C_2 s}I_2(s) - \frac{1}{C_1 s}[I_1(s) - I_2(s)] = 0$$

$$U_o(s) = \frac{1}{C_2 s}I_2(s)$$

（2）根据信号传递关系进行适当整理，得

$$I_1(s) = \left[U_i(s)C_1s + I_2(s)\right]\frac{1}{R_1C_1s+1} \tag{2-52}$$

$$I_2(s) = \frac{C_2}{R_2C_1C_2s + C_1 + C_2}I_1(s) \tag{2-53}$$

$$U_o(s) = \frac{1}{C_2s}I_2(s) \tag{2-54}$$

（3）对式(2-52)、式(2-53)及式(2-54)分别绘制框图，如图2.34所示。然后，用信号线按信号流向依次将各方框连接起来，便得到两级 RC 滤波网络的传递函数框图，如图2.35所示。

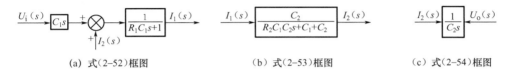

(a) 式(2-52)框图　　　　　(b) 式(2-53)框图　　　　　(c) 式(2-54)框图

图 2.34　两级 RC 滤波网络元部件传递函数框图

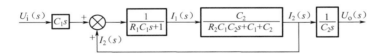

图 2.35　两级 RC 滤波网络传递函数框图

要注意的是，虽然系统框图是从系统元部件的数学模型中得到的，但框图中的方框与实际系统的元部件并非是一一对应的。一个实际元部件可以用一个方框或几个方框表示，而一个方框也可以代表几个元部件或是一个子系统，或是一个大的复杂系统。

2.4.3　系统框图的等效变换和简化

框图是控制系统的一种数学模型，利用框图的等效变换可以方便地求得系统的传递函数或系统的输出响应。

一个复杂的系统框图，其方框间的连接必然是错综复杂的，但方框间的基本连接方式只有串联、并联和反馈连接三种。因此，框图简化的一般方法是进行方框运算，将串联、并联和反馈连接的方框合并，移动引出点或比较点，交换比较点。在框图简化过程中应遵循变换前后变量关系保持等效的原则：变换前后前向通道中传递函数的乘积应保持不变，回路中传递函数的乘积应保持不变。

1. 串联方框的简化(等效)

传递函数分别为 $G_1(s)$ 和 $G_2(s)$ 的两个方框，若 $G_1(s)$ 的输出量作为 $G_2(s)$ 的输入量，则 $G_1(s)$ 和 $G_2(s)$ 称为串联连接，如图2.36(a)所示。

由图2.36(a)可得

$$X_1(s) = G_1(s)X_i(s), \quad X_o(s) = G_2(s)X_1(s)$$

将上两式消去 $X_1(s)$，得

$$X_o(s) = G_1(s)G_2(s)X_i(s) = G(s)X_i(s)$$

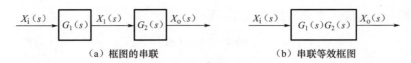

（a）框图的串联　　　　　　（b）串联等效框图

图 2.36　串联方框的简化

即两方框 $G_1(s)$ 和 $G_2(s)$ 串联时，其等效传递函数为

$$G(s) = G_1(s)G_2(s) \tag{2-55}$$

可用图 2.36(b)所示的方框表示。由此可知，两个方框串联连接的等效方框，等于各个方框传递函数的乘积。这个结论可推广到 n 个串联方框的情况。

　　2. 并联方框的简化（等效）

　　传递函数分别为 $G_1(s)$ 和 $G_2(s)$ 的两个方框，如果它们有相同的输入量，而输出量等于两个方框输出量的代数和，则 $G_1(s)$ 和 $G_2(s)$ 称为并联连接，如图 2.37(a)所示。

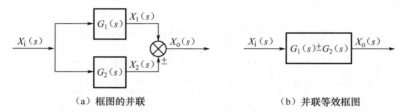

（a）框图的并联　　　　　　（b）并联等效框图

图 2.37　并联方框的简化

　　由图 2.37(a)可得

$$X_1(s) = G_1(s)X_i(s), \quad X_2(s) = G_2(s)X_i(s), \quad X_o(s) = X_1(s) \pm X_2(s)$$

消去 $X_1(s)$ 和 $X_2(s)$，得

$$X_o(s) = [G_1(s) \pm G_2(s)]X_i(s) = G(s)X_i(s)$$

即两方框 $G_1(s)$ 和 $G_2(s)$ 并联时，其等效传递函数为

$$G(s) = G_1(s) \pm G_2(s) \tag{2-56}$$

可用图 2.37(b)所示的方框表示。由此可知，两个方框并联连接的等效方框，等于各个方框传递函数的代数和，这个结论可推广到 n 个并联连接方框的情况。

　　3. 反馈连接方框的简化（等效）

　　若传递函数分别为 $G(s)$ 和 $H(s)$ 的两个方框，按图 2.38(a)所示的形式连接，称为反馈连接。"+"表示输入信号与反馈信号相加，为正反馈。"－"则表示输入信号与反馈信号相减，为负反馈。

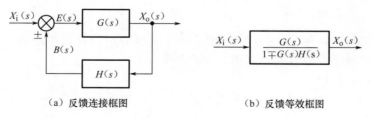

（a）反馈连接框图　　　　　　（b）反馈等效框图

图 2.38　框图反馈连接的简化

图 2.38(a)中，$G(s)$ 称为前向通道传递函数，它是输出 $X_o(s)$ 与偏差 $E(s)$ 之比，即

$$G(s) = \frac{X_o(s)}{E(s)} \tag{2-57}$$

$H(s)$ 称为反馈通道传递函数，它是反馈信号 $B(s)$ 和输出 $X_o(s)$ 之比，即

$$H(s) = \frac{B(s)}{X_o(s)} \tag{2-58}$$

前向通道传递函数 $G(s)$ 与反馈通道传递函数 $H(s)$ 之积定义为系统的开环传递函数 $G_K(s)$，它也是反馈信号 $B(s)$ 与偏差信号 $E(s)$ 之比，即

$$G_K(s) = G(s)H(s) = \frac{B(s)}{E(s)} \tag{2-59}$$

输出 $X_o(s)$ 和输入 $X_i(s)$ 之比定义为系统的闭环传递函数 $G_B(s)$，即

$$G_B(s) = \frac{X_o(s)}{X_i(s)} \tag{2-60}$$

由图 2.38(a)，可得

$$X_o(s) = G(s)E(s), \quad B(s) = H(s)X_o(s), \quad E(s) = X_i(s) \pm B(s)$$

于是有

$$X_o(s) = \frac{G(s)}{1 \mp G(s)H(s)} X_i(s) = G_B(s)X_i(s)$$

式中

$$G_B(s) = \frac{G(s)}{1 \mp G(s)H(s)} \tag{2-61}$$

是方框反馈连接的等效传递函数。式中，负号对应正反馈连接，正号对应负反馈连接，式(2-62)可用图 2.38(b)所示的方框表示。当 $H(s) = 1$ 时，图 2.38 (a) 所示的闭环系统称为单位反馈系统，其闭环传递函数为

$$G_B(s) = \frac{G(s)}{1 \mp G(s)} \tag{2-62}$$

4. 移动比较点和引出点

在系统框图简化过程中，有时为了便于进行方框的串联、并联或反馈连接的运算，需要移动比较点或引出点的位置。这时应注意在移动前后必须保持信号的等效性，而且比较点和引出点之间一般不宜交换位置。比较点和引出点的移动及交换规则见表 2-3。

表 2-3 比较点和引出点的移动及交换规则

原框图	等效框图	等效运算关系
		比较点前移： $X_o(s) = X_1(s)G(s) \pm X_2(s)$ $= \left[X_1(s) \pm \dfrac{X_2(s)}{G(s)} \right] G(s)$
		比较点后移： $X_o(s) = [X_1(s) \pm X_2(s)]G(s)$ $= X_1(s)G(s) \pm X_2(s)G(s)$

续表

原框图	等效框图	等效运算关系
		引出点前移： $X_o(s) = X_i(s)G(s)$
		引出点后移： $X_i(s) = X_i(s)G(s)\dfrac{1}{G(s)}$ $X_o(s) = X_i(s)G(s)$
		交换或合并比较点： $X_o(s) = X_1(s) \pm X_2(s) \pm X_3(s)$ $\quad\quad = X_1(s) \pm X_3(s) \pm X_2(s)$

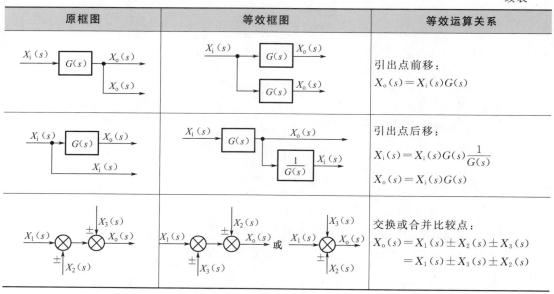

【例 2 - 26】 求图 2.9 所示两级 RC 滤波网络系统的传递函数 $\dfrac{U_o(s)}{U_i(s)}$。

解：利用串联、反馈方框的等效原则，将图 2.35 所示两级 RC 滤波网络的传递函数框图依次化简为图 2.39(a)、图 2.39(b)、图 2.39(c)所示的形式。

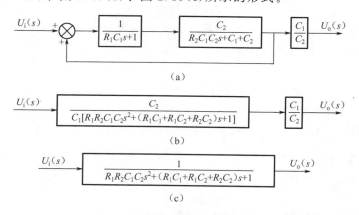

（a）

（b）

（c）

图 2.39　两级 RC 滤波网络系统传递函数框图的变换

虽然该系统的传递函数也可以直接通过对微分方程式(2-9)进行拉普拉斯变换得到，但由于多个微分方程组消除中间变量较为烦琐，系统标准微分方程形式不易获得，因此传递函数框图法可更方便地获得结果。

【例 2 - 27】 试化简图 2.40 所示系统框图。

解：图 2.40 所示系统框图共包含三个反馈回路，但不能直接根据前述的反馈连接等效原则进行简化，原因是有两个回路之间存在交叉。因此需要先根据比较点和引出点的移动规则消除回路间的交叉，然后才能根据式(2-61)进行化简。

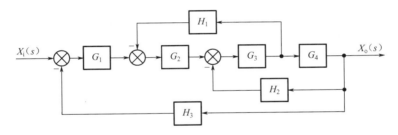

图 2.40 例 2-27 系统框图

消除回路交叉的方法不止一种：可以将 H_1 连接的引出点后移，然后与 G_4 后面的引出点合并或交换；也可以将 H_2 前面的比较点前移，然后与 G_2 前面的比较点交换。本例采用前一种方法，其化简过程如图 2.41 所示。

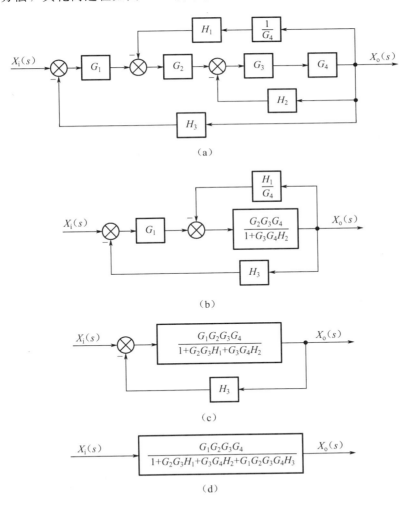

图 2.41 例 2-27 系统框图化简过程

从图 2.41 所示的框图化简过程可知，利用简化规则化简框图的一般方法如下：先利用比较点和引出点的移动规则消除框图中反馈回路之间的交叉，将框图化为几个回路逐层嵌套的形式；然后利用反馈连接的等效规则先对最内层的反馈回路进行化简；再按照由内向外的顺序对框图中的各反馈回路依次化简；最后把整个框图简化为一个方框，也就得到了系统的传递函数。

含有多个局部反馈回路的框图的闭环传递函数也可以直接由式(2-63)求取。

$$G_B(s) = \frac{X_o(s)}{X_i(s)} = \frac{\text{前向通道的传递函数之积}}{1 + \sum[\text{每一反馈回路的开环传递函数之积}]} \qquad (2-63)$$

式(2-63)中，括号内的每一项的符号是这样确定的：在比较点处，对反馈信号相加时取负号，对反馈信号相减时取正号。在使用式(2-63)时，必须满足以下两个条件。

（1）整个框图只有一条前向通道。

（2）各局部反馈回路间存在公共的传递函数方框。

【**例 2-28**】 利用式(2-63)求出图 2.40 中系统框图的传递函数。

解：图 2.40 中的系统框图中共包含三个反馈回路，其开环传递函数分别为 $G_2 G_3 H_1$、$G_3 G_4 H_2$ 和 $G_1 G_2 G_3 G_4 H_3$。三个反馈回路的开环传递函数中均含有 G_3，且在比较点处对反馈信号的符号均为负号。框图只有一条前向通道，其传递函数为 $G_1 G_2 G_3 G_4$，根据式(2-63)，系统的闭环传递函数为

$$G_B(s) = \frac{G_1 G_2 G_3 G_4}{1 + G_2 G_3 H_1 + G_3 G_4 H_2 + G_1 G_2 G_3 G_4 H_3}$$

这与例 2-27 通过逐步化简得到的结果一致。

【**例 2-29**】 求出图 2.42 所示系统的闭环传递函数。

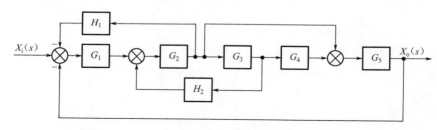

图 2.42　例 2-29 系统框图

解：因为图 2.42 所示系统框图含有两条前向通道，不满足式(2-63)的使用条件，所以先使用框图的简化规则对其进行变换，使其满足条件后即可使用公式求出系统的闭环传递函数。

对图 2.42 所示的框图，首先把 G_3 后面的引出点前移，结果如图 2.43(a)所示，这样 G_3 和 G_4 串联后与上方的支路是并联连接，利用并联方框的简化规则将两条支路合并得到图 2.43(b)，此时框图只有一条前向通道，且满足式(2-63)的使用条件，因此利用公式可得系统的闭环传递函数为

$$G_B(s) = \frac{X_o(s)}{X_i(s)} = \frac{G_1 G_2 G_5 + G_1 G_2 G_3 G_4 G_5}{1 + G_1 G_2 H_1 - G_2 G_3 H_2 + G_1 G_2 G_5 + G_1 G_2 G_3 G_4 G_5}$$

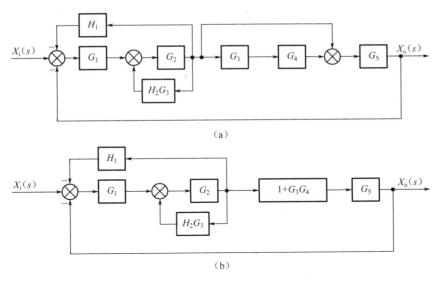

（a）

（b）

图 2.43 例 2 - 29 系统框图的变换

2.4.4 传递函数框图 MATLAB 建模与分析

利用 MATLAB 的控制工程工具箱，用户可以建立多种形式的系统数学模型，如传递函数、零极点增益模型等。建立传递函数后，可以使用工具箱对系统进行多种分析。

Simulink

1. 建立传递函数框图的 Simulink 仿真模型

在 MATLAB 的 Simulink 模块中，可直观地建立传递函数框图的模型。框图建立之后，一旦输入已知，就可以得到系统在不同激励下的动态响应历程。下面在 MATLAB 的 Simulink 模块中建立几个实例中的系统传递函数框图模型，并展示仿真分析。

【例 2 - 30】 对图 2.9 所示两级 RC 滤波网络，取 $R_1 = R_2 = 1\text{k}\Omega$，$C_1 = C_2 = 1\mu\text{F}$，建立 Simulink 仿真模型，获得系统对输入电压信号 $u_{i1} = \sin 10t$ V 和 $u_{i2} = \sin 10^4 t$ V 的动态响应历程。

解：（1）建立仿真模型。分析图 2.35 所示的传递函数框图可知，该系统由一个微分环节、一个闭环反馈环节和一个积分环节组成，闭环反馈环节的前向通道由两个惯性环节串联组成。由于实际系统和 Simulink 中均无纯微分环节，因此建模时将两串联模块 $C_1 s$ 和 $\dfrac{1}{C_2 s}$ 等

效为增益 $\dfrac{C_1}{C_2}$ 的比例环节。在传递函数的输入端加上正弦波输入信号模块 Sine Wave1，输出端连接示波器 Scope1 模块，代入参数值，获得图 2.44 所示的 Simulink 仿真模型。

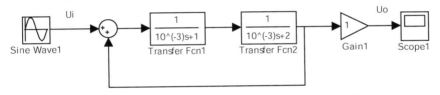

图 2.44 两级 RC 滤波网络系统的 Simulink 仿真模型

（2）查看系统响应。

双击该系统的正弦波输入信号模块，将频率和幅值修改为 u_{i1} 和 u_{i2} 对应的参数，运行仿真模型后双击示波器模块查看系统响应。图 2.45 所示为系统的输入端分别加上 $u_{i1} = \sin 10t$ V 和 $u_{i2} = \sin 10^4 t$ V 电压信号后的输出端电压波形。对比可知，u_{i1} 信号几乎无损地通过了该网络，而 u_{i2} 信号的幅值却很小，通常认为 u_{i2} 信号被这个滤波网络滤掉（或阻止）了。

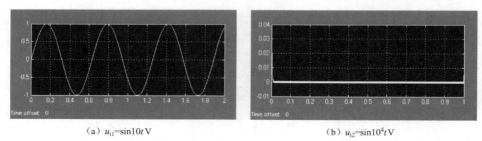

（a）$u_{i1} = \sin 10t$ V （b）$u_{i2} = \sin 10^4 t$ V

图 2.45 两级 *RC* 滤波网络的输出

【**例 2-31**】 对图 2.1 所示的机器-隔振垫系统，取系统的结构参数值 $m = 10^3$ kg，$c = 3 \times 10^4$ N/(m/s)，$k = 2 \times 10^7$ N/m，建立系统传递函数的 Simulink 仿真模型，获得系统对下列输入信号的动态响应历程。

（1）$f_1(t) = \begin{cases} 10^3 & (t > 0) \\ 0 & (t = 0) \end{cases}$N

（2）$f_2(t) = \begin{cases} 10^3 \sin 10^3 t & (t > 0) \\ 0 & (t = 0) \end{cases}$N

（3）$f_3(t) = \begin{cases} 10^3 \sin 100\sqrt{2} t & (t > 0) \\ 0 & (t = 0) \end{cases}$N

解：根据传递函数的定义，由式（2-1）获得该系统的传递函数

$$G(s) = \frac{X(s)}{F(s)} = \frac{1}{ms^2 + cs + k}$$

将 m、c、k 参数值代入，则该系统的传递函数表达式为

$$G(s) = \frac{X(s)}{F(s)} = \frac{1}{10^3 s^2 + 3 \times 10^4 s + 2 \times 10^7} \tag{2-64}$$

在 MATLAB 的 Simulink 模块中直接建立机器-隔振垫系统传递函数框图，在其输入端分别加上相应的输入信号模块（阶跃函数和正弦函数），输出端连接示波器 Scope 模块，得到图 2.46 所示的 Simulink 仿真模型。双击示波器，可查看到图 2.47 所示的系统动态响应历程。

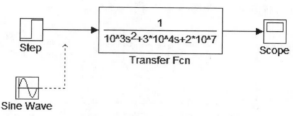

图 2.46 机器-隔振垫系统的 Simulink 仿真模型

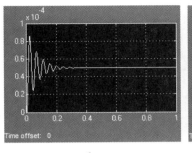 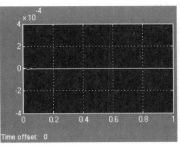 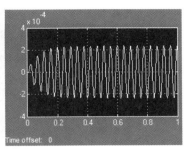

(a) $f_1(t) = \begin{cases} 10^3 & (t>0) \\ 0 & (t=0) \end{cases}$ N　　　(b) $f_2(t) = \begin{cases} 10^3 \sin 10^3 t & (t>0) \\ 0 & (t=0) \end{cases}$ N　　　(c) $f_3(t) = \begin{cases} 10^3 \sin 100\sqrt{2}t & (t>0) \\ 0 & (t=0) \end{cases}$ N

图 2.47　机器-隔振垫系统对不同输入信号的动态响应历程

分析系统的响应曲线,可得到如下结论。

(1) 输入为阶跃信号 $f_1(t)$ 时,通过传递函数框图模拟,获得了与图 2.2 一致的系统动态响应历程,但省去了对微分方程式(2-1)的求解析解过程。

(2) 输入为正弦信号 $f_2(t)$ 时,质量块 m 的振幅很小(1.0×10^{-6} m),通常认为系统对该输入具有减振作用。

(3) 输入为正弦信号 $f_3(t)$ 时,质量块 m 产生等幅(2.35×10^{-4} m)振荡(共振),系统对该输入无减振作用。

由此可见,系统的传递函数模型可方便快速地获得系统的动态响应历程。

2. 建立传递函数表达式

用 MATLAB 进行系统分析时,也可以在 Command Window 窗口利用控制系统工具箱提供的串联、并联及反馈等函数,将系统传递函数框图转换为数学表达式的形式。下面举例说明这些函数的使用方法。

【例 2-32】　在 MATLAB 中建立图 2.35 所示两级 RC 滤波网络系统的传递函数,取 $R_1 = R_2 = 1\mathrm{k}\Omega$, $C_1 = C_2 = 1\mu\mathrm{F}$。

解: 将 R_1、R_2、C_1、C_2 参数值代入图 2.35 所示框图中,得系统传递函数框图如图 2.48 所示。

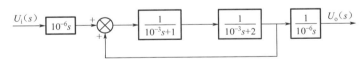

图 2.48　例 2-32 系统传递函数框图

在 Command Window 窗口中输入如下命令。

```
>> G1=series(tf([1],[10^-3 1]),tf([1],[10^-3 2]));   % 传递函数方框 1/(10^-3 s+1) 与
```
$\dfrac{1}{10^{-3}s+2}$ 串联后赋值给 G_1

```
>> G2=feedback(G1,1,1);   % 获得前向通道为 G1,单位正反馈的闭环传递函数,赋值给 G2
```

```
>> G3=series(tf([10^-6 0],[1]),tf([1],[10^-6 0]));   % 传递函数方框 10^-6 s 和 1/(10^-6 s)
```

串联后赋值给 G_3

```
>> G=series (G2,G3)    % 传递函数 G2 和 G3 串联后赋值给 G
```

按 Enter 键，MATLAB 的 Command Window 窗口输出以下结果。

```
Transfer function:
          1e-006 s
---------------------------------------------
1e-012 s^3+3e-009 s^2+1e-006 s
```

要将上述结果进一步化简，约去分子分母中相同的项 $10^{-6}s$，可在 Command Window 窗口输入如下命令。

```
>> minreal(G)
```

按 Enter 键，MATLAB 的 Command Window 窗口输出以下结果。

```
Transfer function:
         1e006
--------------------
s^2+3000 s+1e006
```

要求出该系统在 $u_{i1}=\sin 10t$ V 和 $u_{i2}=\sin 10^4 t$ V 输入信号作用下的响应，可在 Command Window 窗口输入如下命令。

```
>> t=0:0.001:2;     % 设置变量 t 的区间[0,2],增量为 0.001
>> u1=sin(10* t);   % 定义输入信号 u1=sin10t
>> u2=sin(10^4*t);   % 定义输入信号 u2=sin10^4t
>> lsim(G,u1,t);    % 对传递函数为 G 的系统给定输入信号 u1,获得输出响应
>> lsim(G,u2,t);    % 对传递函数为 G 的系统给定输入信号 u2,获得输出响应
```

按 Enter 键，获得图 2.49 所示的系统响应曲线，且输入信号和输出信号同时显示。很明显，系统在 u_{i1} 信号作用下输出与输入重合，而在 u_{i2} 信号作用下输出幅值被大大削弱，这与例 2 - 30 中的 Simulink 仿真分析结果一致。

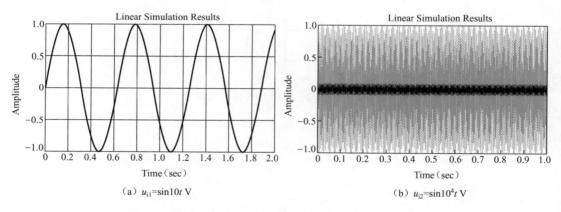

（a）$u_{i1}=\sin 10t$ V   （b）$u_{i2}=\sin 10^4 t$ V

图 2.49   两级 RC 滤波网络输出信号的 MATLAB 仿真结果

例 2-32 说明了只含有基本连接关系的框图建模方法，对于连接比较复杂的系统框图，可以使用控制系统工具箱提供的 tf、sumblk 和 connect 等函数来建模。下面举例说明这些函数的用法。

【例 2-33】 在 MATLAB 中建立图 2.50 所示系统的传递函数。

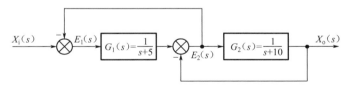

图 2.50　例 2-33 系统框图

解： 图 2.50 所示系统框图虽然并不复杂，但由于两个反馈回路存在交叉，不能直接使用例 2-32 的方法进行建模。若要直接建模可采用以下步骤。

（1）建立 $G_1(s)$ 并指明其输入输出信号。

```
G1=tf([1],[1 5]);      % 建立传递函数 G1 = 1/(s+5)
G1.InputName= 'E1';     % 定义 G1 的输入信号为 E1
G1.OutputName= 'Xo1';   % 定义 G1 的输入信号为 Xo1
```

（2）建立 $G_2(s)$ 并指明其输入输出信号。

```
G2 = tf([1],[1 10]);    % 建立传递函数 G2 = 1/(s+10);
G2.InputName= 'E2';     % 定义 G2 的输入信号为 E2
G2.OutputName= 'Xo';    % 定义 G2 的输入信号为 Xo
```

（3）使用 sumblk 函数建立图中的两个比较点。

```
sum1=sumblk('E1','Xi','- E2');
sum2=sumblk('E2','Xo1','- Xo');
```

至此，框图中的传递函数方框和比较点都已经建立，最后使用 connect 函数把它们连接起来即可。

```
G=connect(G1,G2,sum1,sum2,'Xi','Xo');
```

需要注意的是，connect 函数得到的是系统的状态空间模型（第 7 章），要得到系统的传递函数，可使用 tf 函数或 zpk 函数对其进行转换。

```
G=tf(G)
```

按 Enter 键，MATLAB 的 Command Window 窗口输出以下结果。

```
Transfer function from input "Xi" to output "Xo":
      1
---------------
s^2+15 s+50
```

2.5　设计实例：天线位置与速度控制系统数学模型

为了设计出图 1.20 所示的雷达天线反馈控制系统，使该系统能顺利地实现速度控制和位置控制，满足转速控制指标和位置控制指标，需确定控制系统中各组成环节的元器件参数（表 2 - 4）。

表 2 - 4　天线位置与速度控制系统元器件参数

组成环节的单元	元器件参数	说　明
天线	转动惯量（惯性矩）$J = 10\text{kg} \cdot \text{m}^2$	包括减速齿轮旋转惯性矩的值
减速齿轮	传动比 $R_g = 10$	—
直流电动机	电感 $L_f = 2\text{H}$ 力矩常数 $K_\tau = 5(\text{N} \cdot \text{m})/\text{A}$ 磁线圈电阻 $R_f = 20\Omega$	控制方式采用使电动机转子电流 i_a 保持一定，而励磁线圈电路的电压变化的方式
放大器	放大率 K_a	K_a 可调整
速度检测	测速传感器 $C_v = \pm 5\text{V}/\pm 100\text{r/min}$	等效于 $C_v = \pm 1.5\text{V}/\pm \pi\text{rad/s}$
位置检测	电位器 $C_p = \pm 5\text{V}/\pm \pi\text{rad}$	—
输入设定	电位器 速度控制时 $\pm 5\text{V}/\pm 100\text{r/min}$ 位置控制时 $\pm 5\text{V}/\pm \pi\text{rad}$	—

2.5.1　各组成环节微分方程的建立

在天线旋转系统中，忽略风和摩擦的影响。设天线的角位置为 φ，直流电动机的转矩为 τ，有

$$J\ddot{\varphi} = R_g \tau \tag{2-65}$$

直流电动机的转矩与励磁线圈电路中电流 i_f 的关系为

$$\tau = K_\tau i_f \tag{2-66}$$

施加在励磁线圈电路的控制电压 u 和 i_f 之间的关系为

$$u = R_f i_f + L_f \dot{i}_f \tag{2-67}$$

另外，放大器的输入信号电压 e 和控制电压 u 之间的关系用放大率 K_a 表示

$$u = K_a e \tag{2-68}$$

而且信号 e 为给定输入 r 和检测信号 y 之间的差值

$$e = r - y \tag{2-69}$$

最后，检测信号 y 和天线的角速度或角位置之间的关系为

$$y_v = R_g C_v \dot{\varphi} \tag{2-70a}$$

$$y_p = C_p \varphi \tag{2-70b}$$

速度控制时用式(2 - 70a)，位置控制时用式(2 - 70b)。在上述控制系统的六个组成环节微分方程中，除给定的输入变量 r 外，未知变量（包括中间变量和输出）有 φ、τ、i_f、

u、e、y 共六个，因此该系统需要六个独立的微分方程式。分析式(2-65)～式(2-70)可知，它们虽然表达着各自不同的关系，但相互是独立的，因此可以说它们一起构成了此控制系统的微分方程数学模型。

2.5.2 控制系统传递函数框图

1.5.2节已分析了雷达天线控制系统的工作原理，绘制了表示信息传递和变换过程的结构组成框图。若将图1.21所示系统结构组成框图中的电动机、天线旋转系统和检测器归结为一个环节，则该控制系统结构组成框图可简化为图2.51所示。

图 2.51　雷达天线控制系统结构组成框图

首先，求出电动机、天线旋转系统和检测器这一环节的传递函数 $G(s)$。

由于该 $G(s)$ 是表达输入 u 和输出 y 之间的传递函数。因此，对式(2-65)～式(2-67)及式(2-70)进行拉普拉斯变换，设所有变量的初始值为0，将拉普拉斯变换后的各变量改为大写形式，得

$$Js^2\Phi = R_g T$$
$$T = K_\tau I_f$$
$$U = R_f I_f + L_f I_f 3s$$
$$Y_v = R_g C_v \Phi s$$
$$Y_p = C_p \Phi$$

消去中间变量 Φ、T、I_f，得 Y_v 和 U、Y_p 和 U 之间的关系为

$$Y_v(s) = \frac{C_v R_g^2 K_\tau}{Js(R_f + L_f s)} U(s)$$

$$Y_p(s) = \frac{C_p R_g K_\tau}{Js^2(R_f + L_f s)} U(s)$$

从以上两式可得到对应的传递函数分别为

$$G_v(s) = \frac{C_v R_g^2 K_\tau}{Js(R_f + L_f s)}$$

$$G_p(s) = \frac{C_p R_g K_\tau}{Js^2(R_f + L_f s)}$$

把天线系统各组成环节的元器件参数(表2-4)代入上述传递函数，得到图2.52所示的天线速度反馈控制系统和天线位置反馈控制系统传递函数框图。

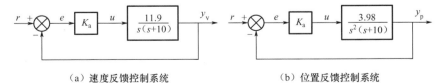

（a）速度反馈控制系统　　　　　（b）位置反馈控制系统

图 2.52　天线控制系统传递函数框图

习　题

2.1　什么是线性系统？其重要的特点是什么？下列用微分方程表示的系统中，x_i 表示系统输入，x_o 表示系统输出，请问哪些是线性系统？

(1) $\ddot{x}_o + 2\dot{x}_o\dot{x}_o + 2x_o = 2x_i$；

(2) $\ddot{x}_o + 2\dot{x}_o + 2tx_o = 2x_i$；

(3) $\ddot{x}_o + 2\dot{x}_o + 2x_o = 2x_i$；

(4) $\ddot{x}_o + 2x_o\dot{x}_o + 2tx_o = 2x_i$。

2.2　求图 2.53 所示系统的微分方程，图中输入信号为力 $f(t)$，输出信号为位移 $x(t)$。

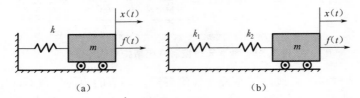

图 2.53　题 2.2 图

2.3　图 2.54 示出了三个机械系统。求出它们各自的微分方程，图中 $x_i(t)$ 表示输入位移，$x_o(t)$ 表示输出位移，假设输出端无负载效应。

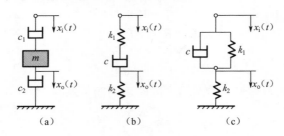

图 2.54　题 2.3 图

2.4　求出图 2.55 所示电网络系统的微分方程，已知输入信号为 u_i，输出信号为 u_o。

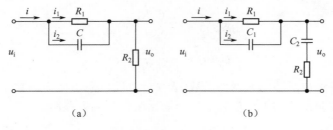

图 2.55　题 2.4 图

2.5　求图 2.56 所示机械系统的微分方程。图中 M 为输入转矩，c_m 为圆周阻尼，J 为转动惯量，θ 为系统输出角位移。

2.6　已知系统的微分方程如下，试写出它们的传递函数 $Y(s)/R(s)$。

(1) $\dddot{y}(t) + 15\ddot{y}(t) + 50\dot{y}(t) + 500y(t) = \ddot{r}(t) + 2r(t)$；

(2) $5\ddot{y}(t) + 25\dot{y}(t) = 0.5\dot{r}(t)$；

（3）$\ddot{y}(t) + 25y(t) = 0.5r(t)$;

（4）$\dddot{y}(t) + 3\ddot{y}(t) + 6y(t) + 4\int y(t)\mathrm{d}t = 4r(t)$。

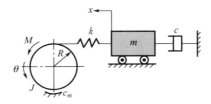

图 2.56 题 2.5 图

2.7 设在初始状态为零的情况下，系统的单位脉冲响应函数为

$$w(t) = \frac{1}{3}\mathrm{e}^{-t/3} + \frac{1}{5}\mathrm{e}^{-t/5}$$

试求系统的传递函数。

2.8 试求当负反馈环节 $H(s) = 1$，前向通道传递函数 $G(s)$ 分别为惯性环节、微分环节、积分环节时，系统输入输出的闭环传递函数。

2.9 求图 2.57 所示系统的传递函数，说明它们是否为相似系统。

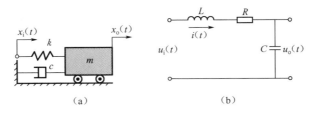

（a）   （b）

图 2.57 题 2.9 图

2.10 对图 2.58 所示的线性系统传递函数框图：

（1）求以 $X_i(s)$ 为输入，当 $N(s) = 0$ 时，系统的输出响应 $X_o(s)$ 的表达式；

（2）求以 $N(s)$ 为输入，当 $X_i(s) = 0$ 时，系统的输出响应 $X_o(s)$ 的表达式；

（3）求在 $X_i(s)$ 和 $N(s)$ 输入信号同时作用下，系统的输出响应 $X_o(s)$ 的表达式。

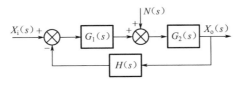

图 2.58 题 2.10 图

2.11 已知某系统的传递函数框图如图 2.59 所示，其中 $X_i(s)$ 为输入，$X_o(s)$ 为输出，$N(s)$ 为干扰。试问：$G(s)$ 为何值时，系统可以消除干扰的影响？

2.12 求出图 2.60 所示系统的闭环传递函数 $X_o(s)/X_i(s)$。

2.13 求出图 2.61 所示系统的闭环传递函数 $X_o(s)/X_i(s)$。

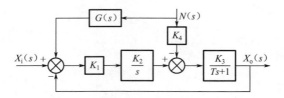

图 2.59　题 2.11 图

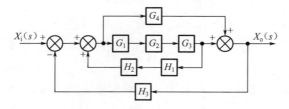

图 2.60　题 2.12 图

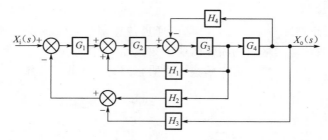

图 2.61　题 2.13 图

2.14　在图 2.9 所示的两级 RC 滤波网络中，取 $R_1 = 1\text{k}\Omega$，$R_2 = 100\text{k}\Omega$，$C_1 = 1\mu\text{F}$，$C_2 = 10\mu\text{F}$。

（1）试绘制出该系统的网络传递函数框图；

（2）在 MATLAB 中分别建立传递函数表达式模型和 Simulink 仿真模型；

（3）在 MATLAB 中获得系统对输入电压信号 $u_{i1} = \sin 10t$ V 和 $u_{i2} = \sin 10^4 t$ V 的动态响应历程。

（4）对比例 2-32，分析系统动态响应历程的变化。

第 2 章
在线答题

第3章
系统时域性能分析

本章概述

    根据时域响应对控制系统的稳定性、准确性、快速性进行分析，是一种直接的方法。本章首先介绍控制系统时域响应表达式的获得方法和时域响应性能指标；接着通过对系统传递函数与时域响应关系的分析，引出系统时域响应的传递函数分析法；随后对一阶系统和二阶系统的典型时域性能进行分析；最后介绍系统误差的概念及求取方法。

本章目标

    掌握时域响应的获取方法；理解时域响应及其组成与系统特征根的分布关系；熟练掌握一阶系统和二阶系统时域性能指标的计算与分析；了解高阶系统时域响应的处理方法；掌握系统稳态误差的计算。

时域分析法

    系统时域性能分析是指控制系统在一定的输入下，根据输出量的时域表达式，获得描述系统稳定性、误差和动态特性三方面的指标，进而对系统的稳定性、准确性、快速性进行评价。由于以时间为自变量描述物理量的变化是信号最基本、最直观的表达形式，因此直接在时域中对系统输出随时间的变化历程进行性能分析，具有直观和准确的优点。系统输出量的时域表示可由微分方程得到，也可由传递函数得到。

3.1 系统的时域响应

3.1.1 时域响应的获取方法

    时域响应即系统输出随时间的变化历程，也称时间响应。时域响应

微分方程解的结构

在数学上就是系统微分方程在一定初值条件下的解。因此，可以通过求解微分方程获得输出响应的表达式。工程上，微分方程的求解常采用拉普拉斯变换法（如例 2-10），也可采用直接法求解系统的微分方程数学模型。

【例 3-1】 用直接法求解图 2.19 所示 RC 充电电路微分方程，获得电容 C 上的电压 $u_C(t)$ 的表达式。

解： 由例 2-10 可知，该电路的微分方程为

$$RC\frac{\mathrm{d}u_C(t)}{\mathrm{d}t}+u_C(t)=u_i \qquad (3-1)$$

由常微分方程解的结构理论可知，这一非齐次常微分方程的完全解由两部分组成，即

$$u_C(t)=u_1(t)+u_2(t) \qquad (3-2)$$

式中，$u_1(t)$ 是与非齐次常微分方程对应的齐次微分方程 $RC\dfrac{\mathrm{d}u_C(t)}{\mathrm{d}t}+u_C(t)=0$ 的通解，$u_2(t)$ 是式（3-1）的一个特解。由微分方程解的理论可知，此一阶非齐次线性微分方程的通解为

$$u_C(t)=u_0+Au^{-\frac{1}{RC}t} \qquad (3-3)$$

将初始条件 $u_C(0)=0$ 代入式（3-3），得 $A=-u_0$。因此，电容 C 上的电压 $u_C(t)$ 的表达式为

$$u_C(t)=u_0-u_0\mathrm{e}^{-\frac{1}{RC}t} \qquad (3-4)$$

微分方程数学模型的求解也可借助计算机软件完成。例如，求解式（3-1）时，在 MATLAB 的 Command Window 窗口中输入如下命令。

```
>> syms R C u0      % 设置符号变量 R、C、u0
```

```
>> dsolve('R* C* Duc+uc= u0','uc(0)= 0','t')      % 求解 uc(0)=0 的微分方程 RC duc(t)/dt + uc(t)=ui
```

按 Enter 键，获得如下结果。

```
ans=
u0-exp(-1/R/C*t)*u0
```

Matlab 求解
一阶微分方程

虽然使用上述不同方法获得了同一响应解析表达式，但我们也应注意到，直接求解微分方程需具有较强的数学计算能力，并且只有少数简单的微分方程可以通过直接法求得解析解。例 2-10 中，微分方程经拉普拉斯变换后，变成了复数域 s 中的代数方程，通过解代数方程求得响应在复数域 s 中的解后，再做拉普拉斯反变换获得时域解，求解过程变得简便。与手工计算相比，使用计算机软件计算使得微分方程的求解变得更方便快捷。

时域响应曲线是反映系统时域性能的直观手段。时域响应曲线不仅可通过时域响应解析表达式绘制，而且可以通过计算机仿真的方法获得（2.4.4 节）。例如，在 MATLAB 的 Simulink 模块中，依据 RC 充电电路的传递函数框图 2.31，建立如图 3.1(a)所示的仿真模型。在模型的输入端连接函数值为 10 的阶跃函数模块，运行仿真模型后，双击示波器，获得系统的时域响应曲线，如图 3.1(b)所示，曲线上各点的坐标值可在相应的坐标轴上读取。

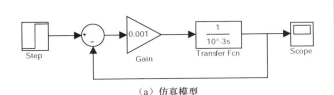 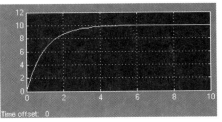

（a）仿真模型　　　　　　　　（b）系统的时域响应曲线

图 3.1　*RC* 充电电路时域响应的计算机仿真（$u_0 = 10\text{V}$，$R = 1\text{k}\Omega$，$C = 10^3\,\mu\text{F}$）

3.1.2　时域响应的组成

分析式（3-4）可知，*RC* 充电电路的系统响应表达式由两部分组成。当时间 t 趋于无穷时，第一部分 u_0 保持恒定，称为稳态响应。它表征了系统输出量最终复现系统输入量的程度，包含了系统稳态误差的信息，这些信息反映了系统的稳态特性。第二部分 $u_0 \mathrm{e}^{-\frac{1}{RC}t}$ 随着时间的延长逐渐衰减，最终趋于 0。它反映了电容上的电压 u_C 如何从初始状态 0 变化至新的稳定值 u_0 的过程，该过程代表了系统的暂时状态，因此亦称暂态响应，这些信息反映了系统的动态特性。显然，暂态响应历经时间越短，系统的响应速度就越快。

【**例 3-2**】 图 2.1 所示的机器-隔振垫系统中，若阻尼 $c = 0$，作用在质量块 m 上的外力 $f(t) = F\cos\omega t$，求系统时域响应 $x(t)$ 的表达式。

解： 由式（2-7）可知，当阻尼 $c = 0$ 时，该系统的微分方程数学模型为

$$m\ddot{x}(t) + kx(t) = F\cos\omega t \tag{3-5}$$

由常微分方程解的结构理论可知，式（3-5）这一非齐次常微分方程的完全解由两部分组成，即

$$x(t) = x_1(t) + x_2(t) \tag{3-6}$$

式中，$x_1(t)$ 即齐次微分方程 $m\ddot{x}(t) + kx(t) = 0$ 的通解，$x_2(t)$ 是式（3-5）的一个特解。由微分方程解的理论得

$$x_1(t) = A\sin\omega_n t + B\cos\omega_n t \tag{3-7}$$

$$x_2(t) = X\cos\omega t \tag{3-8}$$

式中，$\omega_n = \sqrt{k/m}$，为系统的无阻尼固有频率。

将特解式（3-8）代入系统数学模型式（3-5），得

$$-(m\omega^2 + k)X\cos\omega t = F\cos\omega t$$

化简得

$$X = \frac{F}{k}\frac{1}{1 - \lambda^2} \tag{3-9}$$

式中，$\lambda = \omega/\omega_n$。

于是，式（3-5）的完全解为

$$x(t) = A\sin\omega_n t + B\cos\omega_n t + \frac{F}{k}\frac{1}{1 - \lambda^2}\cos\omega t \tag{3-10}$$

下面求常数 A 和 B。

将式（3-10）对 t 求导数，得

$$\dot{x}(t) = A\omega_n \cos\omega_n t - B\omega_n \sin\omega_n t - \frac{F}{k}\frac{\omega}{1-\lambda^2}\sin\omega t \qquad (3-11)$$

设 $t=0$ 时，$x(t)=x(0)$，$\dot{x}(t)=\dot{x}(0)$，代入式(3-10)和式(3-11)，联立解得

$$A = \frac{\dot{x}(0)}{\omega_n}, \quad B = x(0) - \frac{F}{k}\frac{1}{1-\lambda^2}$$

将 A、B 代入式(3-10)，整理得

$$x(t) = \frac{\dot{x}(0)}{\omega_n}\sin\omega_n t + x(0)\cos\omega_n t - \frac{F}{k}\frac{1}{1-\lambda^2}\cos\omega_n t + \frac{F}{k}\frac{1}{1-\lambda^2}\cos\omega t \qquad (3-12)$$

对式(3-12)，若令系统初始状态为 0，即 $x(t)=x(0)$、$\dot{x}(t)=\dot{x}(0)$，则系统的位移可简化为如下形式

$$x(t) = \underbrace{-\frac{F}{k}\frac{1}{1-\lambda^2}\cos\omega_n t}_{\text{自由响应}} + \underbrace{\frac{F}{k}\frac{1}{1-\lambda^2}\cos\omega t}_{\text{强迫响应}} \qquad (3-13)$$

分析式(3-13)可知，该位移为振荡信号，其频率成分有两种：ω_n 和 ω。由于第一项的振荡频率 ω_n 与作用力频率 ω 完全无关，只取决于系统的结构参数 m、k，因此将这种振荡称为自由响应；第二项的振荡频率即为作用力的频率 ω，我们把这种由输入作用力引起的振荡称为强迫响应。

通常，对稳定的系统而言(例3-1)，自由响应就是暂态响应，而稳态响应一般就是指强迫响应。系统的动态特性与系统的暂态响应有关，时域中评价系统的动态性能，通常以系统对单位阶跃输入信号的动态响应为依据。

3.1.3 传递函数的零点、极点与系统响应的关系

将上述示例推广到一般的情况，设系统微分方程为

$$a_n y^{(n)}(t) + a_{n-1}y^{(n-1)}(t) + \cdots + a_1\dot{y}(t) + a_0 y(t) = x(t) \qquad (3-14)$$

零初始状态下，此方程的解(系统的时域响应)由通解 $y_1(t)$(自由响应)和特解 $y_2(t)$(强迫响应)组成，即

$$y(t) = y_1(t) + y_2(t)$$

由微分方程解的理论可知，若式(3-14)的齐次方程的特征根 $s_i(i=1,2,\cdots,n)$ 各不相同，则

$$y_1(t) = \sum_{i=1}^{n} A_i e^{s_i t}$$

$$y_2(t) = B(t)$$

因此，方程的解为

$$y(t) = \underbrace{\sum_{i=1}^{n} A_i e^{s_i t}}_{\text{自由响应}} + \underbrace{B(t)}_{\text{强迫响应}} \qquad (3-15)$$

由式(3-15)可知，零初始状态下的系统响应由两部分组成：自由响应项和强迫响应项，其中自由响应项受特征根 s_i 的影响，强迫响应项与系统输入相关。

对式(3-14)做拉普拉斯变换，得系统传递函数

$$G(s) = \frac{Y(s)}{X(s)} = \frac{1}{a_n s^n + a_{n-1}s^{n-1} + \cdots + a_1 s + a_0} \qquad (3-16)$$

由式(3-16)可知，系统传递函数分母的多项式就是相应微分方程[式(3-14)]的特征多项式。因此，系统传递函数的极点就是系统微分方程的特征根 $s_i(i=1,2,\cdots,n)$，n 即系统的阶数。显然，传递函数的极点对系统的响应具有重要的影响。

1. 极点决定了系统自由响应的模态

一般来说，如果微分方程的特征根是 $s_1,s_2,\cdots,s_n$，其中没有重根，则把函数 $e^{s_1t},e^{s_2t},\cdots,$ e^{s_nt} 定义为该微分方程所描述的运动的模态，而把 $s_1,s_2,\cdots,s_n$ 称为各相应模态的极点。如果特征根中有共轭复数 $\sigma\pm\omega j$，则共轭复模态 $e^{(\sigma+\omega j)t}$ 与 $e^{(\sigma-\omega j)t}$ 可写成实函数 $e^{\sigma t}\sin\omega t$ 与 $e^{\sigma t}\cos\omega t$ 形式，它们是一对共轭复模态的线性组合。如果特征根中有多重根 s，则模态会具有如 $t^n e^{st}$，$t^n e^{\sigma t}\sin\omega t$，$t^n e^{\sigma t}\cos\omega t$ 等形式。由于系统特征根是唯一确定的，因此系统的运动模态也是唯一确定的，这称为特征根与模态的不变性。

2. 极点的位置决定模态的敛散性(即稳定性和快速性)

由式(3-15)可知，当 s_i 的实部 $\mathrm{Re}s_i<0$(即系统传递函数的极点 s_i 在复平面[s]左半平面)时，s_i 所对应的运动模态一定是收敛的。随着 $t\to\infty$，该模态函数会消失，即系统输出响应的此部分暂态分量 $A_i e^{s_it}$ 逐渐衰减并趋于零。当所有的极点 $s_i(i=1,2,\cdots,n)$ 都具有这一特点时，所有自由模态都会收敛并

模态分析

最终趋于零，即系统输出响应的所有暂态分量趋于零，输出响应将收敛于稳态值 $B(t)$，此时系统稳定。反之，只要有一个 $\mathrm{Re}s_i>0$(即系统传递函数的极点 s_i 在复数[s]平面右半平面时)，则随着时间的增加，与该 s_i 对应的自由响应将逐渐增大。当 $t\to\infty$ 时，该项自由响应 $A_i e^{s_it}$ 也趋于无限大，系统响应具有发散性。显然，此时系统不稳定。

综上所述可知：$\mathrm{Re}s_i>0$ 决定了自由响应发散，系统是不稳定的，$\mathrm{Re}s_i<0$ 决定了自由响应收敛，系统是稳定的。当系统稳定时，$|\mathrm{Re}s_i|$ 越大，自由响应衰减的速度越快，系统响应将快速趋于稳态值，而 s_i 的虚部 $\mathrm{Im}s_i$ 决定了自由响应的振荡频率。$\mathrm{Im}s_i=0$ 时，s_i 对应的自由响应分量不振荡；$\mathrm{Im}s_i$ 越大，对应的系统响应振荡频率越高。图 3.2 表示了一增益可调系统中 K 取不同值时，闭环系统特征根及系统响应的变化情况。由图可知，不论 K 为何值，系统特征根都在复平面 [s] 左半平面，所以该系统稳定。当 K 取 10、96、200 时，闭环系统特征根分别位于 a、b、c 点，系统的单位阶跃响应具有不同的自由模态。K 过小时，特征根在原点附近，响应的快速性不好。K 过大时，特征根的虚部变大，出现高频振荡。

由式(3-15)亦可知，系统响应的自由运动模态与传递函数的零点无关。那么，零点对系统响应有无影响呢？下面通过实例进行分析。

设某系统的传递函数为

$$G_1(s)=\frac{3(2s+1)}{(s+1)(s+3)}$$

两个极点分别为 $p_1=-1$，$p_2=-3$；一个零点为 $z_1=-0.5$。求得其单位阶跃响应为

$$x_{o1}(t)=L^{-1}\left[\frac{3(2s+1)}{(s+1)(s+3)}\cdot\frac{1}{s}\right]=1+1.5e^{-t}-2.5e^{-3t}$$

若将零点调整为 $z_2=-0.83$，与极点 $p_1=-1$ 接近了，如图 3.3 所示。此时传递函数为

$$G_1(s)=\frac{3(1.2s+1)}{(s+1)(s+3)}$$

单位阶跃响应为

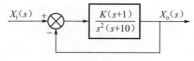

（a）增益可调系统

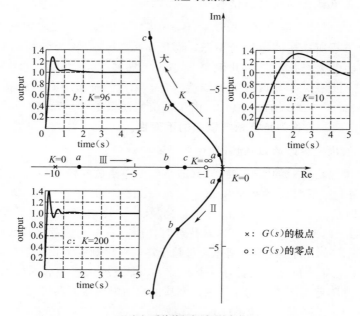

注：当 K 取不同值时，闭环系统的特征根在不断变化，轨迹线Ⅰ、Ⅱ、Ⅲ表示了这种变化的趋势。

图 3.2　不同特征根时的系统响应（单位阶跃输入）

$$x_{o2}(t)=L^{-1}\left[\frac{3(1.2s+1)}{(s+1)(s+3)}\cdot\frac{1}{s}\right]=1+0.3\mathrm{e}^{-t}-1.3\mathrm{e}^{-3t}$$

可见，由于极点不变，因此运动模态也不变，但零点的改变使两个模态 e^{-t} 和 e^{-3t} 在响应中所占的比重发生了变化，如图 3.4 所示。

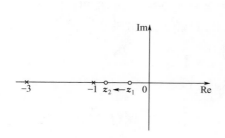

图 3.3　零、极点分布图

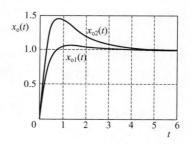

图 3.4　单位阶跃响应

当零点离极点较远时，模态所占比重较大；若零点离极点较近，则模态所占比重就减小，而且离零点很近的极点的比重就被大大削弱；当零点、极点相重合，即零点、极点相消时，相应的模态也消失了。例如

$$G_3(s)=\frac{3(s+1)}{(s+1)(s+3)}$$

单位阶跃响应为

$$x_{o3}(t) = 1 + 0e^{-t} - e^{-3t}$$

可见，零点、极点相消的结果，使对应的模态被掩藏起来，传递作用受到阻断，致使系统的自由运动模态成分发生了变化。基于上述分析，可得出这样的结论：传递函数的零点决定了系统运动模态的比重。

据此，我们无需获得系统响应的解析表达式，根据传递函数的零点、极点分布即可对系统的自由响应情况进行估计。

3.2 系统的时域响应性能指标

为了评价线性系统时域响应的性能，需要研究其在典型输入信号作用下的时域响应过程，从而表征时域性能指标。在典型输入信号作用下，控制系统的时域响应分为暂态过程和稳态过程两个部分。因此，控制系统在典型输入信号作用下的性能指标由暂态性能指标和稳态性能指标两部分组成。

动态性能指标

一般认为，系统在阶跃函数输入作用下的工作条件是比较严峻的，同时也比较具有代表性。如果系统在阶跃函数作用下的动态性能满足要求，则在其他输入形式作用下的动态性能也能满足要求。因此，通常采用单位阶跃响应情况来衡量系统的性能。

为便于分析和比较，假定系统在单位阶跃输入信号作用前处于静止状态，而且系统输出量及其各阶导数均等于零。对于大多数控制系统而言，这种假设是符合实际情况的。控制系统的典型单位阶跃响应曲线及暂态性能指标如图 3.5 所示。

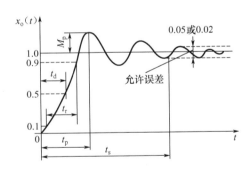

图 3.5 控制系统的典型单位阶跃响应曲线及暂态性能指标

根据图中展示的响应特性，定义如下性能指标。

1. 延迟时间 t_d

延迟时间是指响应曲线第一次到达其稳态值的 50% 所需的时间。

2. 上升时间 t_r

上升时间是指响应从其稳态值的 10% 上升到 90% 所需的时间。上升时间是对系统响应速度（快速性）的一种度量。对于有振荡的系统，也可以定义为从零开始到第一次达到稳态值所需的时间。

3. 峰值时间 t_p

峰值时间是指响应超过稳态值而达到第一个峰值所需的时间。

4. 调整时间 t_s

调整时间又称调节时间、过渡时间、恢复时间等，是指响应达到并不再超出稳态值的 $\pm 5\%$（或 $\pm 2\%$）误差带所需的时间。它表示了系统的动态过渡过程时间。显然，t_s 越小，系统动态调整的时间越短。

以上四个性能指标反映了系统动态响应的快速性，是系统响应的暂态性能指标。

5. 最大超调量 M_p

超调量是描述系统相对稳定性的一个暂态性能指标。最大超调量是指在系统响应的过渡过程中，超出稳态值的最大偏差与稳态值之比，即

$$M_p = \frac{x_o(t_p) - x_o(\infty)}{x_o(\infty)} \times 100\% \qquad (3-17)$$

式中，$x_o(t_p)$ 为响应的峰值；$x_o(\infty)$ 为稳态值。

最大超调量常用百分数表示，反映了系统动态响应的相对稳定性。

上述五个性能指标，基本上可体现系统动态过程的特征。在实际应用中，常用的性能指标多为 t_r、t_p、t_s 和 M_p。通常用 t_r 和 t_p 评价系统响应初始快速性，用 M_p 评价系统响应的平稳性和阻尼程度，而用 t_s 同时反映响应速度和阻尼程度。应当指出，除简单的一阶系统和二阶系统外，要精确确定这些动态性能的解析表达式是很困难的。

6. 稳态误差 e_{ss}

对于单位反馈系统，当时间 $t \to \infty$ 时，系统相应的实际值（稳态值）与希望值（输入量）之差，定义为稳态误差。稳态误差是系统控制精度或抗扰动能力的一种度量，表征了系统的准确性，是系统响应的稳态性能指标。稳态误差的计算见本章 3.6 节。

3.3 一阶系统时域响应性能分析

一阶系统是指用一阶微分方程描述的系统。它们是控制系统中最简单、最基本的系统。一阶系统通常包括积分环节、微分环节和惯性环节。惯性环节是机电控制系统中最常见的环节，也最具有代表性。本节以惯性环节为例来介绍一阶系统的时域响应。

惯性环节微分方程和传递函数的一般形式为

$$T\frac{x_o(t)}{dt} + x_o(t) = x_i(t)$$

$$G(s) = \frac{X_o(s)}{X_i(s)} = \frac{1}{Ts+1}$$

式中，T 为时间常数，也称惯性系统的特征参数，它表征系统与外界作用无关的固有特性。一阶系统传递函数框图如图 3.6 所示。

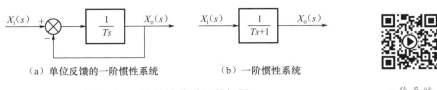

（a）单位反馈的一阶惯性系统　　　　（b）一阶惯性系统

图 3.6　一阶系统传递函数框图

3.3.1　典型输入信号作用下的一阶系统时域响应

由传递函数框图可知，典型输入信号作用在惯性系统上引起的响应在复数域 s 中的解为

$$X_o(s) = X_i(s)G(s) = X_i(s)\frac{1}{Ts+1} \tag{3-18}$$

将典型输入函数信号的拉普拉斯变换表达式代入式（3-18），可得复数域 s 和时域 t 中的响应表达式，见表 3-1。图 3.7 所示为这些不同响应表达式对应的曲线形态。

表 3-1　典型输入信号作用下一阶惯性系统的响应

输入信号	复数域 s 中的响应表达式	时域 t 中的响应表达式
$1(t)$	$X_o(s) = \dfrac{1}{s} \cdot \dfrac{1}{Ts+1} = \dfrac{1}{s} - \dfrac{T}{Ts+1}$	$x_o(t) = 1 - e^{-\frac{1}{T}t}$
$\delta(t)$	$X_o(s) = 1 \cdot \dfrac{1}{Ts+1} = \dfrac{1}{Ts+1}$	$x_o(t) = \dfrac{1}{T}e^{-\frac{1}{T}t}$
t	$X_o(s) = \dfrac{1}{s^2} \cdot \dfrac{1}{Ts+1} = \dfrac{1}{s^2} - \dfrac{T}{s} + \dfrac{T^2}{Ts+1}$	$x_o(t) = t - T + Te^{-\frac{1}{T}t}$

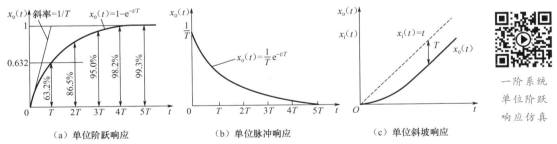

（a）单位阶跃响应　　　　　（b）单位脉冲响应　　　　　（c）单位斜坡响应

图 3.7　典型输入信号作用下一阶惯性系统的响应曲线

根据上述时域响应表达式及响应曲线，对一阶系统的稳定性、准确性、快速性分析如下。

1. 稳定性

一阶系统在单位阶跃信号、单位脉冲信号和单位斜坡信号作用下的输出包含稳态分量和暂态分量两部分。输入的极点形成系统响应的稳态分量，传递函数的极点产生系统响应的暂态分量。对暂态分量而言，当 $t \to \infty$ 时，响应的幅值均衰减为零。因此，一阶系统在这些典型信号的作用下是稳定的，具有自动调节的能力。

2. 准确性

一阶系统在单位阶跃信号和单位脉冲信号的作用下，其稳态值与输入信号相等，因此其稳态误差为 0，但单位斜坡信号作用下的一阶系统的稳态误差为 T。

3. 快速性

一阶系统的动态性能指标由单位阶跃信号作用下的系统响应确定，根据动态性能指标的定义计算如下。

（1）调整时间 t_s（响应进入误差带 Δ 所对应的时间）

$$x_o(t) = 1 - e^{-\frac{1}{T}t_s} = 1 - \Delta \Rightarrow t_s = -T\ln\Delta$$

$$t_s = \begin{cases} 3T & \Delta = 5\% \\ 4T & \Delta = 2\% \end{cases}$$

（2）延迟时间 t_d（响应达到稳态值的 50% 对应的时间）

$$x_o(t) = 1 - e^{-\frac{1}{T}t_s} = 0.5 \Rightarrow t_d = 0.69T$$

（3）上升时间 t_r（响应从稳态值的 10% 到 90% 对应的时间），即

$$x_o(t_1) = 1 - e^{-\frac{1}{T}t_1} = 0.1 \Rightarrow t_1 = -T\ln 0.9$$

$$x_o(t_2) = 1 - e^{-\frac{1}{T}t_2} = 0.9 \Rightarrow t_2 = -T\ln 0.1$$

所以

$$t_r = t_2 - t_1 = -T(\ln 0.1 - \ln 0.9) = 2.20T$$

由于一阶系统的响应曲线具有非振荡特性，因此其时域性能指标中不存在峰值时间 t_p 和最大超调量 M_p。

由上述性能指标值可知，时间常数 T 是一阶系统的一个重要参数，为系统的固有特性，反映了系统的惯性。T 越小，惯性越小，系统响应越快；反之，响应越慢。那么，如何获得一阶系统的时间常数 T 呢？

分析一阶系统单位阶跃响应曲线[图 3.7(a)]可知，当时间 $t=0$ 时，一阶系统单位阶跃响应曲线在该点的斜率为 $\frac{1}{T}$；$t=T$ 时，响应值为稳态值的 63.2%。根据这两个特征可以用实验法获得一阶系统的 T 值。方法如下：首先对系统输入一个单位阶跃信号，并测出它的响应曲线，包括其稳态值 $x_o(\infty)$；然后从响应曲线上找出 $0.632x_o(\infty)$ 处所对应的时间 t，这个 t 就是系统的时间常数 T。或者找出 $t=0$ 时的 $x_o(t)$ 的切线斜率，这个斜率的导数也是系统的时间常数 T。此外，由于系统在单位脉冲函数作用下的输出信号在复数域 s 中的解即系统传递函数，因此，通过试验测得系统的单位脉冲响应信号 $w(t)$，由 $G(s) = L[w(t)]$ 求得 $G(s)$，同样可以确定该系统的时间常数 T。

3.3.2 一阶系统时域响应性能 MATLAB 分析

一般来说，要精确确定一个系统的动态性能解析表达式是很困难的。借用计算机软件，系统性能指标的快速确定变得简捷。MATLAB 分析系统对典型输入信号的响应时，可采用命令语句和 Simulink 仿真两种方法，分别示例如下。

【例 3 - 3】 系统的传递函数为 $G(s) = \dfrac{X_o(s)}{X_i(s)} = \dfrac{1}{2s+1}$，$t \in [0,10]$，求系统在单位阶跃、单

位脉冲及单位斜坡信号作用下的响应。

解：在 MATLAB 的 Command Window 窗口依次输入如下命令。

```
>> t=[0:0.1:10];       % 仿真时间范围[0,10],步长为 0.1。
>> num=[1];       % 传递函数分子多项式系数向量
>> den=[2 1];       % 传递函数分母多项式系数向量
>> [y,x,t]=step(num,den,t);       % 求系统对单位阶跃信号的时域响应
>> plot(t,y);       % 绘制响应随时间的变化曲线图
>> xlabel('t');       % 横坐标标题 x
>> ylabel('y');       % 纵坐标标题 y
>> title('单位阶跃响应');       % 图标题
>> figure(2);       % 建立第 2 个图形窗口
>> [y,x,t]= impulse(num,den,t);       % 求系统对单位阶跃信号的响应
>> plot(t,y);       % 在第 2 个图形窗口中绘制响应随时间变化的曲线
>> xlabel('t');       % 第 2 个图形窗口横坐标标题 t
>> ylabel('y');       % 第 2 个图形窗口纵坐标标题 y
>> title('单位脉冲响应')       % 第 2 个图形窗口的图标题
>> figure(3);       % 建立第 3 个图形窗口
>> num2=[1];       % 构造传递函数 1/[s(2s+1)]的分子多项式系数向量
>> den2=[2 1 0];       % 构造传递函数 1/[s(2s+1)]的分母多项式系数向量
>> [y,x,t]= step(num2,den2,t);       % 求传递函数 1/[s(2s+1)]的单位阶跃响应(等同于传递
函数 1/(2s+1)的单位斜坡响应)
>> plot(t,y);       % 在第 3 个图形窗口中绘制响应随时间的变化曲线
>> xlabel('t');       % 第 3 个图形窗口横坐标标题 t
>> ylabel('y');       % 第 3 个图形窗口纵坐标标题 y
>> title('单位斜坡响应')       % 第 3 个图形窗口的图标题
```

按 Enter 键，MATLAB 输出如图 3.8 所示的响应曲线，在响应曲线上可单击打上数据点，或拖动数据点查看各仿真时间点的响应值。如图 3.8(a)所示，当 $t=6$ 时，系统输出 $y=0.9502$，与稳态值相差 0.0498，小于误差值 5%，该点对应的时间即为调整时间 t_s（$\Delta=5\%$）。

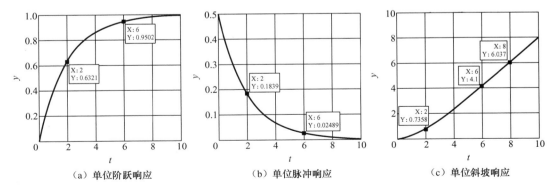

（a）单位阶跃响应　　　　　（b）单位脉冲响应　　　　　（c）单位斜坡响应

图 3.8　系统在不同输入信号作用下的响应曲线

【例3-4】 系统的传递函数为 $G(s) = \dfrac{X_o(s)}{X_i(s)} = \dfrac{1}{Ts+1}$，$t \in [0,10]$，试获得 $T=0.1$、$T=0.5$ 及 $T=1$ 时系统单位阶跃响应信号和单位脉冲响应信号，分析 T 的变化对系统时域响应性能的影响。

解：在 MATLAB 的 Simulink 模块中建立如图 3.9(a)、图 3.9(b)所示的仿真模型，运行该模型，双击示波器，获得图 3.9(c)、图 3.9(d)所示的系统响应曲线。对比 $T=0.1$、$T=0.5$ 及 $T=1$ 时的响应曲线可知，随着 T 的增大，系统响应快速性降低，单位斜坡响应的稳态误差增大。

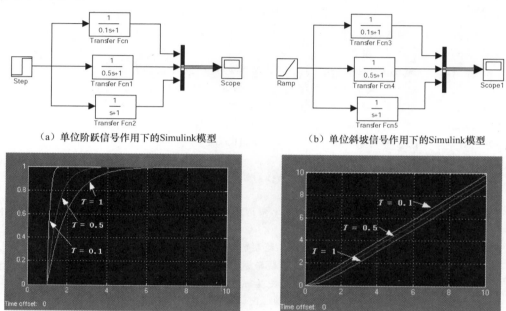

(a) 单位阶跃信号作用下的Simulink模型　　　　　(b) 单位斜坡信号作用下的Simulink模型

(c) 单位阶跃响应　　　　　　　　　　(d) 单位斜坡响应

图 3.9　时间常数对响应影响的 Simulink 分析

3.4　二阶系统的时域响应性能分析

凡是可用二阶微分方程描述的系统称为二阶系统。图 3.10 所示为典型的二阶系统传递函数框图，其闭环传递函数表达式可写成

$$G(s) = \frac{X_o(s)}{X_i(s)} = \frac{\omega_n^2}{s^2 + 2\xi\omega_n s + \omega_n^2} = \frac{1}{T^2 s^2 + 2\xi ts + 1} \qquad (3-19)$$

式中，T、ξ、$\omega_n = \dfrac{1}{T}$ 分别为二阶系统的时间常数、阻尼比和无阻尼固有频率，这些参数只与系统的结构参数有关。

由式(3-19)可知，二阶系统的闭环传递函数特征根(或闭环极点)为

$$s_{1,2} = -\xi\omega_n \pm \omega_n \sqrt{\xi^2 - 1} \qquad (3-20)$$

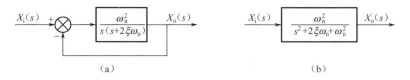

图 3.10 典型的二阶系统传递函数框图

上述特征根在复平面$[s]$上的分布如图 3.11 所示。通常将 $\beta = \arctan \dfrac{\sqrt{1-\xi^2}}{\xi}$ 或 $\beta = \text{arc-}$
$\cos\xi$ 定义为系统的阻尼角，将 $\omega_d = \omega_n \sqrt{1-\xi^2}$ 定义为有阻尼自然频率。

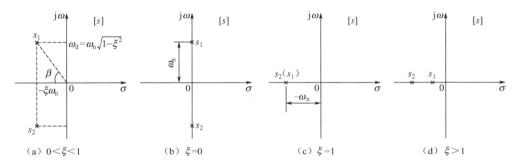

图 3.11 复平面$[s]$上二阶系统闭环传递函数特征根分布

3.4.1 典型信号作用下的二阶系统时域响应

根据系统响应的求解方法，可得不同 ξ 时二阶系统对典型信号的响应解析表达式，
表 3-2 列出了二阶系统对单位阶跃信号和单位脉冲信号响应的解析解。由响应解析表达
式可知，系统响应的稳态分量为常数（1 或 0），特征根决定了自由响应的模态。当欠阻尼
时（$0<\xi<1$），二阶系统的响应为衰减振荡，其振动角频率为 ω_d，振幅按指数规律衰减，
它们均与 ξ 有关。ξ 越小则 ω_d 越接近 ω_n，同时振幅衰减越慢；ξ 越大则 ω_d 越小，振幅衰减
越快。当 $\xi=0$ 时，系统以无阻尼固有频率 ω_n 做等幅振荡。过阻尼时（$\xi>1$），系统响应含
有两个单调衰减的指数项，响应是非振荡的，可等效为两个不同惯性环节的串联。而临界
阻尼时（$\xi=1$），二阶系统则等价为两个相同的一阶系统。图 3.12 所示为二阶系统在单位
阶跃信号和单位脉冲信号作用下的响应曲线。

表 3-2 二阶系统对单位阶跃信号和单位脉冲信号响应的解析解

输入信号 $x_i(t)$	阻尼比 ξ	系统特征根 s	系统响应 $x_o(t)(t \geqslant 0)$
单位阶跃 $x_i(t)=1$ $X_i(s)=\dfrac{1}{s}$	$0<\xi<1$	$s_{1,2}=-\xi\omega_n \pm j\omega_n \sqrt{1-\xi^2}$	$x_o(t)=1-\dfrac{1}{\sqrt{1-\xi^2}}e^{-\xi\omega_n t}\sin(\omega_d t+\beta)$
	$\xi=0$	$s_{1,2}=j\omega_n$	$x_o(t)=1-\cos\omega_n t$
	$\xi=1$	$s_{1,2}=-\omega_n$	$x_o(t)=1-e^{-\omega_n t}-\omega_n t e^{-\omega_n t}$
	$\xi>1$	$s_{1,2}=-\xi\omega_n \pm \omega_n \sqrt{\xi^2-1}$	$x_o(t)=1-\dfrac{\omega_n}{2\sqrt{\xi^2-1}}\left(\dfrac{1}{s_1}e^{s_1 t}-\dfrac{1}{s_2}e^{s_2 t}\right)$

续表

输入信号 $x_i(t)$	阻尼比 ξ	系统特征根 s	系统响应 $x_o(t)(t \geq 0)$
单位脉冲 $x_i(t) = \delta(t)$ $X_i(s) = 1$	$0 < \xi < 1$	$s_{1,2} = -\xi\omega_n \pm j\omega_n\sqrt{1-\xi^2}$	$x_o(t) = \dfrac{\omega_n}{\sqrt{1-\xi^2}}e^{-\xi\omega_n t}\sin\omega_d t$
	$\xi = 0$	$s_{1,2} = j\omega_n$	$x_o(t) = \omega_n\sin\omega_n t$
	$\xi = 1$	$s_{1,2} = -\omega_n$	$x_o(t) = \omega_n^2 t e^{-\omega_n t}$
	$\xi > 1$	$s_{1,2} = -\xi\omega_n \pm \omega_n\sqrt{\xi^2-1}$	$x_o(t) = \dfrac{\omega_n}{2\sqrt{\xi^2-1}}(e^{s_1 t} - e^{s_2 t})$

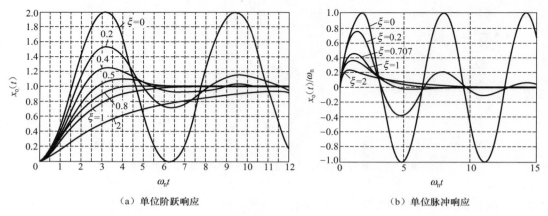

（a）单位阶跃响应 　　　　　　　　　（b）单位脉冲响应

图 3.12　二阶系统在单位阶跃信号和单位脉冲信号作用下的响应曲线

二阶系统单位
阶跃响应仿真

基于上述讨论可知：二阶系统随阻尼比 ξ 的不同，单位阶跃响应和单位脉冲响应均有较大差异。当 $\xi = 0$ 时，输出为等幅振荡，系统没有调节作用，不能正常工作，属不稳定系统。当 $\xi > 0$ 时，系统响应曲线随时间 t 的延长收敛到稳态值，属稳定系统，其稳态值等于输入量，此时系统误差为 0。

由图 3.12(a) 可知，由于 $\xi > 1$ 时系统的动态响应进行得太慢，因此，对二阶系统来说，欠阻尼 $(0 < \xi < 1)$ 情况是最有意义的。下面讨论系统在欠阻尼情况下的动态性能指标。

二阶系统单位
脉冲响应仿真

3.4.2　欠阻尼二阶系统的动态性能指标

根据系统时域动态性能指标的定义和欠阻尼二阶系统单位阶跃响应的表达式，可以推导出欠阻尼二阶系统单位阶跃响应下的动态性能指标计算公式，分析它们与系统特征参数 ξ 和 ω_n 之间的关系。

1. 上升时间 t_r

由于欠阻尼状态下的时域响应有振荡，因此，根据定义，t_r 取从零开始到第一次达到稳态值所需的时间。由 $0 < \xi < 1$ 时的单位阶跃响应表达式得

$$x_o(t) = 1 - \frac{1}{\sqrt{1-\xi^2}}e^{-\xi\omega_n t}\sin(\omega_d t + \beta) = 1$$

从上式可解得

$$t_r = \frac{\pi - \beta}{\omega_d} = \frac{\pi - \arccos\xi}{\omega_n \sqrt{1-\xi^2}} \tag{3-21}$$

显然，当阻尼比 ξ 不变时，增大 ω_n 将使上升时间缩短；而当 ω_n 不变时，阻尼比 ξ 越小，上升时间也越短。

2. 峰值时间 t_p

根据定义，为求峰值时间，将欠阻尼状态下的时域响应对时间 t 求导，并令其导数为零，即有

$$\frac{d}{dt}\left[1 - \frac{1}{\sqrt{1-\xi^2}} e^{-\xi\omega_n t} \sin(\omega_d t + \beta)\right]\Bigg|_{t=t_p} = 0$$

从上式可解得

$$t_p = \frac{\pi}{\omega_d} = \frac{\pi}{\omega_n \sqrt{1-\xi^2}} \tag{3-22}$$

式(3-22)表明，峰值时间为阻尼振荡周期的一半。当阻尼比 ξ 不变时，特征根距离虚轴越远，系统的峰值响应时间越短。

3. 最大超调量 M_p

当 $t = t_p$ 时，单位阶跃响应表达式 $x_o(t)$ 有最大值 x_{omax}，将式(3-22)代入 $x_o(t)$ 的解析表达式，有

$$x_o(t_p) = 1 + e^{-\xi\pi/\sqrt{1-\xi^2}}$$

对于单位阶跃输入，系统的稳态值 $x_o(\infty) = 1$，根据最大超调量计算式(3-17)，有

$$M_p = e^{-\xi\pi/\sqrt{1-\xi^2}} \times 100\% \tag{3-23}$$

式(3-23)说明，最大超调量仅由阻尼比 ξ 决定。ξ 越大，M_p 越小，系统的平稳性就越好。不同阻尼比 ξ 对应的最大超调量 M_p 见表3-3。

表3-3 不同阻尼比 ξ 对应的最大超调量 M_p

ξ	0	0.1	0.2	0.3	0.4	0.5	0.6	0.7	0.8	0.9	1.0
M_p	100	72.9	52.7	37.2	25.4	16.3	9.5	4.6	1.5	0.2	0

4. 调整时间 t_s

根据调整时间的定义，可得

$$\left| x_o(\infty) - x_o(t) \right| = \left| \frac{1}{\sqrt{1-\xi^2}} e^{-\xi\omega_n t} \sin(\omega_d t + \beta) \right| \leqslant \Delta$$

式中，Δ 为系统允许的稳态误差。求解上式可得

$$t_s(5\%) = \frac{1}{\xi\omega_n}\left[3 - \frac{1}{2}\ln(1-\xi^2)\right] \approx \frac{3}{\xi\omega_n} \quad (0 < \xi < 0.9) \tag{3-24a}$$

$$t_s(2\%) = \frac{1}{\xi\omega_n}\left[4 - \frac{1}{2}\ln(1-\xi^2)\right] \approx \frac{4}{\xi\omega_n} \quad (0 < \xi < 0.9) \tag{3-24b}$$

可以看出，调整时间 t_s 与系统闭环特征根的实部绝对值成反比。实部绝对值越大，即特征根距离虚轴越远，系统调整时间越短，响应过渡过程结束得越快。

综合上述各项动态性能指标的计算公式，可以看出，各指标之间是有矛盾的。为提高系统的快速性，小的阻尼比固然能使上升时间和峰值时间减小，却导致产生较大的最大超调量和调整时间，反之亦然。因此，在系统设计过程中，系统参数的选择应当在各项指标间进行综合考虑。

在控制工程中，当 $\xi=0.707$ 时，上升时间和峰值时间较小，同时最大超调量和调整时间也不太大，此时所对应的二阶系统常称为工程"最佳"系统，系统性能达到近似最佳状态。这种二阶工程"最佳"系统，有时可作为控制系统的设计依据。

3.4.3 二阶系统性能指标计算

Matlab 代码
求取法

综合上述各项动态性能指标的计算公式可知，对于二阶系统来说，这些性能指标只与系统本身的结构参数 ξ 和 ω_n 有关。因此，要求出系统的性能指标、判断其性能是否符合要求，必须首先确定系统的结构参数 ξ 和 ω_n。反之，若系统的性能指标已知，则可以据此反推出该系统的结构参数。性能指标的计算可采用解析法或计算机软件分析方法，示例如下。

【例 3 - 5】 设系统如图 3.13 所示，其中 $\xi=0.6$，$\omega_n=5\mathrm{rad/s}$，当有一阶跃信号作用于系统时，求最大超调量 M_p、上升时间 t_r、峰值时间 t_p 和调整时间 t_s。

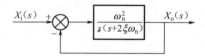

$$X_i(s) \xrightarrow{+} \bigotimes \longrightarrow \boxed{\dfrac{\omega_n^2}{s(s+2\xi\omega_n)}} \longrightarrow X_o(s)$$

图 3.13 例 3 - 5 系统传递函数框图

解法一： 解析法。

(1) 求 M_p。由式(3 - 23)得

$$M_p = \mathrm{e}^{-\xi\pi/\sqrt{1-\xi^2}} \times 100\% = \mathrm{e}^{-0.6\times\pi/\sqrt{1-0.6^2}} \times 100\% = 9.5\%$$

(2) 求 t_r。由式(3 - 21)得

$$t_r = \frac{\pi-\beta}{\omega_d} = \frac{\pi-\arccos\xi}{\omega_n\sqrt{1-\xi^2}} = \frac{\pi-\arccos0.6}{5\times\sqrt{1-0.6^2}}\mathrm{s} = 0.55\mathrm{s}$$

(3) 求 t_p。由式(3 - 22)得

$$t_p = \frac{\pi}{\omega_d} = \frac{\pi}{\omega_n\sqrt{1-\xi^2}} = \frac{\pi}{5\times\sqrt{1-0.6^2}}\mathrm{s} = 0.785\mathrm{s}$$

(4) 求 t_s。取误差范围为 5%，由式(3 - 24a)可知

$$t_s(5\%) \approx \frac{3}{\xi\omega_n} = \frac{3}{0.6\times5}\mathrm{s} = 1\mathrm{s}$$

取误差范围为 2% 时，由式(3 - 24b)可知

$$t_s(2\%) \approx \frac{4}{\xi\omega_n} = \frac{1}{0.6\times5}\mathrm{s} = 1.33\mathrm{s}$$

解法二： 计算机软件分析。

在 MATLAB 的 Command Window 窗口中依次输入如下命令。

```
>> numg=[5^2];        % 开环传递函数分子多项式系数向量
>> deng=conv([1 0],[1 2* 0.6* 5]);      % 两个多项式系数向量相乘,得开环传递函数分母多
```

项式系数向量

```
>>  numh= [1];          % 反馈通道传递函数分子多项式系数向量
>>  denh= [1];          % 反馈通道传递函数分母多项式系数向量
>>  [num,den]=feedback(numg,deng,numh,denh);      % 求单位反馈闭环系统传递函数
>>  figure(1);          % 建立绘图窗口1
>>  step(num,den);      % 获得闭环系统单位阶跃响应,并在figure1中绘制响应曲线图形
```

系统输出如图 3.14 所示的响应曲线。在曲线上找到各性能指标点,由坐标可读出该点对应的输出值及响应时间,从而确定各指标值。需要说明的是,由于计算机求解及解析计算均存在误差,故解析法获得的解与计算机分析之间存在微小偏差。

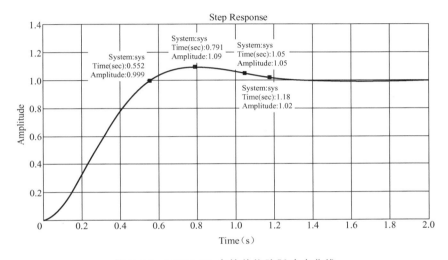

图 3.14　MATLAB 中的单位阶跃响应曲线

【例 3 - 6】　图 3.15(a)所示的机械振动系统,在质量块 m 上施加 $f(t)=3N$ 的阶跃力后,质量块 m 的时域响应 $x(t)$ 如图 3.15(b)所示。根据响应曲线,确定系统的质量 m、黏性阻尼系数 c 和弹簧的弹性系数 k。

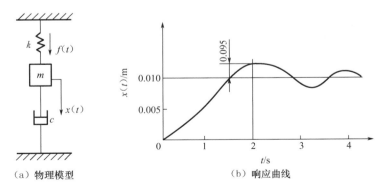

（a）物理模型　　　　　　（b）响应曲线

图 3.15　机械振动系统及其阶跃响应

解:（1）由数学模型的建立方法,可得系统的传递函数为

$$\frac{X(s)}{F(s)} = \frac{1}{ms^2 + cs + k}$$

（2）求 k。由拉普拉斯变换的终值定理可知

$$x(\infty)=\lim_{t\to\infty}x(t)=\lim_{s\to0}sX(s)$$

$$\lim_{s\to0}s\,\frac{1}{ms^2+cs+k}\cdot\frac{3}{s}=\frac{3}{k}$$

由图 3.15(b)可知 $x(\infty)=0.01\mathrm{m}$，因此

$$k=300\mathrm{N/m}$$

（3）求 m 和 c。由图 3.15(b)及式(3-23)得

$$M_\mathrm{p}=\frac{0.095}{0.010}=\mathrm{e}^{-\xi\pi/\sqrt{1-\xi^2}}$$

对两边取对数，解得

$$\xi=0.6$$

由图 3.15(b)及式(3-22)得

$$t_\mathrm{p}=2=\frac{\pi}{\omega_\mathrm{d}}=\frac{\pi}{\omega_\mathrm{n}\sqrt{1-\xi^2}}$$

求得

$$\omega_\mathrm{n}=1.96\mathrm{rad/s}$$

将本系统传递函数表达式与标准二阶系统传递函数表达式相比较，可得

$$\omega_\mathrm{n}^2=\frac{k}{m}$$

得

$$m=\frac{k}{\omega_\mathrm{n}^2}=\frac{300}{1.96^2}\mathrm{kg}=78.09\mathrm{kg}$$

又因为

$$2\xi\omega_\mathrm{n}=\frac{c}{m}$$

求得

$$c=2\xi\omega_\mathrm{n}m=183.6\mathrm{N\cdot s/m}$$

【例 3-7】 有一位置随动系统，其传递函数框图如图 3.16(a)所示。当系统输入单位阶跃函数时，要求 $M_\mathrm{p}\leqslant5\%$。

（1）试校核该系统的各参数是否满足要求；

（2）在原系统中增加一微分负反馈，如图 3.16(b)所示，求满足要求时的微分反馈时间常数 τ。

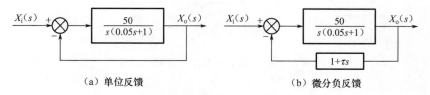

（a）单位反馈　　　　　　　　　　　　（b）微分负反馈

图 3.16　位置随动系统传递函数框图

解：（1）根据传递函数框图，求得单位反馈系统闭环传递函数为

$$\frac{X_o(s)}{X_i(s)} = \frac{50}{0.05s^2 + s + 50} = \frac{1000}{s^2 + 20s + 1000}$$

将上式与标准的二阶系统传递函数相比较，得

$$\omega_n = \sqrt{1000}\,\text{rad/s} = 31.62\text{rad/s}$$

由 $2\xi\omega_n = 20$ 可求得

$$\xi = 0.316$$

将 ξ 值代入式(3-23)，得

$$M_p = 35\% \quad (>5\%)$$

因此，该系统不满足本题目要求。

（2）由图 3.16(b)所示系统框图求得该系统的传递函数为

$$\frac{X_o(s)}{X_i(s)} = \frac{50}{0.05s^2 + (1+50\tau)s + 50} = \frac{31.62^2}{s^2 + 20(1+50\tau)s + 31.62^2}$$

为满足题目要求的 $M_p \leqslant 5\%$。由式 $M_p = e^{-\xi\pi/\sqrt{1-\xi^2}}$ 可算得 $\xi = 0.69$，而系统 $\omega_n = 31.62$，由

$$20(1+50\tau) = 2\xi\omega_n$$

可求得

$$\tau = 0.0236\text{s}$$

从本题可以看出，当系统加入负反馈时，相当于增大了系统的阻尼比 ξ，改善了系统的相对稳定性，即减小了 M_p，但并没有改变系统的无阻尼固有频率 ω_n。

3.5　高阶系统的时域响应

高阶系统传递函数的一般形式为

$$G(s) = \frac{X_o(s)}{X_i(s)} = \frac{b_m s^m + b_{m-1}s^{m-1} + \cdots + b_1 s + b_0}{a_n s^n + a_{n-1}s^{n-1} + \cdots + a_1 s + a_0} \quad (n \geqslant m) \tag{3-25}$$

将式(3-25)写成传递函数零极点的表示形式

$$G(s) = \frac{b_m(s+z_1)(s+z_2)\cdots(s+z_m)}{a_n(s+p_1)(s+p_2)\cdots(s+p_n)} \quad (n \geqslant m) \tag{3-26}$$

式中，$-z_1, -z_2, \cdots, -z_m$ 为闭环传递函数的零点；$-p_1, -p_2 \cdots, -p_n$ 为闭环传递函数的极点。

令系统所有零点、极点互不相同，且极点有实数和复数两种，零点均为实数。系统的输入信号为单位阶跃函数时，有

$$X_o(s) = \frac{K\prod\limits_{i=1}^{m}(s+z_i)}{s\prod\limits_{j=1}^{q}(s+p_j)\prod\limits_{k=1}^{r}(s^2 + 2\xi_k\omega_{nk}s + \omega_{nk}^2)} \tag{3-27}$$

式中，q 为实数极点个数；r 为复数极点对数；$n=q+2r$；m 为实数零点个数。

对式(3-27)做拉普拉斯反变换可求得响应在时域中的解析表达式为

$$x_o(t) = A_0 + \sum\limits_{j=1}^{q}A_j e^{-p_j t} + \sum\limits_{k=1}^{r}D_k e^{-\xi_k\omega_{nk}t}\sin(\omega_{dk} + \beta_k) \quad (t \geqslant 0) \tag{3-28}$$

式中

$$\omega_{dk} = \omega_{nk} \sqrt{1 - \xi_k^2}$$

$$\beta_k = \arctan \frac{B_k \omega_{dk}}{C_k - \xi_k \omega_{nk} B_k} = \arccos \xi_k$$

$$D_k = \sqrt{B_k^2 + \left(\frac{C_k - \xi_k \omega_{nk} B_k}{\omega_{dk}} \right)^2} \quad (k = 1, 2, \cdots, r)$$

由式(3-28)可得如下结论。

(1) 高阶系统时域响应的暂态分量由一阶惯性环节和二阶振荡环节的响应函数组成。其中输入信号极点所对应的拉普拉斯反变换为系统响应的稳态分量,传递函数的极点所对应的拉普拉斯反变换为系统响应的暂态分量。

(2) 系统暂态分量的形式由闭环极点的性质决定,系统调整时间的长短与闭环极点的负实部绝对值的大小有关。若闭环极点远离虚轴,响应的暂态分量衰减快,系统调整时间短。闭环零点只影响系统暂态分量幅值的大小和符号。

(3) 若闭环传递函数有极点 k 距坐标原点很远,且满足

$$|-p_k| \gg |-p_i|, \ |-p_k| \gg |-z_j|$$

式中,p_k、p_i、z_j 均为正值;$i = 1,2,3,\cdots,n$;$j = 1,2,3,\cdots,m$;$i \neq k$。当 $n > m$ 时,极点 $-p_k$ 所对应的暂态分量不仅持续时间短,而且相应的幅值也很小,因而它在系统响应中所占的百分比很小,可忽略不计。

(4) 如果所有闭环极点均有负实根,则由式(3-28)可知,式中所有暂态分量会不断衰减,最后等式右端只剩下由控制信号的极点所确定的稳态分量 A_0 项。它表示在过渡过程结束后,系统的被控量仅与其控制量有关。

(5) 如果系统中有一个极点(或一对复数极点)距离虚轴最近,且其附近没有闭环零点,其他闭环极点与虚轴的距离都比该极点与虚轴的距离大 5 倍以上,则此系统的响应可近似地视为由这个(或这对)极点所产生。由于这种极点所决定的暂态分量不仅持续时间最长,而且其初始幅值也很大,充分体现了它在系统响应中的主导地位,因此这种极点称为主导极点。高阶系统的主导极点通常为一对复数极点。利用主导极点的概念,可将主导极点为共轭复数极点的高阶系统,近似降阶为二阶系统来处理。

在设计高阶系统时,人们常利用主导极点这个概念来选择系统的参数,使系统具有预期的一对主导极点,从而把一个高阶系统近似地用一对主导极点所描述的二阶系统来表征。

图 3.17 所示为系统极点位置与脉冲响应。设有一个系统,其传递函数极点在复平面 $[s]$ 上的分布如图 3.17(a)所示。极点 $-p_3$ 距离虚轴的距离不小于共轭复数极点 $-p_1$、$-p_2$ 距离虚轴距离的 5 倍,即

$$|\mathrm{Re}[-p_3]| \geqslant 5|\mathrm{Re}[-p_1]| = 5\xi\omega_n$$

式中,ξ、ω_n 对应于 $-p_1$、$-p_2$。同时,极点 $-p_1$、$-p_2$ 附近无其他零点和极点。由以上条件可算出与极点 $-p_3$ 对应的过渡过程分量的调整时间为

$$t_{s_3} \leqslant \frac{1}{5} \cdot \frac{4}{\xi\omega_n} = \frac{1}{5} t_{s1}$$

式中,t_{s1} 是极点 $-p_1$、$-p_2$ 所对应的过渡过程调整时间。

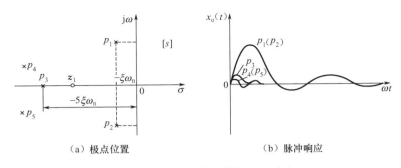

（a）极点位置　　　　　　　　　（b）脉冲响应

图 3.17　系统极点位置与脉冲响应

图 3.17(b)表示了图 3.17(a)所示的单位脉冲响应函数的各分量。由图可知，由共轭复数极点 $-p_1$、$-p_2$ 确定的分量在系统的单位脉冲响应函数中起主导作用，即主导极点。因为它衰减得最慢，其他远离虚轴的极点 $-p_3$、$-p_4$、$-p_5$ 所对应的单位脉冲响应函数衰减较快，它们仅在过渡过程的极短时间内产生一定的影响。因此，对高阶系统过渡过程进行近似分析而非精确分析时，可以忽略这些分量对系统过渡过程的影响，而仅用以 $-p_1$、$-p_2$ 为极点的二阶系统近似处理。

3.6　系统误差分析

系统在输入信号作用下，时域响应的暂态分量可反映系统的动态性能。对于一个稳定的系统，随着时间的推移，时域响应趋于一稳态值，即稳态分量。由于系统的结构不同及输入信号的不同，输出稳态值可能偏离输入值，也就是说有误差的存在。另外，突加的外来干扰作用也可能使系统偏离原来的平衡位置。此外，系统中存在摩擦、间隙、零件的变形、不灵敏区等因素，也会造成系统的稳态误差。因此稳态误差表征了系统的精度及抗干扰的能力，是系统重要的性能指标之一。

3.6.1　有关稳态误差的基本概念

1. 系统的偏差 $\varepsilon(t)$

图 3.18 所示为典型输入信号作用下的反馈控制系统传递函数框图。由图可知，系统偏差 $\varepsilon(t)$ 定义为输入信号 $x_i(t)$ 与反馈信号 $b(t)$ 之差，即

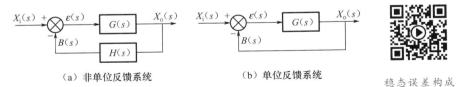

（a）非单位反馈系统　　　　　　　（b）单位反馈系统　　　　　稳态误差构成

图 3.18　典型输入信号作用下的反馈系统传递函数框图

$$\varepsilon(t)=x_i(t)-b(t)$$

其拉普拉斯变换式为

$$\varepsilon(s) = X_i(s) - B(s) = X_i(s) - H(s)X_o(s) \qquad (3-29)$$

2. 系统的误差 $e(t)$

系统的误差 $e(t)$ 是以系统的输出端为基准来定义的，指输出期望值 $x_{or}(t)$ 和输出实际值 $x_o(t)$ 之间的差值，即

$$e(t) = x_{or}(t) - x_o(t)$$

其拉普拉斯变换式为

$$E(s) = X_{or}(s) - X_o(s) \qquad (3-30)$$

由控制系统的调节原理可知，当偏差 $\varepsilon(s) = 0$ 时，系统将不进行调节。此时系统输出的实际值与期望值相等。于是由式 (3-29) 得到输出量的期望值为

$$X_{or}(s) = \frac{1}{H(s)}X_i(s) \qquad (3-31)$$

将式 (3-31) 代入式 (3-30)，求得误差为

$$E(s) = X_{or}(s) - X_o(s) = \frac{1}{H(s)}X_i(s) - X_o(s) \qquad (3-32)$$

由式 (3-29) 和式 (3-32) 得误差与偏差之间的关系为

$$E(s) = \frac{\varepsilon(s)}{H(s)} \qquad (3-33)$$

对单位反馈系统 $H(s) = 1$，有

$$E(s) = \varepsilon(s)$$

对误差而言，由于系统的输出期望值 $x_{or}(t)$ 为理想值，无法测量，故系统的误差只具有理论意义。对偏差而言，它在实际系统中总是存在的，具有数学与物理意义，可测量。加之二者之间存在确定性的关系，因此，在实际中，通常直接把偏差作为误差的度量。

3. 稳态误差 e_{ss}

稳态误差是过渡过程结束后系统在稳定工作状态下存在的误差，即

$$e_{ss} = \lim_{t \to \infty} e(t) \qquad (3-34)$$

根据拉普拉斯变换的终值定理可得

$$e_{ss} = \lim_{t \to \infty} e(t) = \lim_{s \to 0} sE(s) \qquad (3-35)$$

对图 3.18(a) 所示的闭环系统，有 $X_o(s) = \dfrac{G(s)}{1+G(s)H(s)}X_i(s)$，代入式 (3-32)，得

$$E(s) = \frac{1}{1+G(s)H(s)}X_i(s) \qquad (3-36)$$

将式 (3-36) 和式 (3-33) 代入式 (3-35)，可得

$$e_{ss} = \lim_{s \to 0} s \cdot \frac{1}{H(s)} \cdot \frac{1}{1+G(s)H(s)}X_i(s) \qquad (3-37)$$

若直接把偏差作为误差的度量，根据式 (3-33)，可得稳态偏差的计算式

$$\varepsilon_{ss} = \lim_{s \to 0} s \cdot \frac{1}{1+G(s)H(s)}X_i(s) \qquad (3-38)$$

对单位反馈系统 $H(s) = 1$，有

$$e_{ss} = \varepsilon_{ss} = \lim_{s \to 0} s \cdot \frac{1}{1+G(s)}X_i(s) \qquad (3-39)$$

由此可见，稳态误差与系统的前向通道传递函数 $G(s)$ 和反馈通道的传递函数 $H(s)$ 及控制信号 $X_i(s)$ 有关。

3.6.2 静态误差系数与稳态误差

控制系统的稳态性能一般是以阶跃信号、斜坡信号和抛物线信号作用在系统上而产生的稳态误差来表征的。稳态误差的计算除了可按式(3-37)进行外，还可按不同的输入信号定义的各种静态误差系数计算。下面分别讨论这三种典型输入信号作用于系统时产生的稳态误差。为分析简便，令反馈环节 $H(s)=1$。

1. 单位阶跃函数输入

当 $x_i(t)=1$，$X_i(s)=\dfrac{1}{s}$ 时，由式(3-37)可得系统的稳态误差为

$$e_{ss}=\lim_{s\to 0}s\,\frac{1}{1+G(s)}\cdot\frac{1}{s}=\frac{1}{1+\lim\limits_{s\to 0}G(s)}=\frac{1}{1+K_p}$$

式中，K_p 为静态位置误差系数，$K_p=\lim\limits_{s\to 0}G(s)$。

2. 单位斜坡函数输入

当 $x_i(t)=t$，$X_i(s)=\dfrac{1}{s^2}$ 时，由式(3-37)可得系统稳态误差为

$$e_{ss}=\lim_{s\to 0}s\,\frac{1}{1+G(s)}\cdot\frac{1}{s^2}=\frac{1}{\lim\limits_{s\to 0}sG(s)}=\frac{1}{K_v}$$

式中，K_v 为静态速度误差系数，$K_v=\lim\limits_{s\to 0}sG(s)$。

3. 单位等加速函数输入

当 $x_i(t)=\dfrac{1}{2}t^2$，$X_i(s)=\dfrac{1}{s^3}$ 时，由式(3-37)可得系统稳态误差为

$$e_{ss}=\lim_{s\to 0}s\,\frac{1}{1+G(s)}\cdot\frac{1}{s^3}=\frac{1}{\lim\limits_{s\to 0}s^2G(s)}=\frac{1}{K_a}$$

式中，K_a 为静态加速度误差系数，$K_a=\lim\limits_{s\to 0}s^2G(s)$。

若系统输入信号是多种典型输入信号的代数组合，如

$$x_i=A+Bt+\frac{1}{2}Ct^2 \qquad (A、B、C \text{ 为常数})$$

则应用叠加原理可得系统的稳态误差为

$$e_{ss}=\frac{A}{1+K_p}+\frac{B}{K_v}+\frac{C}{K_a}$$

虽然上述分析所得的结论是以典型输入信号(单位阶跃信号、单位斜坡信号、单位抛物线信号)激励系统得到的，但是它却具有普遍的意义。这是因为系统控制信号的变化，实际上往往是比较缓慢的(通常称为慢变信号)。把这种输入的慢变信号在 $t=0$ 点展开成泰勒级数

$$x_i(t)=x_i(0)+x_i'(0)t+\frac{1}{2!}x_i''(0)t^2+\cdots+\frac{1}{n!}x_i^{(n)}(0)t^n+\cdots$$

$$=x_{i0}+x_{i1}t+\frac{1}{2!}x_{i2}t^2+\cdots+\frac{1}{n!}x_{in}t^n+\cdots$$

由于 $x_i(t)$ 的变化是缓慢的，因此它的高阶导数是微量，即泰勒级数收敛很快。一般取到 t 的二次项即具有相当高的精度，因此取

$$x_i(t) \approx x_{i0} + x_{i1}t + \frac{1}{2}x_{i2}t^2$$

这就是说，我们可以把输入的慢变信号 $x_i(t)$ 近似看成阶跃信号、斜坡信号和抛物线信号的合成。系统的稳态误差可以认为是上述各信号作用下产生的误差总和。

【例 3-8】 一单位反馈系统如图 3.19 所示，输入信号为 $x_i(t) = 3t + t^2$，求系统的稳态误差。

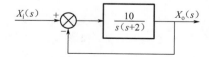

图 3.19 例 3-8 控制系统传递函数框图

解法一：由系统稳态误差定义式求解。

对单位反馈系统，由式（3-39）可知稳态误差为

$$e_{ss} = \lim_{s \to 0} s \frac{1}{1+G(s)} X_i(s) = \lim_{s \to 0} s \frac{1}{1+\dfrac{10}{s(s+2)}} \left(\frac{3}{s^2} + \frac{2}{s^3} \right) = \infty$$

解法二：由静态误差系数获得系统稳态误差。

对该单位反馈系统，静态速度误差系数为

$$K_v = \lim_{s \to 0} sG(s) = \lim_{s \to 0} s \frac{10}{s(s+2)} = 5$$

静态加速度误差系数为

$$K_a = \lim_{s \to 0} s^2 G(s) = \lim_{s \to 0} s^2 \frac{10}{s(s+2)} = 0$$

当输入 $x_i(t) = 3t + t^2$ 时，系统总的稳态误差为

$$e_{ss} = 3\frac{1}{K_v} + 2\frac{1}{K_a} = \frac{3}{5} + \frac{2}{0} = \infty$$

3.6.3　干扰信号作用下的稳态误差

前面论述了系统在给定输入信号作用下的稳态误差，它表征了系统的准确度。系统除承受给定输入信号外，还经常会受到各种干扰的作用，如负载的突变、温度的变化、电源的波动等。系统在扰动作用下稳态误差的大小，反映了系统抗干扰能力的强弱。

计算系统在干扰信号作用下的稳态误差常用终值定理。图 3.20 所示为考虑干扰输入下的典型反馈系统传递函数框图。

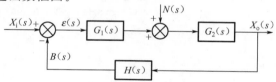

图 3.20　考虑干扰输入下的典型反馈系统传递函数框图

由线性系统的叠加定理可知，系统总输出 $X_o(s)$ 为给定输入信号 $X_i(s)$ 单独作用引起的输出和干扰信号 $N(s)$ 单独作用引起的输出之和，即

$$X_o(s) = \frac{G_1(s)G_2(s)}{1+G_1(s)G_2(s)H(s)}X_i(s) + \frac{G_2(s)}{1+G_1(s)G_2(s)H(s)}N(s) \qquad (3-40)$$

$$= G_{X_i}(s)X_i(s) + G_N(s)N(s)$$

式中，$G_{X_i}(s)$ 为输入 $X_i(s)$ 与输出 $X_o(s)$ 之间的传递函数，$G_N(s)$ 为干扰 $N(s)$ 与输出 $X_o(s)$ 之间的传递函数，即

$$G_{X_i}(s) = \frac{G_1(s)G_2(s)}{1+G_1(s)G_2(s)H(s)}$$

$$G_N(s) = \frac{G_2(s)}{1+G_1(s)G_2(s)H(s)}$$

将式(3-40)、式(3-31)代入误差定义式(3-32)，得

$$E(s) = X_{or}(s) - X_o(s) = \frac{X_i(s)}{H(s)} - G_{X_i}(s)X_i(s) - G_N(s)N(s)$$

即

$$E(s) = \left[\frac{1}{H(s)} - G_{X_i}(s)\right]X_i(s) + \left[-G_N(s)\right]N(s) \qquad (3-41)$$

令

$$E_{X_i} = \left[\frac{1}{H(s)} - G_{X_i}(s)\right]X_i(s)$$

$$E_N(s) = -G_N(s)N(s)$$

则有

$$E(s) = E_{X_i}(s) + E_N(s)$$

因此，存在干扰信号时，系统输出的总误差为给定输入信号单独作用下的误差 $E_{X_i}(s)$ 和干扰信号单独作用下的误差 $E_N(s)$ 之和。由终值定理可得，输入信号 $x_i(t)$ 引起的稳态误差为

$$e_{ssx_i} = \lim_{s \to 0} s\left[\frac{1}{H(s)} - G_{X_i}\right]X_i(s)$$

干扰信号 $n(t)$ 引起的稳态误差为

$$e_{ssn} = -\lim_{s \to 0} sG_N(s)N(s)$$

系统总的稳态误差为

$$e_{ss} = e_{ssx_i} + e_{ssn}$$

【例 3-9】 图 3.21 所示为典型工业过程控制系统传递函数框图。假设被控对象的传递函数为 $G_p(s) = \dfrac{K_2}{s(T_2 s+1)}$，输入信号 $x_i(t) = 1(t)$，干扰信号 $n(t) = 1(t)$。试比较采用传递函数 $G_{c1}(s) = K_p$ 和 $G_{c2}(s) = K_p\left(1 + \dfrac{1}{T_i s}\right)$ 的调节器进行调节时的系统稳态误差。

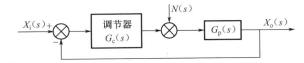

图 3.21 典型工业过程控制系统传递函数框图

解：（1）若采用比例调节器，即 $G_{c1}(s)=K_p$ 时，$x_i(t)$ 单独作用下的稳态误差为

$$E_{X_i}(s)=\left[\frac{1}{H(s)}-G_{X_i}(s)\right]X_i(s)=\left[1-\frac{G_c(s)G_p(s)}{1+G_c(s)G_p(s)}\right]\frac{1}{s}=\frac{1}{1+G_c(s)G_p(s)}\cdot\frac{1}{s}$$

$$e_{ssx_i}=\lim_{s\to0}sE_{X_i}(s)=\lim_{s\to0}s\frac{1}{1+K_p\cdot\dfrac{K_2}{s(T_2s+1)}}\cdot\frac{1}{s}=0$$

$n(t)$ 单独作用下的稳态误差为

$$E_N(s)=-G_N(s)N(s)=-\frac{G_p(s)}{1+G_c(s)G_p(s)}\cdot\frac{1}{s}$$

$$e_{ssn}=-\lim_{s\to0}sE_N(s)=-\lim_{s\to0}s\cdot\frac{G_p(s)}{1+G_c(s)G_p(s)}\cdot\frac{1}{s}=-\lim_{s\to0}\frac{K_2}{s(T_2s+1)+K_2G_c(s)}=-\frac{1}{K_p}$$

系统总的稳态误差为

$$e_{ss}=e_{ssx_i}+e_{ssn}=0-\frac{1}{K_p}=-\frac{1}{K_p}$$

（2）若采用 PI 调节器，即 $G_{c2}(s)=K_p\left(1+\dfrac{1}{T_is}\right)$ 时，$x_i(t)$ 单独作用下的稳态误差为

$$e_{ssx_i}=\lim_{s\to0}sE_{X_i}(s)=\lim_{s\to0}s\frac{1}{1+K_p\left(1+\dfrac{1}{T_is}\right)\cdot\dfrac{K_2}{s(T_2s+1)}}\cdot\frac{1}{s}=0$$

$n(t)$ 单独作用下的稳态误差为

$$e_{ssn}=-\lim_{s\to0}sE_N(s)=-\lim_{s\to0}\frac{K_2}{s(T_2s+1)+K_2K_p\left(1+\dfrac{1}{T_is}\right)}=0$$

系统总的稳态误差为

$$e_{ss}=e_{ssx_i}+e_{ssn}=0$$

可见，采用 PI 调节器后，能够消除阶跃扰动作用下的稳态误差。其物理意义在于，因为调节器中包含积分环节，只要稳态误差不为零，调节器的输出必然继续增加，并力图减小这个误差。只有当稳态误差为零时，才能使控制器的输出与扰动信号大小相等而方向相反。这时，系统才进入新的平衡状态。

3.7　设计实例：天线控制系统时域响应性能分析

2.5 节建立了如图 3.22 所示的天线控制系统的传递函数框图。图中 R 对应期望速度的基准输入，E 为偏差信号（与目标值的偏差），U 为电动机的输入量，Y_v 和 Y_p 分别为天线转速检测信号和位置检测信号。由该模型可知，对控制系统的设计实际上转化为对放大器的放大倍数 K_a 值的确定。由控制系统的基本要求可知，要使该控制系统能完成控制任务，稳定是控制系统正常工作的首要条件。因此，首先根据特征根与系统响应的关系，分析该系统能稳定工作的条件。下面以速度控制系统为例进行分析。

由传递函数框图化简方法可知，图 3.22(a) 所示系统的闭环传递函数为

$$G_B(s)=\frac{Y_v}{R}=\frac{11.9K_a}{s^2+10s+11.9K_a}$$

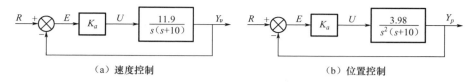

（a）速度控制　　　　　　　　　　　　　　（b）位置控制

图 3.22　天线控制系统的传递函数框图

这是一个典型的二阶系统，其特征根为

$$s_{1,2} = \frac{-10 \pm \sqrt{100 - 47.6K_a}}{2}$$

由特征根与系统响应的关系可知，若要使图 3.22(a)所示的速度控制系统输出信号收敛（即控制系统稳定），必须使特征根 $s_{1,2}$ 分布在复平面$[s]$的左半平面，即

$$100 - 47.6K_a < 100$$

因此

$$K_a > 0$$

下面取放大器的放大倍数 K_a 分别为 1、5、10、20（取值依据见 4.6 节），分析系统在单位阶跃信号作用下的响应曲线。了解 K_a 取不同值时，系统的暂态性能指标和稳态性能指标如何变化，通过计算机仿真确认 K_a 是否能够使控制系统达到 1.5.2 节给出的时域性能设计指标。

首先，在 MATLAB 中建立如图 3.23 所示的天线速度控制系统传递函数框图 Simulink 仿真模型。模型的输入端加单位阶跃信号，系统的输入信号和输出信号同时送给示波器模块，且将这两路仿真数据以数组 Array 格式输出到 To Workspace 模块，运行仿真模型后，可在示波器模块查看仿真结果，同时在 MATLAB 的 Workspace 窗口的 Simout 变量中还可查看仿真输出的数据。

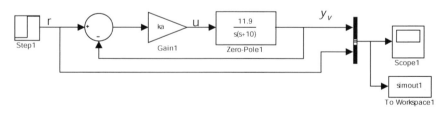

图 3.23　天线速度控制系统传递函数框图 Simulink 仿真模型

在图 3.23 所示的 Simulink 仿真模型中，将 K_a 分别设置为 1、5、10、20，运行仿真模型后，双击示波器可显示各次仿真后的系统时域响应曲线。在 MATLAB 的 Command Window 窗口中输入如下命令。

```
>> plot(tout(:,1),simout1(:,1))    % 以仿真时间变量 tout 数组的第一列为 x 轴,仿真输出
变量 simout1 数组的第一列为 y 轴,绘制坐标曲线
>> hold on    % 保持当前图形
```

按 Enter 键，可将系统各次仿真的数据绘制成图 3.24 所示的输出响应时间历程仿真结果。同样，也可获得放大器对直流电动机控制电压 u 的时域响应仿真结果，如图 3.25 所示。

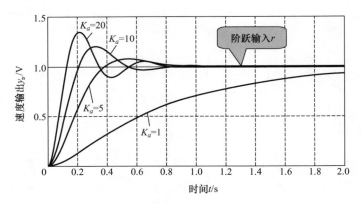

图 3.24　输出响应时间历程仿真结果

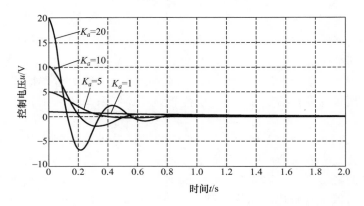

图 3.25　放大器对直流电动机控制电压 u 的时域响应仿真结果

图 3.24 和图 3.25 分别表示了控制系统在基准阶跃输入为 1V 时，天线速度的检测输出 y_v 和放大器对直流电动机控制电压 u 的时域响应历程。1V 基准阶跃输入代表天线从停止状态到作为目标的已设定的 100r/min 的转速。输出 y_v 表示每 1V 为 100r 的信号。由图 3.24 可知，放大率 K_a 为较小的 1 时，响应输出 y_v 变化缓慢，需要很长时间才能达到目标值。相反，当 K_a 为过大的 10、20 时，响应出现振荡成分，最大超调量过大。对作为直流电动机电压的控制电压 u 而言，K_a 变大时 u 的振幅也随之变大，能耗增大。另外，对应所有 K_a 的输出经过一定时间都收敛至 1V，因此这种控制是稳定的，而且对阶跃输入的稳态误差为 0（也可以采用 3.6 节所述的方法进行数学计算）。由图 3.24 和图 3.25 可推测出，对应阶跃输入最佳输出响应的 K_a 约为 5。

为确认最适当的 K_a，可通过仿真来分析 K_a 在 5 附近细微变化的输出响应。图 3.26 所示为将 K_a 分别设为 3、4、5、6 时，输出 y_v 的响应。由图可见，超调量限制在 8% 以内，滞后时间较短的是 $K_a=4$，此时 $t_d \approx 0.21s$。由此可见，指标 3 的 $t_d < 0.75s$ 的条件十分充裕，完全可满足。

综上所述，利用图 1.20 所示结构控制天线的旋转速度，仅将放大器的放大率调节为 $K_a=4$，就可得到满足 1.5.2 节所列出的控制指标 1～3 的稳定控制系统。

取 $K_a=4$，对如图 3.22（b）所示的位置控制系统进行仿真，得系统的输出响应曲线如图 3.27 所示。由图可知，系统响应曲线发散，此时位置控制系统不能稳定工作。同样的控制结构，为什么在速度控制时是稳定的，而在位置控制时就不稳定呢？在位置控制时，能否像速度控制那样仅用简单的增益调整，就能实现满足控制目标的控制系统呢？这些问题将在后续各章节中继续讨论。

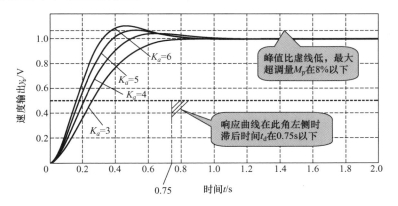

图 3.26　控制目标和输出响应

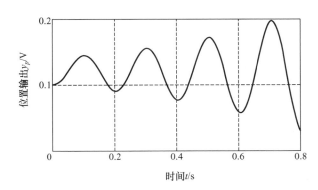

图 3.27　$K_a = 4$ 时的位置输出响应时间历程仿真结果

计算示例

习　　题

3.1　什么是时域响应？时域响应由哪两部分组成？各部分的定义是什么？时域响应的暂态响应反映哪方面的性能？稳态响应反映哪方面的性能？

3.2　已知控制系统的微分方程为 $2.5\dot{x}_o(t) + x_o(t) = 20x_i(t)$，试用拉普拉斯变换法求该系统的单位脉冲响应和单位阶跃响应，并讨论二者的关系。

3.3　假设温度计为一阶系统且能在 1min 内指示出响应值的 98%，传递函数为 $G(s) = \dfrac{1}{Ts+1}$，求时间常数 T。如果将此温度计放在热水器中，热水器的温度以 10 ℃/min 的速度线性变化，求该温度计示值的稳态误差。

3.4　已知 $R = 1\text{M}\Omega$，$C = 1\mu\text{F}$。试求图 3.28 所示 RC 网络的单位阶跃响应、单位脉冲响应和单位斜坡响应的表达式，并画出相应的响应曲线。

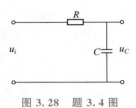

图 3.28　题 3.4 图

3.5　设单位负反馈控制系统的开环传递函数为

$$G_k(s) = \frac{1}{s(s+1)}$$

试求系统的上升时间、峰值时间、最大超调量和调整时间。

3.6　系统的传递函数为

$$G(s) = \frac{10}{0.2s+1}$$

应用图 3.29 所示方法使新系统的调整时间减少为原来的 0.1，放大系数不变，求 K_0 和 K_1 的值。

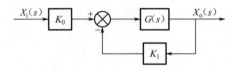

图 3.29　题 3.6 图

3.7　已知单位负反馈系统的开环传递函数 $G_k(s) = \dfrac{K}{Ts+1}$，试求以下三种情况时的单位阶跃响应：

（1）$K=20, T=0.2$；（2）$K=16, T=0.2$；（3）$K=16, T=0.1$。

并分析开环增益 K 与时间常数 T 对系统性能的影响。

3.8　已知系统的单位阶跃响应为 $x_{ou}(t) = 1 + 0.2e^{-60t} - 1.2e^{-10t}$，试求：

（1）该系统的闭环传递函数；

（2）系统的阻尼比 ξ 和无阻尼固有频率 ω_n。

3.9　图 3.30 为某数控机床系统的位置随动系统框图，其中 $K_a = 9$，试求：

（1）系统的阻尼比 ξ 和无阻尼固有频率 ω_n；

（2）求该系统的 M_p、t_p 和 t_s。

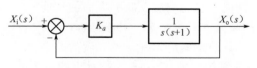

图 3.30　题 3.9 图

3.10　电子心脏起搏器心律控制系统如图 3.31 所示，其中模仿心脏的传递函数相当于一个纯积分环节。

（1）若 $\xi = 0.5$ 对应最佳响应，起搏器增益 K 应取多大？

（2）若期望心速为每分钟 60 次，并突然接通起搏器，则 1s 后的实际心速是多少？暂时最大心速多大?

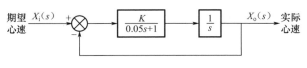

图 3.31　题 3.10 图

3.11　要使图 3.32 所示系统的单位阶跃响应的最大超调量 $M_p = 25\%$，峰值时间 $t_p = 2s$，试确定 K 和 K_f 的值。

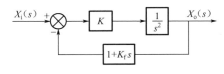

图 3.32　题 3.11 图

3.12　某典型二阶系统的单位阶跃响应如图 3.33 所示，试确定系统的闭环传递函数。

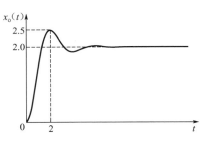

图 3.33　题 3.12 图

3.13　单位负反馈系统的开环传递函数为

$$G_K(s) = \frac{K}{s(s+1)(s+5)}$$

其斜坡函数输入时，系统的稳态误差为 $e_{ss} = 0.2$，求 K 值。

3.14　某控制系统如图 3.34 所示。

（1）当 $K_f = 0$、$K_A = 10$ 时，试确定系统的阻尼比 ξ、无阻尼固有频率 ω_n 及系统在 $x_i(t) = 1 + 2t$ 作用下的稳态误差；

（2）若要求系统阻尼比为 0.6、$K_A = 10$，试确定 K_f 的值和在单位斜坡输入信号作用下系统的稳态误差；

（3）若在单位斜坡输入信号作用下，要求保持阻尼比为 0.6，稳态误差为 0.2，试确定 K_f、K_A 的值。

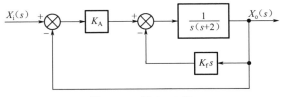

图 3.34　题 3.14 图

3.15 如图 3.35 所示的系统，已知 $X_i(s) = N(s) = \dfrac{1}{s}$，试求输入 $X_i(s)$ 和扰动 $N(s)$ 作用下的稳态误差。

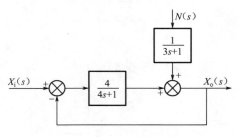

图 3.35 题 3.15 图

第 3 章
在线答题

第4章
系统稳定性与根轨迹分析

本章概述

　　本章首先介绍了线性系统稳定性的基本概念，指出特征根对系统稳定性的影响；之后引入判别系统稳定性的充要条件，介绍了代数法的劳斯-赫尔维茨判据；接着采用根轨迹法分析系统稳定性（即动态响应特性）；最后通过天线速度控制系统和位置控制系统案例，展示了根轨迹法在控制系统设计与分析中的应用。

本章目标

　　掌握系统稳定性的基本概念及其数学描述、系统稳定的充分必要条件；能熟练运用劳斯-赫尔维茨判据进行系统稳定性判别，理解并会绘制控制系统的根轨迹，能根据根轨迹图对系统进行分析和设计。

　　控制系统的职能是控制输出量、使之保持不变或按照给定的规律变化。为保障这一职能的正常实施，系统本身应当具备一些基本条件——稳定、快速和准确。其中，具有稳定性是控制系统能正常工作的首要条件。

4.1　特征根与系统的稳定性

　　在 3.7 节所示的天线位置控制系统中，为什么 $K_a = 4$ 时，速度控制系统能稳定工作，而位置系统却不能稳定工作呢？首先，让我们来分析一个控制系统参数改变时输出变化的例子。

【例 4-1】　已知某控制系统传递函数框图如图 4.1 所示，其中 K 为系统的放大倍数。当输入 $x_i(t) = \delta(t)$（单位脉冲）时，讨论在不同 K 值情况下系统的输出。

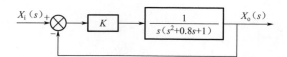

图 4.1　某控制系统传递函数框图

解： 由传递函数框图求得系统的闭环传递函数为

$$G_B(s)=\frac{X_o(s)}{X_i(s)}=\frac{K}{s^3+0.8s^2+s+K}$$

由系统时域响应的求解方法得

$$x_o(t)=L^{-1}[G_B(s)X_i(s)]=L^{-1}\left[\frac{K}{s^3+0.8s^2+s+K}\right]$$

（1）当 $K=0.425$ 时，系统输出为

$$x_o(t)=0.447e^{-0.5t}-0.447e^{-0.15t}\cos(0.91t)+0.1719e^{-0.15t}\sin(0.91t)$$

当 $t\to\infty$ 时，$x_o(t)=0$，显然系统具有稳定状态。

（2）当 $K=0.8$ 时，系统输出为

$$x_o(t)=0.4878e^{-0.8t}-0.4878\cos t+0.39\sin t$$

当 $t\to\infty$ 时，$x_o(t)=0.39\sin t-0.4878\cos t$，显然系统是稳定振荡的。

（3）当 $K=1.22$ 时，系统输出为

$$x_o(t)=0.504e^{-t}-0.504e^{0.1t}\cos(1.1t)+0.545e^{0.1t}\sin(1.1t)$$

当 $t\to\infty$ 时，$x_o(t)\to$ 不定值，此时系统不稳定。

图 4.2 表示了以上三种参数对应的系统响应曲线。从图中可以看出，该系统稳定主要是指系统自由振荡的趋势，反映的是过渡区振荡响应的收敛状态。

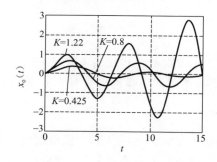

图 4.2　例 4-1 系统的响应曲线

为什么会出现这种情况呢？深入分析可以发现，系统不稳定的主要原因是系统参数或结构不合理，特别是系统存在不稳定的反馈环节时一定会出现不稳定的输出。这是因为系统的反馈信号形成的偏差会使系统输出不断增大，从而使系统输出不稳定。

系统输出不稳定的后果是使系统失真，甚至使系统崩溃。因此，必须避免系统出现不稳定的现象。那么，什么样的系统才是稳定的呢？

4.1.1　系统稳定性的定义

一个控制系统在实际应用中，如果受到扰动作用，就会偏离原来的平衡工作状态，产生初始偏差。当扰动消失之后，系统能恢复到原来的平衡状

稳定系统

态，则系统是稳定的；否则为不稳定系统。下面通过一个直观的例子来说明稳定的概念。

图 4.3(a)所示是一个单摆，小球在没有外力作用下处于平衡位置
A_0 处，即只受到地球引力而处于平衡位置。如果这时有一外力 f 作用
到小球上，单摆将偏离平衡位置 A_0 点而在 A' 和 A'' 之间来回摆动。当外
力 f 取消后，由于空气阻力和机械摩擦力的作用，单摆逐渐减幅摆动，
最后回到原平衡位置 A_0 点。这种系统是稳定的。

稳定性概念要点

图 4.3(b)所示系统，当小球受到外力作用离开平衡位置 A 点后，永远不会回到原来
的平衡位置 A。这种系统是不稳定的。

图 4.3(c)所示系统，小球在一个凹面上，小球的初始位置 A 点是一个平衡位置，只
要外力的作用不使小球脱离凹面，小球总会回到平衡位置 A 点，但是一旦小球滚动到位置
B'、B'' 之外，就再也不会回到原来的平衡位置 A 点。这种系统称为小范围内稳定，或称
条件稳定。

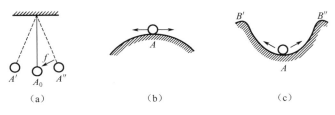

图 4.3　小球的稳定性

上述实例说明，线性定常系统的稳定性反映在扰动消失之后过渡过程的性质上。扰动
消失时，系统与平衡状态的偏差可看作是系统的初始偏差。因此，线性定常系统的稳定性
可以这样定义：如果线性系统受到扰动的作用而使被控制量产生偏差，当扰动消失以后，
随着时间的推移，该偏差逐渐减小并趋近于 0，即被控量回到原来的平衡状态，则称该系
统稳定。反之，系统就不稳定。图 4.4 所示为控制系统稳定性的图示化表示。

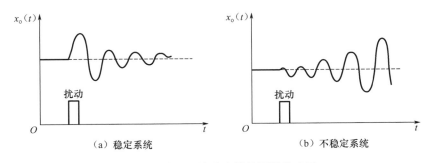

图 4.4　控制系统稳定性的图示化表示

综合上述内容，系统的稳定性概念有如下值得注意之点。

（1）线性系统的稳定性与输入无关，只取决于系统本身的结构与参数。例如，在小球
的稳定性实例中，系统是在输入撤除后，从偏离平衡位置所处的初始状态出发，因系统本
身的固有特性而产生振荡的。

（2）对于纯线性系统来说，系统稳定与否与初始偏差的大小无关。如果系统是稳定
的，纯线性系统就称为大范围稳定的系统，但这种纯线性系统在实际中并不存在。由于实

际的线性系统大多数是经过"小偏差"线性化处理后得到的线性系统,因此用线性化方程来研究系统的稳定性时,就只限于讨论初始偏差不超出某一范围时的稳定性,即"小偏差"稳定性。由于实际系统在发生等幅振荡时的幅值一般并不大,因此这种"小偏差"稳定性仍有一定的实际意义。

(3)控制理论中所讨论的稳定性其实都是指自由振荡下的稳定性,即讨论系统自由振荡是收敛的还是发散的。根据脉冲函数在时域响应中的作用,也可以说讨论的是系统初始状态为零时,系统脉冲响应是收敛的还是发散的。

稳定性分析
依据

4.1.2 线性系统稳定的充要条件

由于系统稳定与否取决于受扰自由运动的表现形式,因此要弄清系统稳定与否只需研究系统的受扰运动。

设线性定常系统的闭环传递函数为

$$G_{\mathrm{B}}(s)=\frac{X_{\mathrm{o}}(s)}{X_{\mathrm{i}}(s)}=\frac{b_m s^m+b_{m-1}s^{m-1}+\cdots+b_1 s+b_0}{a_n s^n+a_{n-1}s^{n-1}+\cdots+a_1 s+a_0} \quad (n>m) \tag{4-1}$$

则输出量 $X_{\mathrm{o}}(s)$ 可写成

$$X_{\mathrm{o}}(s)=G_{\mathrm{B}}(s)X_{\mathrm{i}}(s)$$

必要条件

根据稳定性的定义,可以推导出线性系统稳定的充要条件。由于系统的初始条件为零,当输入一个理想的单位脉冲信号 $\delta(t)$ 时,系统的输出便是单位脉冲响应,用 $x_{\mathrm{o}}(t)$ 表示。这就相当于系统在扰动作用下输出量偏离平衡状态的情况。当系统的单位脉冲响应 $x_{\mathrm{o}}(t)$ 随时间推移趋于零时,即

$$\lim_{t\to\infty}x_{\mathrm{o}}(t)=0$$

则系统稳定。

由系统响应构成及其与传递函数特征根的关系可知(3.1.3节),对初始状态为零的系统,单位脉冲响应表达式可写成

$$x_{\mathrm{o}}(t)=\sum_{i=1}^{n}A_i \mathrm{e}^{s_i t} \tag{4-2}$$

式中,s_i 为系统闭环传递函数式(4-1)互不相等的特征根,A_i 为常数。

由式(4-2)不难看出,欲满足 $\lim\limits_{t\to\infty}x_{\mathrm{o}}(t)=0$,必须随着时间的推移,各个分量都趋于零,即只有当系统的全部特征根 s_i 都具有负实部时才满足。因此得出线性系统稳定的充要条件:系统特征方程的全部根都具有负实部。由于系统特征方程的根就是系统的极点,因此系统稳定的充要条件就是系统的全部极点都在复平面[s]的左半面。

如果特征方程有 l 个重根,由特征根与系统响应模态的关系可知,在 $x_{\mathrm{o}}(t)$ 中有 $t\mathrm{e}^{s_i t}$,$t^2 \mathrm{e}^{s_i t}$,$\cdots$,$t^{l-1}\mathrm{e}^{s_i t}$ 这些分量。当 $t\to\infty$ 时,$x_{\mathrm{o}}(t)$ 是否收敛于零,仍取决于特征根的性质。因此上述系统稳定的充要条件完全适用于系统特征方程有重根的情况。

下面具体分析特征根 s_i 的性质对系统稳定性的影响。

当 s_i 为实根,即 $s_i=\sigma_i$ 时,若 $\sigma_i<0$,则 $\lim\limits_{t\to\infty}A_i \mathrm{e}^{\sigma_i t}=0$;若 $\sigma_i=0$,则 $\lim\limits_{t\to\infty}A_i \mathrm{e}^{\sigma_i t}=A_i$;若 $\sigma_i>0$,则 $\lim\limits_{t\to\infty}A_i \mathrm{e}^{\sigma_i t}\to\infty$。

实根 σ_i 的位置与相应的 $A_i \mathrm{e}^{\sigma_i t}$ 分量如图 4.5 所示。

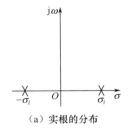

（a）实根的分布

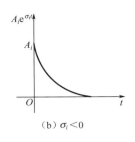

（b）$\sigma_i < 0$

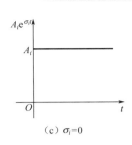

（c）$\sigma_i = 0$

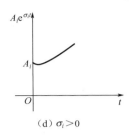

（d）$\sigma_i > 0$

图 4.5　实根 σ_i 的位置与相应的 $A_i \mathrm{e}^{\sigma_i t}$ 分量

由此看出，只有系统的所有实根都为负值时，系统才稳定。只要有一个特征根为正实根，其对应的分量 $A_i \mathrm{e}^{\sigma_i t}$ 是发散的，系统就不稳定。当系统有零根时，其对应的分量 $A_i \mathrm{e}^{\sigma_i t}$ 为常值 A_i，而不能趋于零，这种情况属于临界稳定。

当 s_i 为共轭复数根时，即 $s_i = \sigma_i \pm \mathrm{j}\omega_i$，则相应的 $A_i \mathrm{e}^{s_i t}$ 分量可写成 $A_i \mathrm{e}^{(\sigma_i \pm \mathrm{j}\omega_i)t}$，或写成 $A_i \mathrm{e}^{\sigma_i t} \sin(\omega_i t + \beta_i)$，其中 β_i 为该对特征根确定的阻尼角（图 3.11）。此时，系统对应的输出分量均为振荡信号，但其振荡幅值受 σ_i 的影响，系统的稳定性因之变化，分析如下。

（1）$\sigma_i < 0$ 时，相应输出信号 $A_i \mathrm{e}^{\sigma_i t} \sin(\omega_i t + \beta_i)$ 的振幅 $A_i \mathrm{e}^{\sigma_i t}$ 随着 $t \to \infty$ 而逐渐衰减，$\lim\limits_{t \to \infty} A_i \mathrm{e}^{\sigma_i t} \sin(\omega_i t + \beta_i) = 0$，系统稳定。

（2）$\sigma_i = 0$ 时，相应输出信号 $A_i \mathrm{e}^{\sigma_i t} \sin(\omega_i t + \beta_i)$ 的振幅 $A_i \mathrm{e}^{\sigma_i t} = A_i$ 为常数，系统等幅振荡，属临界稳定。

（3）$\sigma_i > 0$ 时，相应输出信号 $A_i \mathrm{e}^{\sigma_i t} \sin(\omega_i t + \beta_i)$ 的振幅 $A_i \mathrm{e}^{\sigma_i t}$ 随着 $t \to \infty$ 而逐渐增大，$\lim\limits_{t \to \infty} A_i \mathrm{e}^{\sigma_i t} \sin(\omega_i t + \beta_i) \to \infty$，系统不稳定。

共轭复数根的分布与响应的输出分量 $A_i \mathrm{e}^{\sigma_i t} \sin(\omega_i t + \beta_i)$ 如图 4.6 所示。

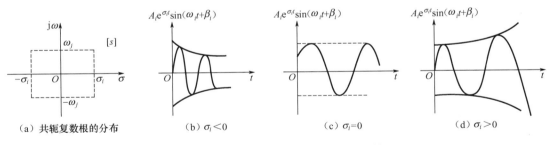

（a）共轭复数根的分布　　　（b）$\sigma_i < 0$　　　（c）$\sigma_i = 0$　　　（d）$\sigma_i > 0$

图 4.6　共轭复数根情况下系统的稳定性

由此可知，系统特征方程有共轭复数根时，所有复数根的实部必须均为负值，系统才是稳定的。

【例 4-2】　一个单位负反馈系统的开环传递函数为

$$G_\mathrm{K}(s) = \frac{K}{s(Ts+1)}$$

试说明系统是否稳定。

解：对单位反馈系统，前向通道传递函数

$$G(s) = G_\mathrm{K}(s) = \frac{K}{s(Ts+1)}$$

因此，系统的闭环传递函数为

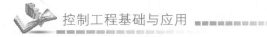

$$G_B(s) = \frac{G(s)}{1+G(s)} = \frac{K}{Ts^2 + s + K}$$

系统的特征方程为

$$Ts^2 + s + K = 0$$

解特征方程，得特征根

$$s_{1,2} = \frac{-1 \pm \sqrt{1-4TK}}{2T}$$

其中，T 和 K 均为大于零的实数。由此可知：

(1) 若 $1-4TK<0$，则特征根是一对共轭复数根，具有负实部，该系统是稳定的；

(2) 若 $1-4TK>0$，则特征根是两个实数根，并且 s_1 和 s_2 均小于零，该系统是稳定的。

以上提出的判断系统稳定的条件是根据系统特征方程的根在复平面内的分布判断的。假如特征方程的根能求得，系统稳定性自然就可判断。过去，要手工解出三次或更高次的特征方程，是相当麻烦的(现在可通过计算机方便快捷地求解，见例 4-3)。所以，就有人提出了在不解特征方程的情况下，分析特征方程根在复平面 $[s]$ 上的分布情况，于是便形成了如下常用的稳定性分析方法。

(1) 劳斯-赫尔维茨判据。这是一种代数判据方法。它直接根据系统特征方程的系数来判断系统特征根在复平面 $[s]$ 上的分布情况，从而确定系统的稳定性。

(2) 根轨迹法。这是一种图解求特征根的方法。它以系统开环传递函数中某一(或某些)参数为变量画出闭环系统特征根在复平面 $[s]$ 上的轨迹，从而全面了解闭环系统特征根随该参数的变化情况。该方法具有一定的近似性。

(3) 奈奎斯特判据。这是一种几何判据方法，属系统频域分析法范围。它根据系统的开环频率特性奈奎斯特图来判断闭环系统的稳定性，该方法在工程上得到了比较广泛的应用。

(4) 李雅普洛夫方法。上述几种方法主要适用于线性系统，而李雅普洛夫方法不仅适用于线性系统，更适用于非线性系统。该方法根据李雅普洛夫函数的特征来确定系统的稳定性。

除了第四种方法外，本书将在相关章节中介绍其他三种方法。

4.2 劳斯-赫尔维茨判据

劳斯-赫尔维茨判据是根据闭环系统特征多项式的系数判定其是否有正根（或具有正实部的复数根）的代数判据。

4.2.1 劳斯判据

劳斯判据是劳斯于 1875 年提出的一个判断代数多项式的根的方法。设闭环系统的特征方程为

$$a_n s^n + a_{n-1} s^{n-1} + \cdots + a_1 s + a_0 = 0 \qquad (4-3)$$

由代数方程的性质可知，式(4-3)的根，其实部全为负的必要条件之一是各项系数 a_n、

a_{n-1}、$\cdots$、a_1、a_0 的符号全部相同。若 a_n、a_{n-1}、$\cdots$、a_1、a_0 中有不同的符号或其中某个为零，则式(4-3)就会有带正实部的根或零根，这时，系统就不稳定。

通常，系统稳定的必要条件为：闭环系统特征方程的各项系数均为正，且不缺项，即 $a_i > 0$。若不满足该必要条件，系统一定不稳定。但这并不是充分条件，因为此时还不能排除不稳定根的存在。所以，还应该进一步找出不稳定根是否存在及不稳定根的数目。为此，按下面的形式写出劳斯数列。

$$
\begin{array}{c|cccccc}
s^n & a_n & a_{n-2} & a_{n-4} & a_{n-6} & \cdots \\
s^{n-1} & a_{n-1} & a_{n-3} & a_{n-5} & a_{n-7} & \cdots \\
s^{n-2} & A_1 & A_2 & A_3 & A_4 & \cdots \\
s^{n-3} & B_1 & B_2 & B_3 & B_4 & \cdots \\
\vdots & \vdots & \vdots & \vdots & \vdots \\
s^2 & D_1 & D_2 \\
s^1 & E_1 \\
s^0 & F_1
\end{array}
$$

该数列的第一行与第二行由特征方程式(4-3)中的系数直接列出，第三行（s^{n-2} 行）各元 $A_i(i=1,2,\cdots)$ 由下式计算。

$$A_1 = \frac{a_{n-1}a_{n-2} - a_n a_{n-3}}{a_{n-1}}$$

$$A_2 = \frac{a_{n-1}a_{n-4} - a_n a_{n-5}}{a_{n-1}}$$

$$A_3 = \frac{a_{n-1}a_{n-6} - a_n a_{n-7}}{a_{n-1}}$$

$$\vdots$$

一直进行到其余的 A_i 值全部为零为止。第四行各元 $B_i(i=1,2,\cdots)$ 由下式计算。

$$B_1 = \frac{A_1 a_{n-3} - a_{n-1} A_2}{A_1}$$

$$B_2 = \frac{A_1 a_{n-5} - a_{n-1} A_3}{A_1}$$

$$B_3 = \frac{A_1 a_{n-7} - a_{n-1} A_4}{A_1}$$

$$\vdots$$

一直进行到其余的 B_i 值全部等于零为止。用同样的方法，递推计算第五行及以后各行，这一计算过程一直进行到第 n 行（s^1 行）为止。第 $n+1$ 行（s^0 行）仅有一项，并等于特征方程常数项。为简化数值运算，可用一个正整数去乘或除某一行的各项。

至此，劳斯判据可叙述为：系统特征方程各项系数符号全部相同，方程各项系数都存在，劳斯数列中第一列各项全为正，且值不为零。否则，系统将不稳定。劳斯数列的第一列中发生符号变化，则其符号变化的次数就是方程中使系统不稳定的根的数目（即位于复平面[s]的右半平面特征根的个数）。

【例 4-3】 某系统闭环传递函数为

$$G_B(s) = \frac{3s^3 + 12s^2 + 17s - 20}{s^5 + 2s^4 + 14s^3 + 88s^2 + 200s + 800}$$

试判别系统的稳定性。如果系统不稳定，需找出传递函数在复平面$[s]$右半平面的极点数。

解：由闭环传递函数可知，该系统的特征方程为

$$s^5 + 2s^4 + 14s^3 + 88s^2 + 200s + 800 = 0$$

该特征方程各项系数都存在且均为正，做劳斯数列如下。

$$
\begin{array}{c|ccc}
s^5 & 1 & 14 & 200 \\
s^4 & 2 & 88 & 800 \\
s^3 & -30 & -200 & \\
s^2 & 74.7 & 800 & \\
s^1 & 121 & & \\
s^0 & 800 & &
\end{array}
$$

上面劳斯数列中的第一列有两次符号变化，即 $2 \rightarrow -30$ 和 $-30 \rightarrow 74.7$。因此，该系统特征方程有两个根在复平面$[s]$的右半平面，系统不稳定。

在 MATLAB 的 Command Window 窗口中输入如下命令，可求得该系统特征方程的根值。

```
>> D= [1 2 14 88 200 800];    % 按降幂顺次列出特征多项式 D(s) = s⁵+2s⁴+14s³+88s²+200s
+800 系数向量
>> roots(D)    % 求特征多项式 D(s)的根
```

按 Enter 键，获得的结果为

```
ans=
    2.0000+4.0000i
    2.0000-4.0000i
  - 4.0000
  - 1.0000+3.0000i
  - 1.0000-3.0000i
```

从求解结果可知，其中的确有两个带正实部的根，和上述劳斯判据结果一致。

应用劳斯判据可以设计系统中的参数值以使系统达到稳定。举例如下。

【例 4 - 4】 如图 4.7 所示的系统，已知 $\xi = 0.2$，$\omega_n = 0.86$，确定使系统达到稳定的合适的 K 值。

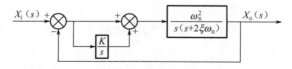

图 4.7　例 4 - 4 系统框图

解：化简该系统框图，得系统闭环传递函数为

$$G_B(s) = \frac{\omega_n^2(s + K)}{s^3 + 2\xi\omega_n s^2 + \omega_n^2 s + K\omega_n^2}$$

其特征多项式为

$$D(s) = s^3 + 2\xi\omega_n s^2 + \omega_n^2 s + K\omega_n^2$$
$$= s^3 + 34.6s^2 + 7500s + 7500K$$

劳斯数列计算

$$\begin{array}{c|cc} s^3 & 1 & 7500 \\ s^2 & 34.6 & 7500K \\ s^1 & \dfrac{34.6\times7500-7500K}{34.6} & 0 \\ s^0 & 7500K & \end{array}$$

由劳斯判据可知，该系统稳定的充要条件为

$$\begin{cases} 7500K>0 \\ 34.6-K>0 \end{cases}$$

解得 $0<K<34.6$，因此当 $K\in(0,34.6)$ 时系统是稳定的。

在应用劳斯判据时，劳斯数列的第一列中如果出现零的情况，因为零不能作除数，劳斯数列将排列不下去。对这种情况可用一个小的正数 ε 代替零，仍按上述方法计算各值，再来判别第一列各元素的符号。

【例 4-5】 某系统闭环传递函数的特征方程为

$$s^5+2s^4+3s^3+6s^2+2s+1=0$$

试判别系统是否稳定；若系统不稳定，试找出位于复平面 $[s]$ 右半平面根的数目。

解： 系统的特征方程中各项系数全为正，而且各项系数都存在，其劳斯数列为

$$\begin{array}{c|ccc} s^5 & 1 & 3 & 2 \\ s^4 & 2 & 6 & 1 \\ s^3 & 0(\varepsilon) & \dfrac{3}{2} & \\ s^2 & \dfrac{6\varepsilon-3}{\varepsilon} & 1 & \\ s^1 & \dfrac{3}{2}-\dfrac{\varepsilon^2}{6\varepsilon-3} & & \\ s^0 & 1 & & \end{array}$$

当 $\varepsilon\to0$ 时，$\dfrac{6\varepsilon-3}{\varepsilon}\to-\infty$，而 $\dfrac{3}{2}-\dfrac{\varepsilon^2}{6\varepsilon-3}\to\dfrac{3}{2}$，即第一列有两次符号变化。因此特征方程有两个根在复平面 $[s]$ 的右半平面，系统不稳定。

在应用劳斯判据时，还可能遇到劳斯数列中某一行的元素全为零的情况。这意味着复平面 $[s]$ 中存在一些"对称"根（一对或几对大小相等、符号相反的实根，一对共轭虚根，呈对称位置的两对共轭复根）。在这种情况下，劳斯数列将在各元素全为零的一行中断，为了写出下面各行，可将不为零的最后一行组成一个方程式，求导得到的各项系数代替原来为零的各项，然后继续将劳斯数列写下去。至于特征方程中所含的"对称"根，可由辅助方程解得。

【例 4-6】 设系统的特征方程为

$$s^6+2s^5+8s^4+12s^3+20s^2+16s+16=0$$

试判别系统的稳定性。

解： 该特征方程各项系数全为正，且不缺项，方程的劳斯数列为

$$
\begin{array}{c|cccc}
s^6 & 1 & 8 & 20 & 16 \\
s^5 & 2 & 12 & 16 & \\
s^4 & 2 & 12 & 16 & \\
s^3 & 0 & 0 & & \\
s^2 & & & & \\
s^1 & & & & \\
s^0 & & & &
\end{array}
$$

以 s^4 行的各元素作系数写成辅助方程

$$s^4 + 6s^2 + 8 = A(s)$$

将上式对 s 求导

$$\frac{\mathrm{d}A(s)}{\mathrm{d}s} = 4s^3 + 12s$$

将上式的各项系数代入劳斯数列中的 s^3 行的各项，则劳斯数列将继续排列下去。

$$
\begin{array}{c|cccc}
s^6 & 1 & 8 & 20 & 16 \\
s^5 & (2 & 12 & 16) & \\
s^5 & 1 & 6 & 8 & \\
s^4 & 1 & 6 & 8 & \\
s^3 & (4 & 12) & & \\
s^3 & 1 & 3 & & \\
s^2 & 3 & 8 & & \\
s^1 & 1/3 & & & \\
s^0 & 8 & & &
\end{array}
$$

约简（s^5 行）
约简（s^3 行）

可见，劳斯数列第一列均为正，但因为数列中 s^3 行出现了全为零的情况，说明特征方程中含有"对称"根，因此，解辅助方程

$$s^4 + 6s^2 + 8 = 0$$

得

$$s_{1,2} = \pm\sqrt{2}\mathrm{j}$$
$$s_{3,4} = \pm 2\mathrm{j}$$

这两对根位于虚轴上，所以系统实际上是不稳定的，或者说系统处于临界稳定状态。

4.2.2 赫尔维茨判据

赫尔维茨判据是赫尔维茨在 1895 年提出的，根据系数判断一个代数式是否所有根的实部均为负值的办法。

赫尔维茨判据与劳斯判据的本质是相同的，仅仅是处理问题的技巧不同。赫尔维茨判据是把特征方程的系数和稳定根的关系用行列式来表示的。

赫尔维茨判据的结论如下。

设系统的特征方程为

$$a_n s^n + a_{n-1} s^{n-1} + \cdots a_1 s + a_0 = 0$$

则特征方程所有根的实部为负的必要和充分条件是：

（1）特征方程的所有系数 $a_n, a_{n-1}, \cdots, a_1, a_0$ 均为正；

（2）下面各行列式之值均为正。

$$D_1 = a_{n-1} > 1$$

$$D_2 = \begin{vmatrix} a_{n-1} & a_{n-3} \\ a_n & a_{n-2} \end{vmatrix} > 0$$

$$D_3 = \begin{vmatrix} a_{n-1} & a_{n-3} & a_{n-5} \\ a_n & a_{n-2} & a_{n-4} \\ 0 & a_{n-1} & a_{n-3} \end{vmatrix} > 0$$

$$\vdots$$

实际上，赫尔维茨行列式是按下面的方法组成的：在主对角线上写出特征方程式中从第二项系数 a_{n-1} 到最末一项系数 a_0；在主对角线以上的各行中，按列填充下标号码逐次减小的各项系数，而在对角线以下的各行中，按列填充下标号码逐次增加的各项系数。如果在某位置上按次序填入的系数下标大于 n 或小于 0，则在该位置上填以零。对 n 阶特征方程来说，其主行列式为

$$D = \begin{vmatrix} a_{n-1} & a_{n-3} & a_{n-5} & a_{n-7} & \cdots & 0 & 0 & 0 \\ a_n & a_{n-2} & a_{n-4} & a_{n-6} & \cdots & 0 & 0 & 0 \\ 0 & a_{n-1} & a_{n-3} & a_{n-5} & \cdots & & & \\ \cdots & a_n & a_{n-2} & a_{n-4} & \cdots & & & \\ \cdots & \cdots & \cdots & \cdots & \cdots & & & \\ \cdots & \cdots & \cdots & \cdots & \cdots & a_2 & a_0 & 0 \\ \cdots & \cdots & \cdots & \cdots & \cdots & a_3 & a_1 & 0 \\ 0 & 0 & 0 & 0 & \cdots & a_4 & a_2 & a_0 \end{vmatrix} \tag{4-4}$$

当主行列式（4-4）及其主对角线上的各子行列式［如式（4-4）中用虚线所划出的各子行列式］均大于零时，特征方程式就没有根在复平面［s］的右半平面，即系统稳定。

【例 4-7】 设某系统的闭环传递函数特征方程式为

$$s^4 + 8s^3 + 18s^2 + 16s + 5 = 0$$

试判断系统的稳定性。

解：由题可知，方程各项系数均为正，将该方程写成赫尔维茨行列式并计算其值

$$D_4 = \begin{vmatrix} 8 & 16 & 0 & 0 \\ 1 & 18 & 5 & 0 \\ 0 & 8 & 16 & 0 \\ 0 & 1 & 18 & 5 \end{vmatrix} = 8640 > 0$$

$$D_1 = 8 > 0$$

$$D_2 = \begin{vmatrix} 8 & 16 \\ 1 & 18 \end{vmatrix} = 128 > 0$$

$$D_3 = \begin{vmatrix} 8 & 16 & 0 \\ 1 & 18 & 5 \\ 0 & 8 & 16 \end{vmatrix} = 1728 > 0$$

在 MATLAB 的 Command Window 窗口中输入如下命令，可快速求得 D_4 行列式的值。

```
>> D4=[8 16 0 0;1 18 5 0;0 8 16 0;0 1 18 5];    % 给 D4 行列式赋值。
>> det(D4)      % 求 D4 行列式的值。
```

按 Enter 键，获得结果为

```
ans=
      8640
```

可见，主行列式与各子行列式之值均大于零，所以系统是稳定的。

劳斯判据和赫尔维茨判据在实际中都有应用，它们均属于系统在时域内的稳定性判据。一般来说，英国、美国等国多采用劳斯判据，俄罗斯、德国等国常用赫尔维茨判据。

4.3　根轨迹及其绘制

如前所述，控制系统的闭环特征根决定着该系统的性能。因此，分析系统性能时，确定闭环极点在复平面[s]上的位置是十分重要的。要确定闭环极点就要求闭环特征方程的根，当特征方程是三阶及三阶以上方程时，特征根的求解是一项比较复杂的工作。特别是系统特征方程中某一参数(如系统增益 K)变化时系统特征根将如何变化，需要研究特征根的轨迹。

4.3.1　根轨迹的基本概念

1948 年，埃文斯根据反馈系统开、闭环传递函数之间的内在联系，提出了直接由开环传递函数寻求系统特征根(即闭环极点)的方法，并且建立了一整套法则。这就是工程上广泛应用的根轨迹法。根轨迹法是一种图解法，它根据系统的开环零点、极点分布，用绘图的方法简便地确定闭环系统的特征根与系统参数的关系，进而对系统的特性进行定性分析和定量计算。系统参数可以是开环增益，也可以是开环传递函数的其他可变参数。为了说明根轨迹的基本概念，下面以图 4.8 所示系统为例，分析系统参数 K 由零到正无穷大变化时，闭环特征方程的根在复平面[s]上变化的情况。

例题解析

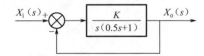

图 4.8　某控制系统传递函数框图

由图 4.8 可知，系统的开环传递函数为

$$G_K(s)=\frac{K}{s(0.5s+1)}=\frac{2K}{s(s+2)} \tag{4-5}$$

开环极点为 $p_1=0$、$p_2=-2$，没有零点。式(4-5)中，K 为开环增益。

系统的闭环传递函数为

$$G_B(s)=\frac{K}{s(0.5s+1)}=\frac{2K}{s^2+2s+2K}$$

系统的闭环特征方程为

$$s^2 + 2s + 2K = 0$$

其闭环特征根为

$$s_1 = 1 + \sqrt{1 - 2K}, \quad s_2 = -1 - \sqrt{1 - 2K}$$

下面来寻求系统开环增益 K 和系统闭环特征根的关系。

当 $K = 0$ 时，$s_1 = 0$，$s_2 = -2$；

当 $K = 0.25$ 时，$s_1 = -0.293$，$s_2 = -1.707$；

当 $K = 0.5$ 时，$s_1 = -1$，$s_2 = -1$；

当 $K = 1$ 时，$s_1 = -1 + j$，$s_2 = -1 - j$；

……

当 $K \to \infty$ 变化时，$s_1 = -1 + j\infty$，$s_2 = -1 - j\infty$；

可知，K 由零到正无穷大时，闭环特征方程的根在复平面 $[s]$ 上移动的轨迹如图 4.9 所示。这就是该系统的根轨迹，它直观地表示了参数 K 由零到正无穷大变化时，闭环特征根在复平面 $[s]$ 上的变化情况。

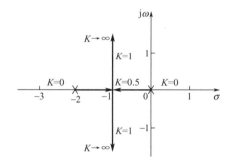

图 4.9　图 4.8 系统的根轨迹

绘制根轨迹时选择的可变参数可以是系统的任意参量。但是，在实际中最常用的可变参量是系统的开环增益。以系统的开环增益为可变参量绘制的根轨迹称为常规根轨迹。

4.3.2　根轨迹基本原理与绘图规则

1. 基本原理

图 4.10 所示的系统传递函数框图，开环传递函数为

$$G_K(s) = \frac{B(s)}{X_i(s)} = G(s)H(s)$$

闭环传递函数为

$$G_B(s) = \frac{X_o(s)}{X_i(s)} = \frac{G(s)}{1 + G(s)H(s)}$$

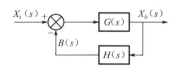

图 4.10　系统传递函数框图

由于闭环特征方程 $1 + G(s)H(s) = 0$ 的根随着 $G(s)H(s)$ 的增益 K 的不同而不同，当 K 变化时，特征方程的根在复平面 $[s]$ 上画出一条轨迹，称为根轨迹。换句话说，根轨迹上的点都满足方程

$$G(s)H(s) = -1$$

这是一个复数表达式，上式相等必满足以下两个条件。

（1）幅值条件

$$|G(s)H(s)|=1$$

（2）相位条件

$$\angle G(s)H(s)=\pm(2n+1)\pi \quad (n=0,1,2,\cdots)$$

因此，只要同时满足幅值条件和相位条件的 s 值就是特征方程的根，也就是闭环极点。

2. 绘图规则

根轨迹常见的绘制方法有计算机法和手工绘制法。当前，在计算机上绘制根轨迹已经是很容易的事了。由于具有强大的计算能力，计算机绘制根轨迹大多采用直接求解特征方程的方法，也就是每改变一次增益 K 求解一次特征方程。让 K 从零开始等间隔增大，只要 K 的取值足够多足够密，相应解得的特征方程的根就在复平面[s]上绘出根轨迹。

由于根轨迹常为比较复杂的曲线，因此手工准确绘制这种曲线有很多困难。埃文斯在研究根轨迹方程与根轨迹形状的关系后，提出了绘制根轨迹的几条基本法则，用于快速完成根轨迹概略图的手工绘制。

（1）确定根轨迹的分支数

根轨迹在复平面[s]上的分支数等于闭环特征方程的阶数 n，也就是分支数与闭环极点的数目相等。这是因为 n 阶特征方程对应有 n 个特征根，当根轨迹增益 K^* 从零趋于无穷大时，这 n 个特征根随 K^* 的变化而变化，必然会出现 n 条根轨迹。图 4.8 所示的系统，其闭环特征方程的阶数 $n=2$，因此该系统具有两条根轨迹。

（2）根轨迹对称于复平面[s]的实轴

闭环极点若为实数，则必位于实轴上；若为复数，则一定是共轭成对出现。因此根轨迹必对称于实轴。图 4.8 所示的系统，两个闭环极点均为实数，因此两条根轨迹对称于实轴分布。

（3）确定根轨迹的起点与终点

根轨迹起于开环极点，终止于开环零点。当系统的阶数 $n>m$ 时（m 为系统开环零点个数），只有 m 条根轨迹趋于零点，另外 $n-m$ 条根轨迹趋于无穷。图 4.9 所示的系统，两条根轨迹分别起始于开环系统的两个极点：0 和 -2；由于系统开环无零点（$m=0$），因此这两条根轨迹均趋于无穷。

（4）确定实轴上的根轨迹

若实轴上某线段的右侧，开环零点和极点的个数之和为奇数，则该线段一定为根轨迹段。图 4.9 所示的系统，实轴（$-2,0$）区段右侧有 1 个开环极点，0 个开环零点，因此该线段为根轨迹段。

（5）确定根轨迹的渐近线

当开环有限极点数 n 大于有限零点数 m 时，有 $n-m$ 条根轨迹的分支沿着与实轴交角为 φ_a、交点为 σ_a 的一组渐近线趋于无穷远处，且

$$\varphi_a=\frac{(2k+1)\pi}{n-m} \quad (k=0,1,\cdots,n-m-1) \tag{4-6}$$

$$\sigma_a=\frac{\displaystyle\sum_{j=1}^{n}p_j-\sum_{i=1}^{m}z_i}{n-m} \tag{4-7}$$

k 取不同值时，有 $n-m$ 个 φ_a，故有 $n-m$ 条渐近线，事实上有 $n-m$ 个无限远零点。

（6）确定根轨迹的起始角与终止角

根轨迹的起始角，是指根轨迹离开开环复数极点处的切线与正实轴的夹角，如图 4.11(a) 所示的 θ_{p_1}、θ_{p_2}。根轨迹的终止角，是指根轨迹进入开环复数零点处的切线与正实轴的夹角，如图 4.11(b) 所示的 θ_{z1}、θ_{z2}。

$$\theta_{p_i} = \pi + \sum_{j=1}^{m} \angle(p_i - z_j) - \sum_{\substack{j=1 \\ j \neq i}}^{m} \angle(p_i - p_j) \qquad (4-8)$$

$$\theta_{z_i} = \pi + \sum_{j=1}^{m} \angle(z_i - p_j) - \sum_{\substack{j=1 \\ j \neq i}}^{m} \angle(z_i - z_j) \qquad (4-9)$$

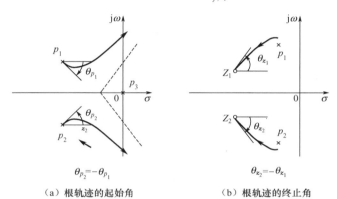

（a）根轨迹的起始角　　　　　　（b）根轨迹的终止角

图 4.11　根轨迹的起始角和终止角

【**例 4 - 8**】 已知系统的开环传递函数为

$$G(s)H(s) = \frac{K(s-z_1)}{s(s-p_1)(s-p_2)}$$

且 p_1 和 p_2 为一对共轭复数极点，p_3 和 z_1 分别为实极点和实零点，它们在复平面 $[s]$ 上的分布如图 4.12 所示。试确定根轨迹离开开环复数极点 p_1 和 p_2 的起始角 θ_{p_1} 和 θ_{p_2}。

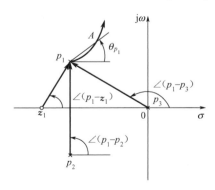

图 4.12　起始角 θ_p 的求取

解： 由根轨迹的起始角计算式(4-8)，求得极点 p_1 和 p_2 处的起始角为

$$\theta_{p_1} = \pi + \angle(p_1 - z_1) - \angle(p_1 - p_2) - \angle(p_1 - p_3)$$
$$\theta_{p_2} = \pi + \angle(p_2 - z_1) - \angle(p_2 - p_1) - \angle(p_2 - p_3)$$

（7）确定根轨迹的分离点坐标

两条或两条以上根轨迹分支，在复平面$[s]$上某处相遇后又分开的点，称为根轨迹的分离点（或汇合点，为了简化，统称分离点）。可见，分离点就是特征方程出现重根之处。重根的重数就是汇合到（或离开）该分离点的根轨迹之数。一个系统的根轨迹可能没有分离点，也可能不止一个分离点。根据镜像对称性，分离点是实数或共轭复数。分离点坐标d满足

$$\frac{\mathrm{d}K^*}{\mathrm{d}s}=0 \tag{4-10}$$

或

$$\sum_{i=1}^{m}\frac{1}{d-z_i}=\sum_{j=1}^{n}\frac{1}{d-p_j} \tag{4-11}$$

式中，K^*为开环增益；z_i为各开环零点的数值；p_j为各开环极点的数值。

分离角为$\frac{(2k+1)\pi}{l}$，$k=0,1,\cdots,l-1$，l为进入分离点的分支数。必须指出，所有的分离点都必须满足式（4-10）或式（4-11），但是满足此条件的所有解却不一定是分离点。判断哪些解的确是分离点，还必须满足特征方程。

一般情况下，在实轴上，两个相邻极点间的根轨迹必有一个分离点。两个相邻零点间的根轨迹必有一个会合点。两个相邻的零极点间若存在根轨迹，则该段根轨迹上一般无会合点。实轴上分离点的分离角恒为$\pm90°$。

【例 4-9】 已知系统的开环传递函数为

$$G(s)H(s)=\frac{K^*(s+1)}{s^2+3s+3.25}$$

试求系统闭环根轨迹分离点坐标。

解：
$$G_{\mathrm{K}}(s)=G(s)H(s)=\frac{K^*(s+1)}{s^2+3s+3.25}=\frac{K^*(s+1)}{(s+1.5+\mathrm{j})(s+1.5-\mathrm{j})}$$

方法 1 求出闭环系统的特征方程

$$1+G(s)H(s)=1+\frac{K^*(s+1)}{s^2+3s+3.25}=0$$

可得

$$K^*=-\frac{s^2+3s+3.25}{s+1}$$

对上式求导，令$\frac{\mathrm{d}K^*}{\mathrm{d}s}=0$，可得

$$d_1=-2.12, \ d_2=0.12$$

方法 2 根据式（4-11），有

$$\frac{1}{d+1.5+\mathrm{j}}+\frac{1}{d+1.5-\mathrm{j}}=\frac{1}{d+1}$$

解此方程得

$$d_1=-2.12, \ d_2=0.12$$

分析可知，d_1在根轨迹上，即为所求的分离点；d_2不在根轨迹上，则舍弃。因此，可得系统根轨迹如图4.13所示。

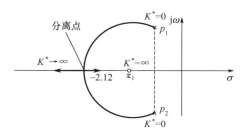

图 4.13 例 4 - 9 系统的根轨迹

（8）确定根轨迹与虚轴的交点

根轨迹可能和虚轴相交，交点的坐标及相应的 K^* 值可由劳斯判据求得，也可在特征方程中令 $s=j\omega$，然后使特征方程的实部和虚部分别为零求得。根轨迹和虚轴交点相应于系统处于临界稳定状态，此时增益 K^* 称为临界根轨迹增益。

【例 4 - 10】 设开环传递函数为

$$G_K(s)=\frac{K^*}{s(s+1)(s+2)}$$

求根轨迹与虚轴的交点，并计算临界根轨迹增益。

解： 闭环系统的特征方程为

$$s(s+1)(s+2)+K^*=0$$

即

$$s^3+3s^2+2s+K^*=0$$

将 $s=j\omega$ 代入特征方程，得

$$(j\omega)^3+3(j\omega)^2+2(j\omega)+K^*=0$$

上式分解为实部和虚部，并分别为零，即

实部 $\qquad\qquad\qquad\qquad K^*-3\omega^2=0$

虚部 $\qquad\qquad\qquad\qquad 2\omega-\omega^3=0$

解得 $\omega=0,\pm\sqrt{2}$，相应 $K^*=0,6$。$K^*=0$ 时，为根轨迹的起点；$K^*=6$ 时，根轨迹和虚轴相交，交点的坐标为 $\pm j\sqrt{2}$。$K^*=6$ 为临界根轨迹增益。

4.3.3 根轨迹绘制示例

应用上述规则，可手工快速绘制出根轨迹的大致形状。利用计算机绘制时，借助 MATLAB 可得到根轨迹的精确图形。一幅完整的根轨迹图通常须包含以下规范。

（1）根轨迹的起点（开环极点 p_j）用符号"×"表示，根轨迹的终点（开环零点 z_i）用符号"○"表示。

（2）根轨迹由起点到终点是随系统开环根轨迹增益 K^* 值的增加而运动的，要用箭头表示根轨迹运动的方向。

（3）要标出一些特殊点的 K^* 值，其中直接标出的有起点（$K^*=0$ 或 $K^*\to 0$）、终点（$K^*\to\infty$）；根轨迹与实轴的交点即实轴上的分离点（d,K_d^*），与虚轴的交点（K_c^*,ω_c）。还有一些要求标出的闭环极点 s_i 及其对应的开环根轨迹增益 K_i^*，也应在根轨迹图上标出，以便进行系统的分析和综合。

【例 4-11】 已知某单位负反馈系统的开环传递函数为

$$G_K(s) = \frac{K^*(s+1)}{s(s+2)(s+3)}$$

试绘制其根轨迹。

解： 根据系统的开环传递函数，由根轨迹绘制基本规则可得如下特征。

（1）系统有 3 条根轨迹分支：起点为 0，-2，-3；终点为 -1，无穷远。

（2）实轴上的根轨迹[-1,0]和[-3,-2]，如图 4.14(a)所示。

（3）渐近线 $n-m=2$ 条。

与实轴的夹角：

$$\varphi_a = \frac{(2k+1)\pi}{2} = \frac{\pi}{2}, \frac{3\pi}{2} \quad (k=0,1)$$

与实轴的交点：

$$\sigma_a = \frac{0-2-3-(-1)}{2} = -2$$

（4）分离点在[-3,-2]内，根据闭环系统特征方程

$$1+G_K(s) = 1 + \frac{K^*(s+1)}{s(s+2)(s+3)} = 0$$

得

$$K^* = -\frac{s(s+2)(s+3)}{(s+1)}$$

对上式求导，令 $\dfrac{\mathrm{d}K^*}{\mathrm{d}s}=0$，则有

$$\frac{\mathrm{d}K^*}{\mathrm{d}s} = -(2s^3+8s^2+10s+6) = 0$$

解得

$$s_1 = -2.47（分离点）$$
$$s_{2,3} = -0.77 \pm 0.79\mathrm{j}（舍去）$$

根据以上特征，手工绘制出该系统完整的根轨迹如图 4.14（a）所示。

在 MATLAB 的 Command Window 窗口中输入如下命令，绘制该系统根轨迹如图 4.14(b)所示。

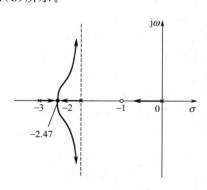

（a）手绘根轨迹

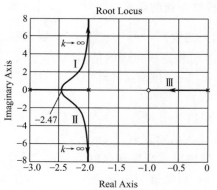

（b）计算机绘制的根轨迹

图 4.14　例 4-11 系统根轨迹

```
>> syms s;    % 设置系统变量 s
>> num=[1 1];    % 开环传递函数分母多项式系数向量
>> den=conv([1 0],conv([1 2],[1 3]));    % 多项式相乘获得开环传递函数分子表达式
>> rlocus(num,den)    % 绘制根轨迹
```

【例 4-12】 已知负反馈系统的开环传递函数为

$$G_K(s) = \frac{K^*}{s(s+2)(s+3)}$$

试绘制其根轨迹。

解：根据系统的开环传递函数，由根轨迹绘制基本规则可得如下特征。

(1) 系统有 3 条根轨迹分支：起点为 0，−2，−3；终点为无穷远。

(2) 实轴上的根轨迹 $(-\infty, -2]$ 和 $[-1, 0]$，如图 4.15 所示。

(3) 渐近线 $n-m=3$ 条。

与实轴的夹角：

$$\varphi_a = \frac{(2k+1)\pi}{3} = \frac{\pi}{3}, \pi, \frac{5\pi}{3} \quad (k=0,1,2)$$

与实轴的交点：

$$\sigma_a = \frac{0-1-2}{3} = -1$$

(4) 分离点坐标由式(4-11)求出，得

$$\frac{1}{d-0} + \frac{1}{d+1} + \frac{1}{d+2} = 0$$

$$d_1 = -0.42 (分离点)$$

$$d_2 = -1.58 (舍去)$$

由于分离点在实轴上，因此根轨迹离开分离点的角度为 $\pm 90°$。

(5) 根轨迹与虚轴的交点。

将 $s = j\omega$ 代入特征方程

$$s(s+1)(s+2) + K^* = 0$$

得

$$(j\omega)^3 + 3(j\omega)^2 + 2(j\omega) + K^* = 0$$

上式分解为实部和虚部，并分别为零，即

实部 $\qquad\qquad\qquad K^* - 3\omega^2 = 0$

虚部 $\qquad\qquad\qquad 2\omega - \omega^3 = 0$

解得 $\omega = 0, \pm\sqrt{2}$，相应 $K^* = 0, 6$。$K^* = 0$ 时，为根轨迹的起点；$K^* = 6$ 时，根轨迹和虚轴相交，交点的坐标为 $\pm j\sqrt{2}$。$K^* = 6$ 为临界根轨迹增益。

根据以上规则手工绘制出该系统的根轨迹如图 4.15(a)所示。MATLAB 绘制的根轨迹如图 4.15(b)所示。在 MATLAB 根轨迹上通过鼠标点选可获得相应点处的增益、频率等数值。

【例 4-13】 已知负反馈控制系统的开环传递函数为

$$G_K(s) = \frac{K^*(s+2)}{s^2 + 2s + 2}$$

试绘制该系统完整的根轨迹图。

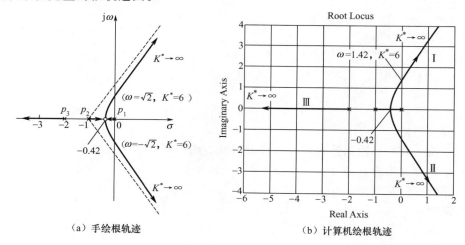

（a）手绘根轨迹　　　　　　　　　　　（b）计算机绘根轨迹

图 4.15　例 4-12 系统的根轨迹

解：由系统的开环传递函数知开环极点有 2 个，分别为 $p_{1,2}=-1\pm j$，开环零点 1 个，$z_1=-2$。根据根轨迹绘制基本规则可得系统闭环根轨迹具有如下特征。

（1）系统有 2 条根轨迹分支，起点为 $-1\pm j$，终点为 $(-2,0)$ 和无穷远处。

（2）实轴上的根轨迹 $(-\infty,-2]$，如图 4.16 所示。

（3）渐近线 $n-m=1$ 条。

与实轴的夹角：

$$\varphi_a=\frac{(2k+1)\pi}{1}=\pi \quad (k=0)$$

与实轴的交点：

$$\sigma_a=\frac{(-1+j)+(-1-j)-(-2)}{1}=0$$

（4）分离点坐标由式（4-11）求出，得

$$\frac{1}{d-(-1+j)}+\frac{1}{d-(-1-j)}=0$$

$$d_1=-3.414（分离点）$$

$$d_2=-0.586（舍去）$$

由于分离点在实轴上，因此进入分离点的角度为 $\pm90°$。

（5）起始角。

由式（4-8）求得根轨迹在 p_1、p_2 点处的起始角为

$$\theta_{p_1}=\pi+\angle(p_1-z_1)-\angle(p_1-p_2)=\pi+\frac{\pi}{4}-\frac{\pi}{2}=\frac{3}{4}\pi$$

$$\theta_{p_1}=\pi+\angle(p_2-z_1)-\angle(p_2-p_1)=\pi-\frac{\pi}{4}+\frac{\pi}{2}=\frac{5}{4}\pi$$

根据以上规则手工绘制出该系统完整的根轨迹如图 4.16（a）所示。MATLAB 绘制的根轨迹如图 4.16（b）所示。

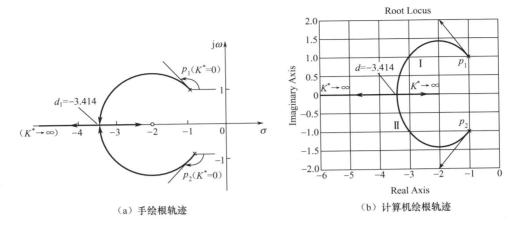

（a）手绘根轨迹　　　　　　（b）计算机绘根轨迹

图 4.16　例 4 - 13 系统的根轨迹

4.4　根轨迹系统性能分析与设计

根轨迹可为分析和改善系统性能提供依据，在系统分析中的应用是多方面的。采用根轨迹法分析系统时，通过系统开环零点、极点的分布，得到系统的根轨迹，由根轨迹来分析系统的稳定性。同时，通过闭环极点随系统参数变化而改变其在复平面$[s]$上的分布位置的分析，可了解系统性能的变化情况。也可根据性能指标的要求，在根轨迹上选择合适的闭环极点的位置。

4.4.1　增加开环零点对系统稳定性的影响

设计控制系统时，有时为了改善系统的性能而增加开环零点，由此给根轨迹带来较明显的变化。举例说明如下。

【例 4 - 14】　已知一负反馈控制系统的开环传递函数为

$$G(s)H(s) = \frac{K}{s^2(s+a)} \quad (a>0)$$

试用根轨迹法分析系统的稳定性。如果使系统增加一个开环零点，试分析增加的开环零点对根轨迹的影响。

解：（1）根据系统的开环传递函数，由根轨迹绘制基本规则可知：系统有三条根轨迹分支，起点为 0，0，$-a$；终点均为无穷远。实轴上的根轨迹为 $(-\infty, -a]$，渐近线 $n-m=$ 3 条，与实轴的夹角为 $\varphi_a = \frac{(2k+1)\pi}{3} = \frac{\pi}{3}, \pi, \frac{5\pi}{3}(k=0,1,2)$，与实轴的交点为 $\sigma_a = \frac{0+0-a}{3} = -\frac{a}{3}$。绘制系统根轨迹如图 4.17（a）所示。由图可知，该根轨迹位于复平面$[s]$的右半平面，所以无论 K 取何值，该系统都是不稳定的。

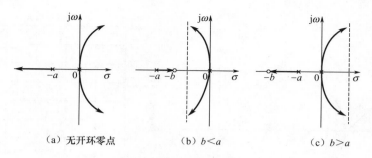

（a）无开环零点   （b）b<a   （c）b>a

图 4.17　增加开环零点对根轨迹的影响

（2）如果给原系统增加一个负开环实零点 $z=-b(b>0)$，则开环传递函数为

$$G(s)H(s)=\frac{K(s+b)}{s^2(s+a)}$$

当 $b<a$ 时，根轨迹的渐近线与实轴的交点为 $\sigma_a=-\frac{a-b}{2}<0$，渐近线与正实轴的夹角分别为 $90°$ 和 $-90°$，三条根轨迹均在复平面 $[s]$ 的左半平面，如图 4.17（b）所示。这时，无论 K 取何值，系统始终都是稳定的。

当 $b>a$ 时，根轨迹的渐近线与实轴的交点为 $\sigma_a=-\frac{a-b}{2}>0$，根轨迹如图 4.17（c）所示。与原系统相比，虽然根轨迹的形状发生了变化，但仍有两条根轨迹位于复平面 $[s]$ 的右半平面，系统仍不稳定。

由上例可知，选择合适的开环零点，可使原来不稳定的系统变为稳定。一般来说，对开环传递函数 $G(s)H(s)$ 增加零点，相当于引入微分作用，使根轨迹向复平面 $[s]$ 的左半平面移动，将提高系统的稳定性。

4.4.2　增加开环极点对系统稳定性的影响

一般增加位于复平面 $[s]$ 左半平面的开环极点，将使根轨迹向右半平面移动，系统的稳定性降低。

【例 4-15】　系统的开环传递函数为

$$G(s)H(s)=\frac{K}{s(s+1)}$$

试用根轨迹法分析系统的稳定性。如果使系统增加一个开环极点 $p_3=2$，试分析增加的开环极点对根轨迹的影响。

解：（1）根据系统的开环传递函数，由根轨迹绘制基本规则可知：系统有两条根轨迹分支，起点为 0，-1；终点均为无穷远处；实轴上的根轨迹为 $[-1,0]$；两条渐近线，与实轴的夹角为 $\varphi_a=\frac{(2k+1)\pi}{2}=\frac{\pi}{2},\frac{3\pi}{2}(k=0,1)$，与实轴的交点 $\sigma_a=-1/2$。分离点坐标由 $\frac{1}{d-0}+\frac{1}{d+1}=0$ 求得 $d=-0.5$，对应开环增益 $K^*=0.5\times0.5=0.25$。绘制系统根轨迹如图 4.18（a）所示。由图可知，该根轨迹位于复平面 $[s]$ 的左半平面，所以当 $K>0$ 时，该系统是稳定的。

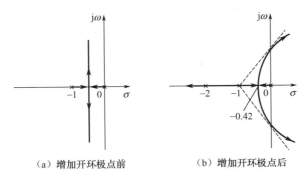

（a）增加开环极点前　　　　　（b）增加开环极点后

图 4.18　增加开环极点对根轨迹的影响

（2）如果给原系统增加一个负开环实极点 $p_2 = -2$，则开环传递函数为

$$G(s)H(s) = -\frac{K}{s(s+1)(s+2)}$$

此时，系统有三条根轨迹分支，起点为 0，-1，-2，终点均为无穷远处。实轴上的根轨迹为 $(-\infty, -2]$，$[-1, 0]$；渐近线三条，根轨迹的渐近线与实轴的交点为 $\sigma_a = -1$，与实轴的夹角 $\varphi_a = \frac{(2k+1)\pi}{3} = \frac{\pi}{3}, \pi, \frac{5\pi}{3}$ $(k=0,1,2)$。分离点坐标由 $\frac{1}{d-0} + \frac{1}{d+1} + \frac{1}{d+2} = 0$ 求得 $d = -0.42$，对应开环增益 $K^* = 0.5 \times 0.42 \times 0.58 \times 1.58 = 0.19$。绘制系统根轨迹如图 4.18(b) 所示。

由图 4.18(b) 可见，增加开环极点，使根轨迹的复数部分向复平面 $[s]$ 的右半平面弯曲，分离点对应的开环增益减小。这意味着，对于具有同样振荡倾向的系统，增加开环极点后系统开环增益下降。一般来说，增加的开环极点越靠近虚轴，其影响越大，使根轨迹向复平面 $[s]$ 的右半平面弯曲就越严重，因而系统稳定性的降低便越明显。

4.5　设计示例：天线速度与位置控制系统根轨迹分析

由于系统的闭环极点在系统的性能分析中起着主要作用，借助根轨迹可看到系统参数的变化对闭环极点的影响趋势，因此，根轨迹法可用于确定系统在某些特定参数下的性能，也可根据性能指标的要求，在根轨迹上选择合适的闭环极点位置。下面以使雷达天线的转速保持一定或按一定规律变化的速度控制为对象，来研究满足 1.5.2 节给出的性能指标的控制系统参数设定问题。

4.5.1　天线速度控制系统

由数学模型可知，天线速度控制系统的开环传递函数为

$$G_K(s) = \frac{11.9 K_a}{s(s+10)}$$

为了解该系统特性，首先来研究一下该系统的根轨迹，确定其增益系数。

由根轨迹绘制规则可知，该系统有两条根轨迹，起点为实轴上 0，-10，终点均为无穷远处。实轴上的根轨迹为 $[-10, 0]$，分离点坐标 $d = -5$，分离角为 $\pm 90°$；渐近线两条，

与实轴的夹角为 $\varphi_a = \pi/2, 3\pi/2$，与实轴的交点 $\sigma_a = -5$。因此，可得图 4.19 所示根轨迹。

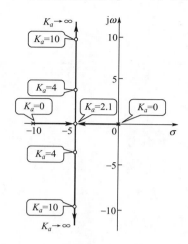

图 4.19　天线速度控制系统的根轨迹

分析图 4.19 所示的根轨迹可得如下结论。

（1）因为根轨迹都在复平面[s]的左半平面，所以该系统对所有的 K_a 都是稳定的。

（2）K_a 过小时，特征根在原点附近，这种 K_a 对控制系统响应的快速性不好，会使滞后时间变大。

（3）K_a 过大时，特征根实部一定，只是虚部变大，响应出现高频成分，超调量变大。

为进一步分析根轨迹对系统性能的影响，采用计算机对天线速度控制系统进行单位阶跃响应仿真(3.7 节)。图 3.24 和图 3.25 分别给出了放大率 K_a 为 1、5、10、20 四种情况时的 y_v 和 u 的时间历程。首先同图 4.19 的根轨迹做比较，放大率 K_a 为较小的 1 时，响应输出 y_v 缓慢变化，需要很长时间才达到目标值。相反，当 K_a 为过大的 10、20 时，响应出现变动成分，超调量过大。这从上述根轨迹分析中都能得到证实。

4.5.2　天线位置控制系统

由图 3.27 可知，$K_a = 4$ 时的天线位置控制系统不能稳定工作。下面通过研究该系统的根轨迹，了解增益系数 K_a 对位置控制系统的影响。

1. 不稳定原因及结构改进

由数学模型可知，天线位置控制系统传递函数框图如图 4.20 所示，绘制该系统的根轨迹如图 4.21 所示。

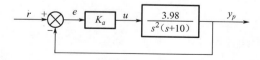

图 4.20　天线位置控制系统传递函数框图

由该根轨迹可得如下结论。

（1）从原点出发的两条根轨迹总是位于复平面[s]的右半平面，该系统对任何 K_a 都是不稳定的。

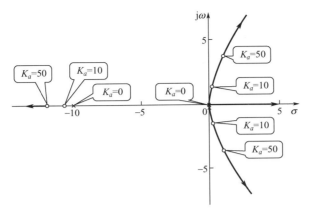

图 4.21　天线位置控制系统的根轨迹

（2）为使图 1.20 所示天线位置控制结构能稳定工作，达到设计指标，必须对其进行改进。

同样的控制结构，为什么在速度控制时是稳定的，而在位置控制的情况下就是不稳定的呢？

图 4.22 所示为从控制电压 U 到天线位置 Φ 的信号传递，表示了天线控制系统通过给直流电动机施加电压 U，以控制天线的速度或位置时信息的传递与变换过程。由图可知，直流电动机产生对应电压 U 的转矩 T，使减速齿轮、天线旋转系统转动。该转矩与天线的角加速度成正比。天线的转速是通过对角加速度的时间积分得出的，而位置是通过对速度在时间上的再次积分得出的，因此控制位置比通过施加转矩控制速度要难。这就是采用图 1.20 所示的控制结构进行控制时，速度控制系统能稳定工作、位置控制系统却不能很好工作的原因。

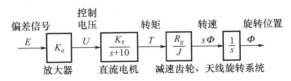

图 4.22　从控制电压 U 到天线位置 Φ 的信号传递

为使位置控制系统稳定，在其开环传递函数中引入开环零点，将单纯的位置反馈控制系统改为如图 4.23 所示的（位置＋速度）反馈控制系统。此时，该系统传递函数框图如图 4.24 所示。

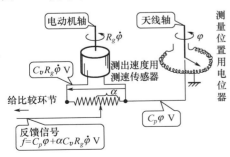

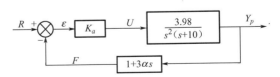

R：基准输入　　　　　　　　ε：偏差信号
U：对电动机的输入量　　　　Y_p：天线位置的检测信号
F：位置＋速度的反馈信号　　α：速度与位置的比例系数（$0 \leqslant \alpha \leqslant 1$）

图 4.23　（位置＋速度）反馈控制系统　　　图 4.24　（位置＋速度）反馈的天线位置
　　　　　　　　　　　　　　　　　　　　　　　　控制系统传递函数框图

与前述单纯的位置反馈控制系统框图相比，（位置＋速度)反馈的天线位置控制系统在反馈回路中插入了传递函数 $H(s)=1+3\alpha s$，增加了系统的零点。此时系统的开环传递函数为

$$G(s)=\frac{3.98K_a}{s^2(s+10)}(1+3\alpha s) \qquad (4-12)$$

由式(4-12)知，该系统根轨迹有三条，起点分别为实轴上的 0，0，-10，其中一条的终点为($-1/3\alpha$)，另两条的终点为无穷远处。首先，分析当该系统的极点(-10)和零点($-1/3\alpha$)一致时，即 $\alpha=1/30$ 时的根轨迹情况。

令 $\alpha=1/30$，则该系统特征方程可做如下因式分解

$$(s+10)(s^2+0.398K_a)=0$$

求解可得特征根为

$$s_1=-10, s_{2,3}=\pm j\sqrt{0.398K_a}$$

由特征根表达式可知，此时根轨迹一条退化到 -10 的一点，另两条沿虚轴移动，如图 4.25(b)所示。因此，$\alpha=1/30$ 时的系统为临界稳定状态。

此外，当 $\alpha=0$ 时，控制系统结构中仅进行了位置反馈，与前述图 4.20 所示系统一样，其根轨迹如图 4.25(a)所示，因此该系统亦为不稳定的系统。

综上所述，该控制系统在 $\alpha=0$ 时不稳定，在 $\alpha=1/30$ 时为临界稳定。因之推测，当 $\alpha>1/30$ 时该控制系统是稳定的。

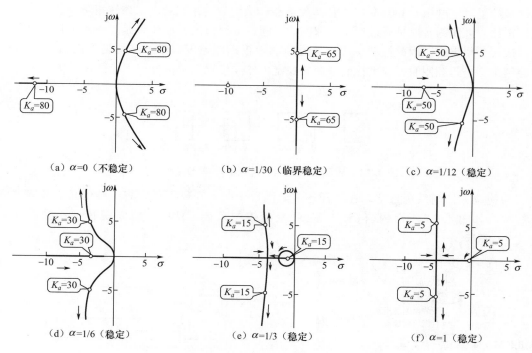

（a）$\alpha=0$（不稳定） （b）$\alpha=1/30$（临界稳定） （c）$\alpha=1/12$（稳定）

（d）$\alpha=1/6$（稳定） （e）$\alpha=1/3$（稳定） （f）$\alpha=1$（稳定）

图 4.25 不同系数 α 时的根轨迹

2. 系数 α 对根轨迹的影响

根据开环传递函数式(4-12)，用计算机绘制出各种 α 值时的根轨迹，如图 4.25 所

示。图 4.25(a)所示 $\alpha=0$ 时，反馈信号只是位置检测信号，与根轨迹图 4.21 相同。图 4.25(b)所示 $\alpha=1/30$ 时，根轨迹位于虚轴上，表示该系统对所有的 K_a 都是临界稳定的。而图 4.25(c)～图 4.25(f)所示，在 $\alpha=1/12,1/6,1/3,1$ 时，根轨迹全都在复平面$[s]$的左半平面。由此可知，$\alpha>1/30$ 时控制系统是稳定的。图 4.25(f)所示 $\alpha=1$ 时，作为反馈信号，在位置检测信号中速度检测信号保持原样，其根轨迹在除原点附近外，有同图 4.19 所示的速度控制根轨迹非常相近的图形，这是十分有趣的事。

那么，在图 4.25(c)～图 4.25(f)所示稳定控制系统的根轨迹中，在什么情况下能尽量使三个特征根的负实部的绝对值全都变大呢？与 $\alpha=1/12$ 的图 4.25(c)相比，$\alpha=1/6$ 的图 4.25(d)比较好一些，那么图 4.25(d)和图 4.25(e)哪一个又比较合适呢？

为了分析当 $K_a=0$ 时，从 -10 及原点出发的根轨迹随着 K_a 的增加，系统根轨迹的变化情况，对 $\alpha=1/6$ 和 $\alpha=1/3$ 时的根轨迹图做进一步详细分析，如图 4.26 和图 4.27 所示。在图 4.26 中，$\alpha=1/6$，可以看到，随着 K_a 按 20、25、30 增加，沿从原点延伸的根轨迹的两个特征根的实部绝对值也渐渐增大，而在实轴上从 -10 向原点延伸的特征根的实部的绝对值却减小了。从图中还可以看到，三个特征根的实部在 K_a 为 25～30 时有相同程度的值，其值为 -4～-3.5。

在图 4.27 中，$\alpha=1/3$，根轨迹具有稍微复杂的形状。从原点出发的两个特征根，开始在圆周上移动，在 -2.5 处左右合并后，在实轴上左右分开移动。另外，从 -10 出发的特征根开始在实轴上往右移动，与在 -2.5 处往左移动的特征根在 -4 附近合并之后上下分开移动。根据 $K_a=7,8,9$ 的三个特征根位置可知，在这种情况下，三个特征根中至少有一个实部的绝对值在 2.5 以下。由此可知，$\alpha=1/3$ 时比 $\alpha=1/6$ 时的稳定度稍低。

通过对各种 α 的根轨迹比较可知，实现稳定性最佳的控制系统是 $\alpha=1/6$ 时的系统，即将增益系数设定在 K_a 为 25～30 时。

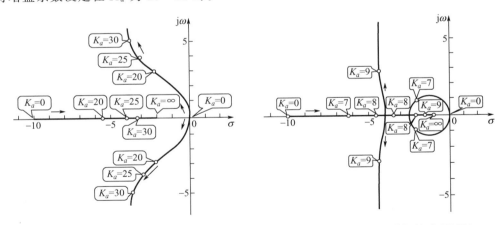

图 4.26 $\alpha=1/6$ 时的根轨迹(详图)　　　　图 4.27 $\alpha=1/3$ 时的根轨迹(详图)

下面采用计算机仿真方法来分析该控制系统能否满足 1.5.2 节给出的性能指标要求。

3. 用仿真法确定性能指标

图 4.28 所示为反馈信号在位置检测信号中加入速度检测信号的 $1/6(\alpha=1/6)$ 时的情况下，增益系数设定在 $K_a=15,25,35$ 时，对阶跃输入的天线位置时域响应的仿真结果，控制系统的性能指标基准亦在图中给定。

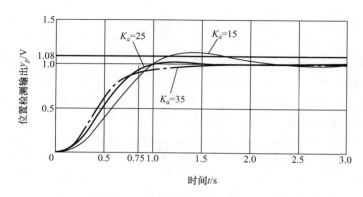

图 4.28 $\alpha=1/6$ 时的输出响应和性能指标

分析图 4.28 可得如下结论。

（1）对 1V 的阶跃输入（天线的角度对应 $180°/5=36°$）的位置响应进行检测，随着时间的增加，所有位置检测的输出响应都将收敛为 1V，表明该系统是稳定的。

（2）系统对阶跃输入的稳态误差为 0。因此，所有的 K_a 都满足 1.5.2 节中的控制指标 1。

（3）控制指标 2、3 是关于超调量和滞后时间的性能指标。$K_a=15$ 的系统响应满足不了超调量在 8% 以下这一要求。$K_a=25$ 及 35 的响应满足超调量在 8% 以下的控制指标 2 及滞后时间在 0.75s 以下的控制指标 3，但 $K_a=35$ 的响应达到稳态的时间比 K_a 为其他值时的响应时间长。

综合上述分析可知，图 4.28 所示的响应，最期望的是 $K_a=25$ 时的响应，同图 4.25 所示根轨迹法的研究结果一致。

4. 机械系统摩擦对根轨迹的影响

在建立天线系统的数学模型时，忽略了减速齿轮、线性旋转系统的摩擦。而在现实的系统中，必然会产生或大或小的摩擦力。这些摩擦对速度控制和位置控制有何影响？下面对其进行分析。

将摩擦力视为与速度成正比的黏性阻力，数学建模时将其加入微分方程式（2-65）中（见 2.5.1 节），于是有

$$J\ddot{\varphi}+c_\varphi\dot{\varphi}=R_g\tau \tag{4-13}$$

式中，c_φ 为旋转系统的黏性阻尼系数。采用同样的方法，用式（4-13）代替式（2-65）对天线的速度和位置控制系统进行分析，可得如下结果。

（1）在速度控制系统中，即使旋转系统中存在黏性阻力，其特性也没有本质的变化。但是，要得到相同的控制特性，同不存在阻尼的系统相比，需要稍大的驱动力。

（2）在仅有位置反馈的系统中，若不存在摩擦阻力，对所有的增益系数 K_a 是不稳定的。若存在摩擦阻力，对某些值以下的增益系数 K_a，仅有位置反馈的位置控制系统也是可以稳定的。

图 4.29 所示天线位置控制系统中黏性阻力的影响，表示了式（4-13）中的黏性系数 $c_\varphi=10\text{N/s}$ 时的根轨迹。将图 4.29 同图 4.21 比较可知：黏性阻力的存在，会使整体根轨迹向左侧（稳定侧）移动。一般来说，在机械设计中，都在尽量减少可动部分的摩擦力，而

在控制系统(特别是不稳定的控制系统)设计时，摩擦阻力对控制系统的稳定化起着有益的作用。

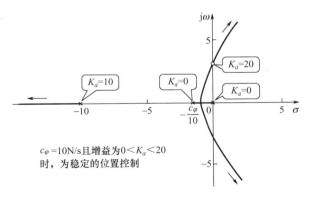

$c_\varphi=10\mathrm{N/s}$且增益为$0<K_a<20$
时，为稳定的位置控制

图 4.29　天线位置控制系统中黏性阻力的影响

习　　题

4.1　系统稳定性的定义是什么？

4.2　一个系统稳定的充分和必要条件是什么？

4.3　系统特征方程为

$$s^4+Ks^3+s^2+s+1=0$$

应用劳斯判据确定系统稳定时 K 的范围。

4.4　设单位反馈系统的开环传递函数为

$$G_K(s)=\frac{K}{s(s+1)(s+2)}$$

试确定系统稳定时开环放大系数（开环增益）K 的范围。

4.5　判别图 4.30 所示系统的稳定性。

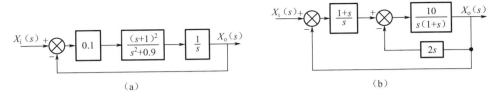

（a）　　　　　　　　　　　　　　　　　　　（b）

图 4.30　题 4.5 图

4.6　已知开环零点、极点分布如图 4.31 所示，试概略绘出相应的闭环根轨迹。

4.7　单位负反馈系统的开环传递函数如下，试概略绘出系统根轨迹。

（1）$G(s)=\dfrac{K^*}{s(0.2s+1)(0.5s+1)}$;　　　　（2）$G(s)=\dfrac{K^*(s+5)}{s(s+2)(s+3)}$;

（3）$G(s)=\dfrac{K^*}{s(s^2+8s+20)}$;　　　　　　（4）$G(s)=\dfrac{K^*(s+20)}{s(s+10+\mathrm{j}10)(s+10-\mathrm{j}10)}$。

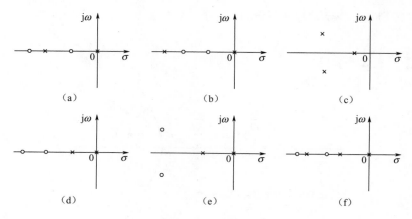

图 4.31　题 4.6 图

4.8 已知系统的开环传递函数为

$$G(s)H(s)=\frac{K^*}{s(s^2+3s+9)}$$

（1）绘制系统的根轨迹；

（2）确定使系统稳定的 K^* 的范围。

4.9 设系统的开环传递函数为

$$G(s)H(s)=\frac{K(s+1)}{s^2(s+2)(s+4)}$$

试绘制系统在单位负反馈与单位正反馈两种情况下的根轨迹，并分析系统的稳定性。

4.10 设单位负反馈控制系统的开环传递函数为

$$G(s)H(s)=\frac{K}{s(s+2)(s+7)}$$

（1）绘制系统的根轨迹；

（2）确定系统稳定时 K 的最大值。

4.11 设单位负反馈系统的开环传递函数为

$$G(s)H(s)=\frac{K^*}{(s+2)(s+3)}$$

试绘制系统根轨迹的大致图形。若系统：

（1）增加一个 $z=-5$ 的零点；

（2）增加一个 $z=-2.5$ 的零点；

（3）增加一个 $z=-0.5$ 的零点。

试绘制增加零点后系统的根轨迹，并分析增加开环零点后根轨迹的变化规律和对系统性能的影响。

4.12 设单位反馈系统的开环传递函数为

$$G(s)H(s)=\frac{K^*(4s^2+3s+1)}{s(3s^2+5s+1)}$$

　　试用 MATLAB 绘制系统的根轨迹，确定当系统的阻尼比 $\xi=0.7$ 时系统的闭环极点，并分析系统的性能。

第 4 章
在线答题

第5章
系统频域性能分析

 本章概述

　　本章首先介绍系统频率特性的基本概念、表示方法及求取方法，之后研究如何用图解法来表示系统频率特性函数随输入信号频率的变化情况，重点讨论极坐标图和对数幅相频率特性图。本章从系统的频率响应特性出发，讨论了系统的稳定性和快速性，并对频域性能指标和时域性能指标间的关系进行了分析。

 本章目标

　　掌握系统频率特性的基本概念及其数学描述、系统频率特性图的画法；能熟练运用伯德图和奈奎斯特图对系统的频率特性进行分析；理解控制系统的频域性能指标。

　　在前面各章中，我们讨论各种问题时普遍使用阶跃信号和斜坡信号作为测试输入信号。但在机械工程领域，有很多问题需要研究系统与过程在不同频率输入信号作用下的响应特性，以获得其频率特性。例如机械结构在受到不同频率作用力时的振动情况。因此，本章将研究系统对正弦输入信号的稳态响应。频率特性分析法是研究线性定常系统特性的另一种主要方法，也称频域分析法。

5.1　频率特性概述

5.1.1　频率特性的基本概念

　　系统的频率响应是指系统对正弦输入信号的稳态响应。在这种情况下，系统的输入信号是正弦信号，系统的内部信号及系统的输出信号也都是稳态

阻尼弹簧
减振器

的正弦信号。这些信号频率相同，幅值和相角则各不同。为说明这一结论，首先分析一个机械系统在正弦信号作用下的输出。

【例 5-1】 在图 2.1 所示的机器-隔振垫系统中，若机器质量 $m=0$，将系统简化为图 5.1 所示的减振器结构。已知输入力 $f(t)=F\sin\omega t$ 作用在平板上，求平板位移 $x(t)$ 的稳态输出。

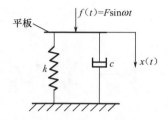

图 5.1　简化后的机器-隔振垫系统结构组成

解： 由系统数学模型的建立方法可知，该系统的传递函数为

$$G(s)=\frac{X(s)}{F(s)}=\frac{1}{cs+k}=\frac{1/k}{Ts+1}$$

式中，$T=c/k$。由系统时域响应的求解方法得

$$x(t)=L^{-1}[G(s)F(s)]=L^{-1}\left[\frac{1/k}{Ts+1}\cdot\frac{F\omega}{s^2+\omega^2}\right]$$

$$=L^{-1}\left(\frac{a}{Ts+1}+\frac{bs+c}{s^2+\omega^2}\right)$$

式中，a、b、c 为待定系数。由拉普拉斯反变换可得

$$x(t)=\frac{\omega TF/k}{1+\omega^2 T^2}e^{-t/T}+\frac{F/k}{\sqrt{1+\omega^2 T^2}}\sin(\omega t-\tan^{-1}\omega T)$$

由时域响应及其构成可知，上式中的 $x(t)$ 即为由输入引起的响应。其中第一项为暂态分量，第二项为稳态分量。随着时间的推移，即 $t\rightarrow\infty$ 时，暂态分量迅速衰减为零。忽略系统暂态响应后的输出即为稳态输出，记为稳态响应

$$x_{\text{oss}}(t)=\frac{F/k}{\sqrt{1+\omega^2 T^2}}\sin(\omega t-\tan^{-1}\omega T)$$

与输入信号 $f(t)=F\sin\omega t$ 相比，它是与输入信号同频率的谐波信号，其幅值为

$$|X_{\text{o}}(\omega)|=\frac{F/k}{\sqrt{1+\omega^2 T^2}}$$

相位为

$$\varphi(\omega)=-\tan^{-1}\omega T$$

同频、变幅、移相为其主要的变化特征。

显然，系统的频率响应只是时域响应的一个特例。不过，当输入的谐波信号频率不同时，系统响应的幅值 $|X_{\text{o}}(\omega)|$ 和相位 $\varphi(\omega)$ 也不同，这恰好提供了有关系统本身特性的重要信息。

将例 5-1 推广到一般形式。根据微分方程解的理论，对于传递函数为 $G(s)$ 的线性定常系统，假设系统是稳定的，若对其输入一谐波信号 $x_i(t)=X_i\sin\omega t$，则系统的稳态响应也为同一频率的谐波信号。输出谐波的幅值正比于输入谐波的幅值 X_i，且是输入谐波频

率 ω 的非线性函数；输出谐波的相位与 X_i 无关，而与输入谐波相位差是 ω 的非线性函数。即线性定常系统对谐波输入的稳态响应为

$$x_{oss}(t)=X_o(\omega)\sin[\omega t+\varphi(\omega)] \qquad (5-1)$$

式中，$x_{oss}(t)$ 为系统的频率响应，如图 5.2 所示。

由上可知，线性系统在谐波输入作用下，其稳态输出与输入的幅值比是输入信号频率 ω 的函数，称为系统的幅频特性，记为

$$A(\omega)=\frac{X_o(\omega)}{X_i}$$

它描述了在稳态情况下，当系统输入不同频率的谐波信号时，其幅值的衰减或增大特性。

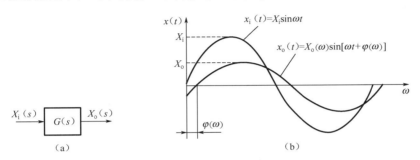

图 5.2   系统及其稳态输入输出波形

稳态输出信号与输入信号的相位差 $\varphi(\omega)$ 也是 ω 的函数，称为系统的相频特性。它描述了在稳态情况下，当系统输入不同频率的谐波信号时，其相位产生超前 $[\varphi(\omega)>0]$ 或滞后 $[\varphi(\omega)<0]$ 的特性。规定 $\varphi(\omega)$ 按逆时针方向旋转为正值，按顺时针方向旋转为负值。对于物理系统，相位一般是滞后的，即 $\varphi(\omega)$ 一般是负值。

幅频特性 $A(\omega)$ 和相频特性 $\varphi(\omega)$ 总称为系统的频率特性，记为 $A(\omega)\angle\varphi(\omega)$，或 $A(\omega)\mathrm{e}^{\mathrm{j}\varphi(\omega)}$。也就是说，频率特性定义为 ω 的复变函数，其幅值为 $A(\omega)$，相位为 $\varphi(\omega)$。

5.1.2 频率特性的求取方法

由例 5-1 可知，系统的频率特性可由系统对谐波信号的响应求得，即从系统的稳态响应中得到频率响应的幅值和相位，然后按幅频特性函数和相频特性函数的定义分别求得幅频特性和相频特性。该方法需解微分方程，求解过程较复杂，实践中常用下述方法求取系统的频率特性。

1. 根据系统的传递函数求频率特性

将系统传递函数 $G(s)$ 中的 s 用 $\mathrm{j}\omega$ 代替，就可以直接得到系统的频率特性函数 $G(\mathrm{j}\omega)$。若线性定常系统的传递函数为

$$G(s)=\frac{b_m s^m+b_{m-1}s^{m-1}+\cdots+b_1 s+b_0}{a_n s^n+a_{n-1}s^{n-1}+\cdots+a_1 s+a_0}\quad(n\geqslant m)$$

将上式中的 s 用 $\mathrm{j}\omega$ 代替，得到系统的频率特性为

$$G(s)=\frac{b_m(\mathrm{j}\omega)^m+b_{m-1}(\mathrm{j}\omega)^{m-1}+\cdots+b_1(\mathrm{j}\omega)+b_0}{a_n(\mathrm{j}\omega)^n+a_{n-1}(\mathrm{j}\omega)^{n-1}+\cdots+a_1(\mathrm{j}\omega)+a_0}\quad(n\geqslant m)$$

由于系统的频率特性是一个复数，它可以分解为实部和虚部，即

$$G(j\omega) = U(\omega) + jV(\omega)$$

式中，$U(\omega)$ 为 $G(j\omega)$ 的实部，称为实频特性。$V(\omega)$ 为 $G(j\omega)$ 的虚部，称为虚频特性。

系统的频率特性 $G(j\omega)$ 也可以表示为幅值和相位角的形式，即

$$G(j\omega) = |G(j\omega)| e^{j\angle G(j\omega)} = A(\omega) e^{j\varphi(\omega)}$$

式中，$A(\omega)$ 为 $G(j\omega)$ 的模，它等于稳态输出量与输入量的幅值比，称为幅频特性。$\varphi(\omega)$ 为 $G(j\omega)$ 的幅角，它等于稳态输出量与输入量的相位差，称为相频特性。

幅频特性、相频特性与实频特性、虚频特性之间的关系分别为

$$A(\omega) = |G(j\omega)| = \sqrt{[U(\omega)]^2 + V[(\omega)]^2}$$

$$\varphi(\omega) = \angle G(j\omega) = \arctan \frac{V(\omega)}{U(\omega)}$$

值得指出的是，相频特性应该取反正切的主值。

图 5.3 表达了实频特性、虚频特性与幅频特性、相频特性之间的相互关系，由图可知

$$U(\omega) = \mathrm{Re}G(j\omega) = A(\omega)\cos[\varphi(\omega)]$$

$$V(\omega) = \mathrm{Im}G(j\omega) = A(\omega)\sin[\varphi(\omega)]$$

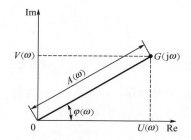

图 5.3 不同系统频率特性表示方式间的关系

2. 采用实验方法求频率特性

实验方法是对实际系统求取频率特性的一种常用而又重要的方法。如果不知道系统的微分方程或传递函数等数学模型，就无法用系统响应的方法或传递函数的方法求得频率特性。在这种情况下，只有通过实验求得频率特性函数才能求出系统的传递函数，这正是频率特性的一个很重要的作用。

首先，改变输入正弦信号 $x_i(t) = X_i\sin\omega t$ 的频率 ω，测出与此对应的输出幅值 $X_o(\omega)$ 与相位 $\varphi(\omega)$。然后作出幅值比 $X_o(\omega)/X_i$ 对频率 ω 的函数曲线，此即幅频特性曲线；作出相位 $\varphi(\omega)$ 对频率 ω 的函数曲线，此即相频特性曲线。根据曲线的变化规律得出幅频函数和相频函数，即可进一步得到系统的频率特性和传递函数。

【例 5-2】 求图 5.1 所示系统的频率特性，根据频率特性求出该系统的稳态输出位移。

解： 由例 5-1 可知，该系统的传递函数为

$$G(s) = \frac{X(s)}{F(s)} = \frac{1}{cs + k}$$

将上式中的 s 用 $j\omega$ 代替，得系统的频率特性表达式为

$$G(j\omega) = \frac{1}{cj\omega + k}$$

分写成幅频特性和相频特性

$$\begin{cases} |G(\text{j}\omega)| = \dfrac{1}{\sqrt{k^2 + c^2\omega^2}} \\[3mm] \varphi(\omega) = -\angle\arctan\dfrac{c\omega}{k} \end{cases}$$

由频率特性的定义可知，系统稳态输出为

$$x_{\text{oss}}(t) = |G(\text{j}\omega)| \cdot |X_{\text{i}}| \sin[\omega t + \varphi(\omega)] = \frac{F}{\sqrt{k^2 + c^2\omega^2}} \sin\left(\omega t - \arctan\frac{c\omega}{k}\right)$$

令 $T = c/k$，上式可写为

$$x_{\text{oss}}(t) = \frac{F/k}{\sqrt{1 + \omega^2 T^2}} \sin(\omega t - \arctan\omega T)$$

该结果与例 5-1 中的时域法求得的结果一致。

5.1.3 频率特性的特点与作用

（1）频率特性实质上是系统脉冲响应的傅里叶变换。因为当 $x_{\text{i}}(t) = \delta(t)$ 时，有

$$X_{\text{i}}(\text{j}\omega) = \int_{-\infty}^{+\infty} \delta(t)\text{e}^{-\text{j}\omega t}\,\text{d}t = 1$$

则

$$X_{\text{o}}(\text{j}\omega) = \int_{-\infty}^{+\infty} x_{\text{o}}(t)\text{e}^{-\text{j}\omega t}\,\text{d}t = G(\text{j}\omega)X_{\text{i}}(\text{j}\omega) = G(\text{j}\omega)$$

因此，对频率特性的分析就是对单位脉冲响应函数的频谱分析，系统的频率特性如同单位脉冲响应函数一样，包含了系统动态特性的信息。对系统的单位脉冲响应函数进行傅里叶变换，是求取频率特性的又一方法。

（2）时域响应分析主要用于分析线性系统过渡过程，以获得系统的动态特性。而频率特性分析则通过分析不同的谐波输入时系统的稳态响应，以获得系统的动态特性。但系统的频率特性，不仅限于单一的正弦输入 $x_{\text{i}}(t) = A\sin\omega t$，而是对任何时间函数 $x_{\text{i}}(t)$ 输入，只要 $x_{\text{i}}(t)$ 满足傅里叶变换条件，$x_{\text{i}}(t)$ 都可以分解成它的谐波，同样应用频率特性分析方法也是适用的。从这个意义上讲，频率特性类似于电子滤波网络的阻抗特性，它将输入 $x_{\text{i}}(t)$ 的谐波成分过滤而变为输出 $x_{\text{o}}(t)$ 的谐波成分。对机械系统而言，频率特性反映了系统机械阻抗的特性。与此相应，根据频率特性很容易选择系统工作的频率范围。

（3）若系统在输入信号时，在某些频带中会存在严重的噪声干扰，频率特性分析法可用于设计出合适的通频带，用以抑制系统噪声（非需要的频率）的干扰。

由上可知，系统的数学模型可以通过微分方程来描述，也可以通过传递函数来描述，还可以用频率特性来描述。图 5.4 说明了三者之间的关系。将微分方程中的 $\dfrac{\text{d}}{\text{d}t}$ 变换成 s，微分方程可转化为传递函数，再将 s 换成 $\text{j}\omega$，则又转化成频率特性；反之亦然。多数情况下，直接利用传递函数来研究频率特性。在经典控制理论中，频率特性分析比时域响应分析具有明显的优越性。但频率特性也有不足的地方，对系统中的非线性因素，频率特性比较敏感，会产生较大的误差。

由于频率特性的数学表达式是以信号频率 ω 为参变量的复变函数，直接应用该复变函数进行系统分析和研究，显然很不方便。因此，工程上通常依据频率特性的几何曲线来分析和研究系统，而不是直接应用其数学表达式来分析和研究。正是由于频率特性的几何曲

线能够简单而直观地反映系统本身的固有特性，才使得频率特性在工程上占有重要地位，频率法的精髓也正在于此。工程上最常用的频率特性几何曲线图有幅相频率特性图（奈奎斯特图）和对数频率特性图（伯德图）。

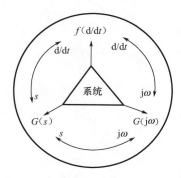

图 5.4　系统数学模型的转换关系

5.2　频率特性的奈奎斯特图

5.2.1　奈奎斯特图及其绘制

幅相频率
特性曲线

频率特性的奈奎斯特图又称极坐标图，它是以频率 ω 为参变量，当 ω 从零到无穷变化时，由幅频特性 $|G(j\omega)|$ 和相频特性 $\angle G(j\omega)$ 确定的向量，在复平面上移动时所描绘出的矢端轨迹。绘图时，相位角的符号规定如下：从正实轴开始，逆时针方向旋转为正，顺时针方向旋转为负。根据直角坐标和极坐标的对应关系（图 5.3），实频特性 $U(\omega)$ 和虚频特性 $V(\omega)$ 为幅频特性 $A(\omega)$ 和相频特性 $\varphi(\omega)$ 所确定的向量在实轴和虚轴上的投影，即频率特性的实部和虚部。所以，奈奎斯特图也是以 ω 为参变量，当 ω 从零到无穷变化时，频率特性的实部和虚部所确定的点的轨迹。奈奎斯特图的主要优点是能在一张图上表示出整个频率域中系统的频率特性。

由于频率特性函数的图形与函数的形式有关，手工绘制时通常采用描点的方法，很多时候奈奎斯特图的图形比较复杂，因此只绘出近似图形。

奈奎斯特图

【例 5-3】　绘制传递函数 $G(s)=\dfrac{1}{0.5s+1}$ 的奈奎斯特图。

解：由传递函数得系统的频率特性为

$$G(j\omega)=\frac{1}{1+j0.5\omega}$$

化简得其实频特性和虚频特性

$$\mathrm{Re}[G(j\omega)]=\frac{1}{1+0.25\omega^2},\ \mathrm{Im}[G(j\omega)]=\frac{-0.5\omega}{1+0.25\omega^2}$$

或幅频特性和相频特性

$$A(\omega)=\frac{1}{\sqrt{1+0.25\omega^2}},\ \varphi(\omega)=-\angle\arctan0.5\omega$$

计算当 ω 从零到无穷变化时，实频特性和虚频特性在复平面上对应的点的坐标，或幅频特性和相频特性对应的矢量端点的坐标。计算结果如表 5-1 所示。

表 5-1 例 5-3 频率特性图坐标点

ω	0	1	2	3	4	5	10	…	$+\infty$
$\mathrm{Re}[G(j\omega)]$	1	0.800	0.500	0.308	0.200	0.138	0.040	…	0
$\mathrm{Im}[G(j\omega)]$	0	-0.40	0.50	-0.46	-0.40	-0.34	-0.19	…	0
$A(\omega)$	1	0.900	0.707	0.550	0.450	0.370	0.190	…	0
$\varphi(\omega)$	$0°$	$-26.6°$	$-45°$	$-56.3°$	$-63.4°$	$-68.2°$	$-78.7°$	…	$-90°$

将表 5-1 中不同 ω 值对应的实频特性和虚频特性点或幅频特性和相频特性矢量端点描绘在复平面上，用光滑的曲线连接这些坐标点，并在图上表示出起点($\omega=0$)、终点($\omega=+\infty$)及 ω 增大的方向，最终得到该传递函数的奈奎斯特图，如图 5.5 所示。

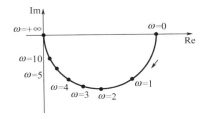

图 5.5 传递函数 $G(s)=\dfrac{1}{0.5s+1}$ 的奈奎斯特图

手工准确绘制奈奎斯特图的准确曲线是比较麻烦的，一般情况下可绘制奈奎斯特图的概略曲线。但奈奎斯特图的概略曲线应保持其准确曲线的重要特征，并且在要研究的点附近有足够的准确性。绘制奈奎斯特图概略曲线的一般步骤如下。

(1) 由 $G(j\omega)$ 求出实频特性 $\mathrm{Re}[G(j\omega)]$、虚频特性 $\mathrm{Im}[G(j\omega)]$ 或者幅频特性 $|G(j\omega)|$、相频特性 $\angle G(j\omega)$ 的表达式。

(2) 求出若干特征点，如起点($\omega=0$)、终点($\omega=\infty$)、与实轴的交点($\mathrm{Im}[G(j\omega)]=0$)、与虚轴的交点($\mathrm{Re}[G(j\omega)]=0$)等，并标注在坐标图上。

(3) 补充必要的几点，根据 $|G(j\omega)|$、$\angle G(j\omega)$ 和 $\mathrm{Re}[G(j\omega)]$、$\mathrm{Im}[G(j\omega)]$ 的变化趋势及 $G(j\omega)$ 所处的象限，绘制出奈奎斯特图的大致图形。

借助计算机软件可快速准确地绘制系统的频率特性曲线。绘制曲线时，计算机以一定的频率间隔逐点计算 $G(j\omega)$ 的实部、虚部或幅值、相位，并将其描绘在极坐标图中。例如，要绘制例 5-3 系统传递函数的奈奎斯特图，可在 MATLAB 的 Command Window 窗口中输入如下命令，按 Enter 键，得到如图 5.6 所示的奈奎斯特图。

```
>> num=[1];        % 传递函数分子多项式系数向量
>> den=[0.5 1];      % 传递函数分母多项式系数向量
>> nyquist(num,den)    % 系统奈奎斯特图绘制命令
```

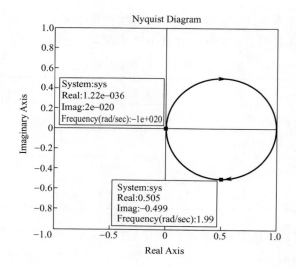

图 5.6　计算机绘制的传递函数 $G(s) = \dfrac{1}{0.5s+1}$ 的奈奎斯特图

通常，计算机绘制的奈奎斯特图为全叶奈奎斯特图，其频率变化为 $(-\infty, +\infty)$，ω 由 $0 \to +\infty$ 与 ω 由 $-\infty \to 0$ 的轨迹关于实轴对称。手工绘制奈奎斯特图时的频率变化通常取 $(0, +\infty)$，所绘制的图形称为半叶奈奎斯特图。

5.2.2　奈奎斯特图的物理意义

奈奎斯特图不仅表示了幅频特性和相频特性，而且表示了实频特性和虚频特性，还表示了 ω 由 0 增至 ∞ 时系统频率特性的变化趋势。对于极坐标图上的任一点，从原点到它的距离为复数的模，表示系统对此点频率信号的幅值增益。原点与此点连线与实轴正方向的夹角为复数的相位角，表示系统对此点频率信号的相位影响。

【例 5 - 4】　分析图 5.7 所示系统的频率特性。

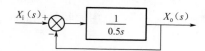

图 5.7　某系统传递函数框图模型

解：由框图可知系统闭环传递函数为

$$G_B(s) = \frac{X_o(s)}{X_i(s)} = \frac{1}{0.5s+1}$$

其频率特性为

$$G_B(j\omega) = \frac{1}{0.5j\omega+1}$$

绘制系统的奈奎斯特图（图 5.5 或图 5.6）。由奈奎斯特图可知，当系统输入信号 $x_i(t) = A\sin\omega t$ 时，有：

（1）奈奎斯特图上与 $\omega = 0$ 对应的点到原点距离为 1，即 $|X_o| = |X_i|$，此时系统输出正弦信号的幅值与输入信号的幅值相等，相位差为 0。

（2）随着 ω 的增大，奈奎斯特图上的点到原点距离均小于 1，即 $|X_o| < |X_i|$，系统不仅幅值衰减越来越大，相位角的滞后也越来越大。

（3）当 $\omega = \infty$ 时，系统输出信号的幅值衰减至 0，此时有最大滞后相位角，即 $\varphi = -90°$。

由上述分析可知，本系统具有低通特性。对电子滤波网络而言，该系统可以实现"通低频、阻高频"的功能；对机械系统而言，则可以抑制高频振荡，起到减振的功效。

5.2.3　典型环节的奈奎斯特图

1. 比例环节 K

由 $G(j\omega) = K$ 可得

$$\begin{cases} |G(j\omega)| = K \\ \angle G(j\omega) = 0° \end{cases}$$

因此，比例环节的奈奎斯特图是实轴上的一定点，如图 5.8 所示。

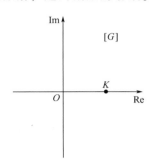

图 5.8　比例环节的奈奎斯特图

2. 积分环节 $\dfrac{1}{s}$

由 $G(j\omega) = \dfrac{1}{j\omega} = -\dfrac{1}{\omega}j$ 可得

$$\begin{cases} |G(j\omega)| = \dfrac{1}{\omega} \\ \angle G(j\omega) = -90° \end{cases}$$

因此，积分环节的奈奎斯特图是负虚轴，且由负无穷远处指向原点，如图 5.9 所示。

3. 微分环节 s

由 $G(j\omega) = j\omega$ 可得

$$\begin{cases} |G(j\omega)| = \omega \\ \angle G(j\omega) = 90° \end{cases}$$

因此，微分环节的奈奎斯特图是正虚轴，且由原点指向正无穷远处，如图 5.10 所示。

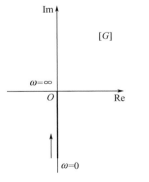

图 5.9　积分环节的奈奎斯特图

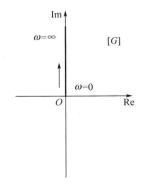

图 5.10　微分环节的奈奎斯特图

4. 惯性环节 $\dfrac{1}{Ts+1}$

由 $G(\omega \mathrm{j}) = \dfrac{1}{T\mathrm{j}\omega+1}$ 可得

$$\begin{cases} |G(\mathrm{j}\omega)| = \dfrac{1}{\sqrt{1+\omega^2 T^2}} \\ \angle G(\mathrm{j}\omega) = -\arctan\omega T \end{cases}$$

由于 $\mathrm{Re}^2[G(\mathrm{j}\omega)] + \mathrm{Im}^2[G(\mathrm{j}\omega)] = 1$，因此，当 $\omega = 0 \sim \infty$ 时，惯性环节的奈奎斯特图为图 5.11 所示的半圆，半圆的圆心为 $(0.5,0)$，直径为 1。

5. 一阶微分环节 $\tau s+1$

由 $G(\mathrm{j}\omega) = \tau \mathrm{j}\omega+1$ 可得

$$\begin{cases} |G(\mathrm{j}\omega)| = \sqrt{1+\omega^2 \tau^2} \\ \angle G(\mathrm{j}\omega) = \arctan\omega\tau \end{cases}$$

因此，当 $\omega = 0 \sim \infty$ 时，一阶微分环节的奈奎斯特图为第一象限内，过 $(1,\mathrm{j}0)$ 点且平行于虚轴的上半部直线，如图 5.12 所示。

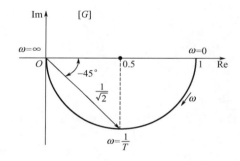
图 5.11　惯性环节的奈奎斯特图

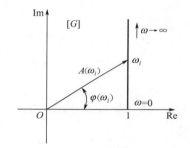
图 5.12　一阶微分环节的奈奎斯特图

6. 二阶振荡环节 $\dfrac{\omega_\mathrm{n}^2}{s^2+2\xi\omega_\mathrm{n}s+\omega_\mathrm{n}^2}$

系统频率特性为

$$G(\mathrm{j}\omega) = \frac{\omega_\mathrm{n}^2}{(\mathrm{j}\omega)^2+2\xi\omega_\mathrm{n}\mathrm{j}\omega+\omega_\mathrm{n}^2}$$

其幅频特性和相频特性分别为

$$|G(\mathrm{j}\omega)| = \frac{1}{\sqrt{\left(1-\dfrac{\omega^2}{\omega_\mathrm{n}^2}\right)^2+\left(2\xi\dfrac{\omega}{\omega_\mathrm{n}}\right)^2}}$$

$$\angle G(\mathrm{j}\omega) = -\arctan\frac{2\xi\dfrac{\omega}{\omega_\mathrm{n}}}{1-\dfrac{\omega^2}{\omega_\mathrm{n}^2}}$$

当振荡环节 ω 为特殊值时，其幅值和相位角计算值见表 5-2。

表 5-2　振荡环节 ω 为特殊值时的幅值和相位角计算值

ω	幅值	相位角
0	1	$0°$
ω_n	$\dfrac{1}{2\xi}$	$-90°$
∞	0	$-180°$

可见，当 ω 从 $0 \rightarrow \infty$ 时，$G(j\omega)$ 的幅值由 $1 \rightarrow 0$，其相位从 $0° \rightarrow -180°$。振荡环节频率特性的奈奎斯特图起始于 $(-1, j0)$ 点，终止于 $(0, j0)$ 点。曲线与虚轴的交点的频率就是无阻尼固有频率 ω_n，此时的幅值为 $\dfrac{1}{2\xi}$。曲线在第三、第四象限，如图 5.13 所示。ξ 取值不同，$G(j\omega)$ 的奈奎斯特图形状也就不同，如图 5.14 所示。

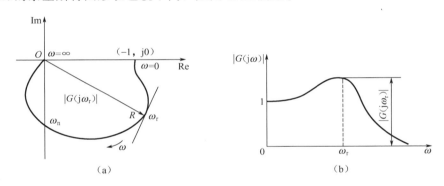

图 5.13　振荡环节的奈奎斯特图及其幅频图

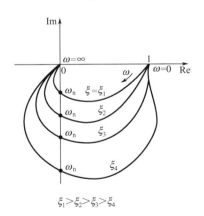

图 5.14　振荡环节不同 ξ 值的奈奎斯特图

当阻尼比 $\xi < 0.707$ 时，幅频特性 $|G(j\omega)|$ 在频率为 ω_r 处出现峰值，如图 5.13（a）与图 5.13（b）所示。此峰值称为谐振峰值，频率 ω_r 称为谐振频率。计算可得

$$\omega_r = \omega_n \sqrt{1 - 2\xi^2}$$

$$|G(j\omega_r)| = \frac{1}{2\xi\sqrt{1 - \xi^2}}$$

$$\angle G(\mathrm{j}\omega_r) = -\arctan\frac{\sqrt{1-2\xi^2}}{\xi}$$

当阻尼比 $\xi \geqslant 0.707$ 时，一般认为 ω_r 不再存在。

5.2.4 常见系统传递函数奈奎斯特概略图

由于控制系统的传递函数通常由各种典型环节组合而成，其表达式较复杂，如果要手工准确地绘制 ω 从 $0 \rightarrow \infty$ 整个频率范围内的系统奈奎斯特图，通常需采用逐点描图法，费时费力。不过通常我们并不需要精确知道整个频率范围内系统每一点的幅值和相角，而只需要精确知道极坐标图与负实轴的交点及 $|G(\mathrm{j}\omega)|=1$ 时的点，其余部分只需知道它的一般形状即可。这种概略的极坐标图，只要根据极坐标图的特点，便可方便地绘出。

设某系统的传递函数由 q 个典型环节组成，其表达式为

概略幅相曲线
的绘制步骤

$$G(s) = \prod_{i=1}^{q} G_i(s)$$

则该系统的频率特性为

$$G(\mathrm{j}\omega) = \prod_{i=1}^{q} G_i(\mathrm{j}\omega)$$

幅频特性和相频特性分别为

$$A(\omega) = |G(\mathrm{j}\omega)| = \prod_{i=1}^{q} |G_i(\mathrm{j}\omega)|$$

$$\varphi(\omega) = \angle G(\mathrm{j}\omega) = \sum_{i=1}^{q} \angle G_i(\mathrm{j}\omega)$$

由上可知，系统幅频值等于其各组成环节的幅频值之积，相频值等于其各组成环节的相频值之和。

【例 5-5】 某系统传递函数为 $G(s)=\dfrac{10}{2s+1}$，试绘制其奈奎斯特图。

解：由给定传递函数可知，这是一个由时间常数为 2 的标准惯性环节和增益为 10 的比例环节串联而成的系统，其频率特性及其相应的实频特性、虚频特性分别为

$$G(\mathrm{j}\omega) = \frac{10}{2\omega\mathrm{j}+1}$$

$$U(\omega) = \mathrm{Re}[G(\mathrm{j}\omega)] = \frac{10}{1+4\omega^2}$$

$$V(\omega) = \mathrm{Im}[G(\mathrm{j}\omega)] = -\frac{20\omega}{1+4\omega^2}$$

实频特性与虚频特性之间的关系为

$$[U(\omega)-5]^2 + V^2(\omega) = 5^2 \quad (V(\omega) \leqslant 0)$$

在以 $U(\omega)$ 为横坐标轴、$V(\omega)$ 为纵坐标轴的频率特性 $G(\mathrm{j}\omega)$ 的复平面 $[G]$ 上，按上式可绘出圆心为 $(5,0j)$、半径为 5 的位于第四象限的半圆曲线，如图 5.15 所示。对比标准惯性环节 $\dfrac{1}{2s+1}$ 的奈奎斯特图可知，增加比例环节只改变了幅频特性（增大 K 倍）而曲线形状未变（因相频特性不变）。

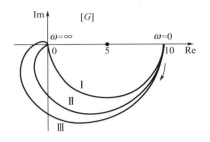

曲线 I：$G(s)=\dfrac{10}{2s+1}$；曲线 II：$G(s)=\dfrac{10}{(2s+1)(3s+1)}$；曲线 III：$G(s)=\dfrac{10}{(2s+1)(3s+1)^2}$

图 5.15　系统的奈奎斯特图

【例 5 - 6】　设某系统的传递函数为 $G(s)=\dfrac{10}{(2s+1)(3s+1)}$，试绘制其奈奎斯特图。

解：本例可视为由例 5 - 5 系统串联一个时间常数为 3 的标准惯性环节而成的系统，其频率特性、幅频特性和相频特性分别为

$$G(\mathrm{j}\omega)=\frac{10}{(2\mathrm{j}\omega+1)(3\mathrm{j}\omega+1)}$$

$$A(\omega)=\left|G(\mathrm{j}\omega)\right|=\frac{10}{\sqrt{(4\omega^2+1)(9\omega^2+1)}}$$

$$\varphi(\omega)=\angle G(\mathrm{j}\omega)=-\arctan2\omega-\arctan3\omega$$

根据以上计算式可建立幅相频率特性坐标点，见表 5 - 3。根据表 5 - 3 绘制出奈奎斯特图（如图 5.15 中的曲线 II）。

表 5 - 3　例 5 - 6 系统的幅相频率特性坐标点

ω_i	0	...	$\dfrac{1}{6}$	...	$\dfrac{1}{\sqrt{6}}$	...	∞
$A(\omega_i)$	10	...	$\dfrac{6}{5}\sqrt{50}$	...	$2\sqrt{6}$	...	0
$\varphi(\omega_i)$	0	...	$-\dfrac{\pi}{4}$	...	$-\dfrac{\pi}{2}$	...	$-\pi$

比较图 5.15 中曲线 I、II 和 III 及其对应的传递函数，可以看出，三条曲线的起点相同而终点不同，每增加一个惯性环节，奈奎斯特图的终点就旋转 $-\dfrac{\pi}{2}$，而起点保持不变。

【例 5 - 7】　设系统的传递函数为 $G(s)=\dfrac{10}{s(2s+1)}$，试绘制其奈奎斯特图。

解：本例可视为由例 5 - 5 系统串联一个积分环节后得到的 I 型系统，其频率特性、幅频特性和相频特性分别为

$$G(\mathrm{j}\omega)=\frac{10}{\mathrm{j}\omega(2\mathrm{j}\omega+1)}$$

$$A(\omega)=\left|G(\mathrm{j}\omega)\right|=\frac{10}{\omega\sqrt{(4\omega^2+1)}}$$

$$\varphi(\omega)=\angle G(\mathrm{j}\omega)=-\frac{\pi}{2}-\arctan2\omega$$

根据以上计算式可建立幅相频率特性坐标点，见表 5-4。根据表 5-4 绘制出的奈奎斯特图如图 5.16(a)中曲线 I 所示。同样可绘制出传递函数为 $G(s)=\dfrac{10}{s^2(2s+1)}$ 的奈奎斯特图如图 5.16 （a） 中的曲线 II 所示。

表 5-4　例 5-7 系统幅相频率特性坐标点

ω_i	0	⋯	$\dfrac{1}{2}$	⋯	∞
$A(\omega_i)$	∞	⋯	$10\sqrt{2}$	⋯	0
$\varphi(\omega_i)$	$-\dfrac{\pi}{2}$	⋯	$-\dfrac{3}{4}\pi$	⋯	$-\pi$

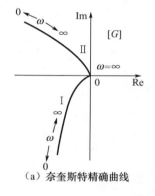 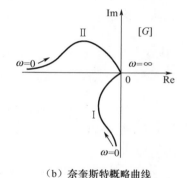

（a）奈奎斯特精确曲线　　　　　　（b）奈奎斯特概略曲线

曲线 I：$G(s)=\dfrac{10}{s(2s+1)}$；曲线 II：$G(s)=\dfrac{10}{s^2(2s+1)}$

图 5.16　传递函数的奈奎斯特图

从图 5.16(a)可以看出，对于非 0 型系统，由于其传递函数有零极点，频率特性在 $\omega=0$ 处不连续，因此其奈奎斯特曲线的起点位于距离原点无穷远处，无法在有限的复平面上表示出来。为了表达 $\omega=0$ 附近的相频特征，通常用一段能反应 $\omega=0$ 部位相频特征的示意曲线作为奈奎斯特图的低频段曲线，将该示意曲线与奈奎斯特曲线的中频段圆滑连接起来，可形成一条奈奎斯特概略曲线。图 5.16(b)就是图 5.16(a)的概略图。

比较图 5.15 中曲线 I 与图 5.16 中曲线 I、曲线 II 及其对应的传递函数可知，每增加一个积分环节，奈奎斯特曲线就旋转 $-\dfrac{\pi}{2}$，且起点被转移到距离复平面原点无穷远处。

【例 5-8】　设系统的传递函数为 $G(s)=\dfrac{10}{(2s+1)(9s^2+3s+1)}$，试绘制其奈奎斯特概略曲线。

解：本例可视为由一个增益为 10 的比例环节、一个时间常数为 2 的标准惯性环节和一个时间常数为 3、阻尼比为 0.5 的标准振荡环节组成的系统，其频率特性、幅频特性和相频特性分别为

$$G(\mathrm{j}\omega)=\dfrac{10}{(2\mathrm{j}\omega+1)(1-9\omega^2+3\mathrm{j}\omega)}$$

$$A(\omega) = \left| G(j\omega) \right| = \frac{10}{\sqrt{1+4\omega^2}\,\sqrt{(1-9\omega^2)^2+9\omega^2}}$$

$$\varphi(\omega) = \angle G(j\omega) = -\arctan 2\omega - \arctan \frac{3\omega}{1-9\omega^2}$$

首先可绘出图 5.17 所示的振荡环节奈奎斯特标准曲线（曲线 I），然后依据增益和惯性环节对曲线的影响规律，绘制出系统的奈奎斯特概略曲线（曲线 II）。

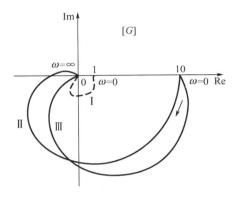

曲线 II：$G(s) = \dfrac{10}{(2s+1)(9s^2+3s+1)}$；曲线 III：$G(s) = \dfrac{10(3s+1)}{(2s+1)(9s^2+3s+1)}$

图 5.17 例 5-8 系统的奈奎斯特图

在绘制奈奎斯特概略曲线时，通常并不要求很高的绘图精度，除了在坐标轴附近要精确绘制外，其余部位一般无须精确绘制。于是就产生这样一个问题：当频率 ω 等于多少时，奈奎斯特曲线穿过坐标轴呢？这个问题很容易解决，因为奈奎斯特曲线穿过坐标轴时的相频值是一定的。例如，本例中，由于奈奎斯特曲线穿过负实轴时的相频值为 $-\pi$，因此对应的频率必满足如下频率方程

$$\varphi(\omega) = \angle G(j\omega) = -\arctan 2\omega - \arctan \frac{3\omega}{1-9\omega^2} = -\pi$$

解该方程得

$$\omega = \sqrt{\frac{5}{18}}$$

将 $\omega = \sqrt{\dfrac{5}{18}}$ 代入幅频特性计算式，可求得奈奎斯特曲线与负实轴的交点坐标，即

$$A\left(\sqrt{\frac{5}{18}}\right) = \frac{60}{19}$$

显然，此时该点的相位角 $\varphi\left(\sqrt{\dfrac{5}{18}}\right) = -\pi$。

【例 5-9】 设系统的传递函数为 $G(s) = \dfrac{10(3s+1)}{(2s+1)(9s^2+3s+1)}$，试绘制其奈奎斯特图。

解：本例可视为由例 5-8 系统串联一个时间常数等于 3 的标准一阶微分环节后得到的系统，其频率特性、幅频特性和相频特性分别为

$$G(j\omega) = \frac{10(3j\omega+1)}{(2j\omega+1)(1-9\omega^2+3j\omega)}$$

$$A(\omega) = |G(j\omega)| = \frac{10\sqrt{1+9\omega^2}}{\sqrt{1+4\omega^2}\sqrt{(1-9\omega^2)^2+9\omega^2}}$$

$$\varphi(\omega) = \angle G(j\omega) = \arctan 3\omega - \arctan 2\omega - \arctan \frac{3\omega}{1-9\omega^2}$$

按以上计算式绘出的奈奎斯特曲线如图 5.17 曲线 Ⅲ 所示。比较图 5.17 中曲线 Ⅱ、曲线 Ⅲ 及其传递函数可知，增加一个标准的一阶微分环节后，此时系统奈奎斯特曲线的终点旋转了 $\frac{\pi}{2}$ 而起点保持不变。

【例 5 - 10】 设系统的传递函数为 $G(s) = \dfrac{K(T_2 s+1)}{s^2(T_1 s+1)}$，试绘制当 $T_1 < T_2$、$T_1 = T_2$、$T_1 > T_2$ 时的系统奈奎斯特概略曲线。

解： 当 $\omega = 0$ 时

$$|G(j\omega)| = \infty, \quad \angle G(j\omega) = -180°$$

当 $\omega = \infty$ 时

$$|G(j\omega)| = 0, \quad \angle G(j\omega) = -180°$$

对任意 ω，有

$$\angle G(j\omega) = -180° - \arctan T_1\omega + \arctan T_2\omega$$

(1) 当 $T_1 < T_2$、ω 从 $0^+ \to +\infty$ 时，$\angle G(j\omega)$ 的相位大于 $-180°$，奈奎斯特概略曲线在第三象限，如图 5.18(a) 所示。

(2) 当 $T_1 = T_2$、ω 从 $0^+ \to +\infty$ 时，$G(s)$ 由一个比例环节和两个积分环节组成，$\angle G(j\omega)$ 的相位恒等于 $-180°$，奈奎斯特曲线在实轴的负半轴上，如图 5.18(b) 所示。

(3) 当 $T_1 > T_2$、ω 从 $0^+ \to +\infty$ 时，$\angle G(j\omega)$ 的相位小于 $-180°$，奈奎斯特概略曲线在第二象限，如图 5.18(c) 所示。

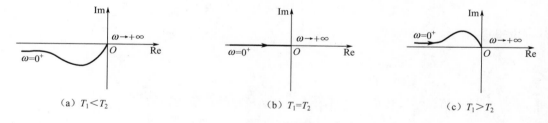

(a) $T_1 < T_2$ (b) $T_1 = T_2$ (c) $T_1 > T_2$

图 5.18 例 5 - 10 系统的奈奎斯特概略曲线

比较图 5.18(a)、图 5.18(b) 及其传递函数可知，加大一阶微分环节的作用后，系统相位角单调性改变，滞后量减小，奈奎斯特曲线区域由第二象限变为第三象限。

系统奈奎斯特概略曲线常见于频率特性的手绘图中，它需反映频率特性的三个重要因素：曲线的起点、终点、曲线与实轴的交点和曲线的变化范围（象限、单调性）。精确的奈奎斯特曲线及一些复杂系统的奈奎斯特图通常采用计算机绘制。

表 5 - 5 列出了一些常见的奈奎斯特图。

表 5 - 5　一些常见的奈奎斯特图

序　号	环节名称	奈奎斯特图
1	一阶微分环节 $(1+\mathrm{j}\omega T)$	
2	延时环节 $\mathrm{e}^{-\mathrm{j}\tau\omega}=\cos\tau\omega-\mathrm{j}\sin\tau\omega$	
3	$\dfrac{1}{(\mathrm{j}\omega)^2}$	
4	$\dfrac{\mathrm{j}T\omega}{1+\mathrm{j}T\omega}$	
5	$\dfrac{1+\mathrm{j}T\omega}{1+\mathrm{j}aT\omega}(a>1)$	
6	$\dfrac{1}{(1+\mathrm{j}T_1\omega)(1+\mathrm{j}T_2\omega)(1+\mathrm{j}T_3\omega)}$	
7	$\dfrac{1}{\mathrm{j}\omega(1+\mathrm{j}T\omega)}$	
8	$\dfrac{\omega_n^2}{\mathrm{j}\omega\left[(\mathrm{j}\omega)^2+\xi\omega_n\mathrm{j}\omega+\omega_n^2\right]}$	
9	二阶微分环节 $1+2\zeta\dfrac{\mathrm{j}\omega}{\omega_n}+\left(\dfrac{\mathrm{j}\omega}{\omega_n}\right)^2$	

5.3 频率特性的伯德图

5.3.1 伯德图的基本要素

频率特性的伯德图又称对数坐标图。伯德图由对数幅频特性图和对数相频特性图组成，分别表示幅频特性和相频特性。伯德图的横坐标为频率 ω，采用 $\lg\omega$ 分度，单位是 rad/s，如图 5.19 所示。由图可知，ω 的数值每变化十倍，在对数坐标上变化一个单位。即频率 ω 从任一数值 ω_0 增加（减小）到 $\omega_1 = 10\omega_0$（$\omega_1 = 0.1\omega_0$）时的频带宽度在对数坐标上为一个单位。将该频带宽度称为十倍频程，通常以 dec 表示。注意，为了方便，其横坐标虽然是对数分度，但是习惯上其刻度值不标 $\lg\omega$ 值，而是标 ω 的真值。需注意的是，坐标原点处的值不得为零，而是取一个非零的正值，至于它取何值，应视所要表示的实际频率范围而定。

伯德图

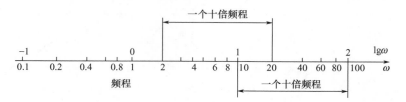

图 5.19 伯德图的横坐标

分贝

对数幅频特性图的纵坐标表示 $20\lg|G(j\omega)|$，记作 $L(\omega)$，单位为分贝（dB），线性分度，即 1dB 定义为

$$1\mathrm{dB} = 20\lg|G(j\omega)|$$

图中可简写为 $20\lg|G|$，由该分贝值的定义可知，当 $|G(j\omega)| = 1$ 时，其分贝值为零。即 0dB 表示输出幅值等于输入幅值。

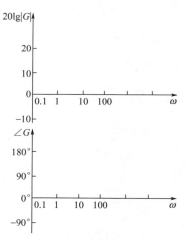

图 5.20 伯德图坐标系

对数相频特性图的纵坐标表示 $G(j\omega)$ 的相位，记作 $\varphi(\omega)$ 或 $\angle G(j\omega)$，单位是度（°）或弧度（rad），线性分度。图 5.20 所示为伯德图坐标系。由于对数幅频特性和对数相频特性的纵坐标都是线性分度，横坐标都是对数分度，因此两张图绘制在同一张对数坐标纸上，并且两张图按频率上下对齐，容易看出同一频率时的幅值和相位。

5.3.2 典型环节伯德图

1. 比例环节 K

比例环节的频率特性为

$$G(j\omega) = K$$

其对数幅频特性和相频特性分别为

$$L(\omega) = 20\lg|G(j\omega)| = 20\lg K$$

$$\angle G(j\omega) = 0°$$

可见，比例环节的对数幅频特性曲线是一条高度等于 $20\lg K$ 的水平直线，对数相频特性曲线是与 $0°$ 重合的一条直线，如图 5.21 所示（图中 $K=10$）。当 K 改变时，只是对数幅频特性曲线上、下移动，而对数相频特性曲线不变。

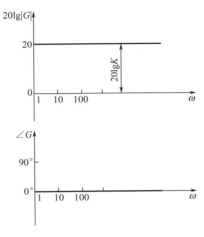

图 5.21 比例环节伯德图

2. 积分环节 $\dfrac{1}{s}$

积分环节的频率特性为

$$G(j\omega) = \frac{1}{j\omega}$$

其对数幅频特性和相频特性分别为

$$L(\omega) = 20\lg |G(j\omega)| = 20\lg \frac{1}{\omega} = -20\lg\omega$$

$$\angle G(j\omega) = -90°$$

可见，每当频率增为十倍时，对数幅频特性就下降 20dB，故积分环节的对数幅频特性曲线在整个频率范围内是一条斜率为 -20dB/dec 的直线。当 $\omega=1$ 时，$20\lg|G(j\omega)|=0$。即在此频率时，积分环节的对数幅频特性曲线与 0dB 线相交，如图 5.22 所示。积分环节的对数相频特性曲线在整个频率范围内为一条 $-90°$ 的水平线。

3. 微分环节 s

微分环节的频率特性为

$$G(j\omega) = j\omega$$

其对数幅频特性和相频特性分别为

$$L(\omega) = 20\lg |G(j\omega)| = 20\lg\omega$$

$$\angle G(j\omega) = 90°$$

可见，每当频率增为十倍时，对数幅频特性就上升 20dB，故微分环节的对数幅频特性曲线在整个频率范围内是一条斜率为 20dB/dec 的直线。当 $\omega=1$ 时，$20\lg|G(j\omega)|=0$。即在此频率时，微分环节的对数幅频特性曲线与 0dB 线相交，如图 5.23 所示。微分环节

的对数相频特性曲线在整个频率范围内为一条 90°的水平线。

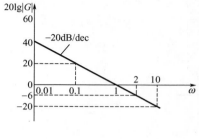

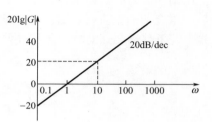

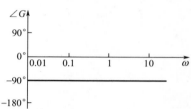

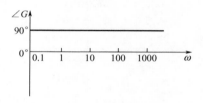

图 5.22　积分环节伯德图　　　　　　图 5.23　微分环节伯德图

4. 惯性环节 $\dfrac{1}{Ts+1}$

惯性环节的频率特性为

$$G(j\omega)=\frac{1}{T\omega j+1}$$

其对数幅频特性和相频特性分别为

$$L(\omega)=20\lg|G(j\omega)|=20\lg\sqrt{1+\omega^2 T^2}$$
$$\angle G(j\omega)=-\arctan\omega T$$

由表达式可知，惯性环节幅频特性伯德图是一条比较复杂的曲线。为了简化，一般用直线近似代替曲线。

当 $\omega T\ll 1\left(\text{即 }\omega\ll\dfrac{1}{T}\right)$时，对数幅频特性表达式可写为

$$L(\omega)=20\lg|G(j\omega)|=20\lg\sqrt{1+\omega^2 T^2}\approx 0$$

所以，对数幅频特性曲线在低频段近似为 0dB 水平线，它止于点 $\left(\dfrac{1}{T},0\right)$。0dB 水平线称为低频渐近线。

当 $\omega T\gg 1\left(\text{即 }\omega\gg\dfrac{1}{T}\right)$时，对数幅频特性表达式可写为

$$L(\omega)=20\lg|G(j\omega)|=20\lg\sqrt{1+\omega^2 T^2}\approx 20\lg\omega T$$

所以，对数幅频特性曲线在高频段近似是一条直线，它始于点 $\left(\dfrac{1}{T},0\right)$，斜率为 -20dB/dec，此斜线称为高频渐近线。通常，令 $\omega_T=\dfrac{1}{T}$，显然，ω_T 是低频渐近线与高频渐近线交点处的频率，称为转折频率

由惯性环节的相频特性表达式可知，转折频率处 $\left(\omega=\omega_T=\dfrac{1}{T}\right)$的相位角为 $-45°$。对

$\omega T \ll 1$ 的区域：当 $\omega = 0.1 \dfrac{1}{T}$ 时，相位角为 $-5.7°$；当 $\omega = 0.01 \dfrac{1}{T}$ 时，相位角为 $-0.6°$。对 $\omega T \gg 1$ 的区域：当 $\omega = 10 \dfrac{1}{T}$ 时，相位角为 $-84.3°$；当 $\omega = 100 \dfrac{1}{T}$ 时，相位角为 $-89.4°$。 $\varphi = 0°$ 和 $\varphi = -90°$ 为其相频特性曲线的两条渐近线。

惯性环节伯德图如图 5.24 所示。由图可知，惯性环节在低频时，输出能较准确地跟踪输入。但当输入频率 $\omega > \omega_T$ 时，输出的对数幅值以 -20dB/dec 的斜率下降。这是由于惯性环节存在时间常数，输出达到一定幅值时需要一定时间的缘故。当频率过高，输出便跟不上输入的变化。故在高频时，输出的幅值很快衰减。如果输入函数中包含多种谐波，则输入中的低频分量得到精确的复现，而高频分量的幅值就要衰减，并产生较大的相移。因此惯性环节具有低通滤波器的功能。

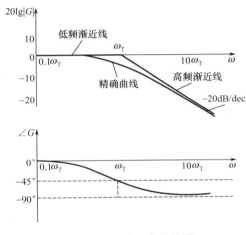

图 5.24　惯性环节伯德图

手工绘图时，惯性环节的伯德图常用渐近线代替。在大多数情况下，渐近线能满足工程精度要求，在进行系统分析和综合时通常直接使用渐近线而不用精确曲线。与精确的惯性环节伯德图相比，渐近线最大误差发生在转角频率 ω_T 处，其误差值为 -3dB。

5．一阶微分 $\tau s + 1$

微分环节的频率特性为

$$G(\text{j}\omega) = \text{j}\omega\tau + 1$$

其对数幅频特性和相频特性分别为

$$L(\omega) = 20\lg|G(\text{j}\omega)| = 20\lg\sqrt{\omega^2\tau^2 + 1}$$

$$\angle G(\text{j}\omega) = \arctan\omega\tau$$

若令 $\omega_T = \dfrac{1}{\tau}$，则当 $\omega \ll \omega_T$ 时，对数幅频特性表达式可写为

$$L(\omega) = 20\lg|G(\text{j}\omega)| \approx 20\lg 1 = 0$$

因此，对数幅频特性曲线在低频段近似为止于点 $(\omega_T, 0)$ 的 0dB 水平线，0dB 线为低频渐近线。

当 $\omega \gg \omega_T$ 时，对数幅频特性表达式可写为

$$20\lg|G(j\omega)|\approx 20\lg\omega\tau=-20\lg\omega_T+20\lg\omega$$

当 $\omega=\omega_T=\dfrac{1}{\tau}$ 时，有

$$20\lg|G(j\omega)|=0$$

当一阶微分环节中的 τ 与惯性环节中的 T 相等时，一阶微分环节和惯性环节的传递函数互为倒数。因此，它们的幅频特性图关于 0dB 线对称，相频特性图关于 0°线对称，如图 5.25 所示。

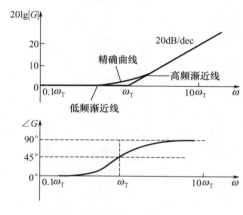

图 5.25　一阶微分环节伯德图

6. 振荡环节 $\dfrac{1}{T^2 s^2+2\xi Ts+1}$

振荡环节的频率特性为

$$G(j\omega)=\frac{1}{(j\omega T)^2+j2\xi\omega T+1}=\frac{1}{1-\omega^2 T^2+j2\xi\omega T}$$

其对数幅频特性和相频特性分别为

$$L(\omega)=20\lg|G(j\omega)|=-20\lg\sqrt{(1-\omega^2 T^2)^2+(2\xi\omega T)^2}$$

$$\angle G(j\omega)=-\arctan\frac{2\xi\omega T}{1-\omega^2 T^2}$$

若令 $\omega_T=\dfrac{1}{T}$，则当 $\omega\ll\omega_T$ 时，对数幅频特性表达式可写为

$$L(\omega)=20\lg|G(j\omega)|\approx-20\lg 1=0$$

所以，对数幅频特性曲线在低频段近似为 0dB 水平线，它止于点 $\left(\dfrac{1}{T},0\right)$，0dB 水平线称为低频渐近线

当 $\omega T\gg 1\left(\text{即 }\omega\gg\dfrac{1}{T}\right)$ 时，对数幅频特性表达式可写为

$$L(\omega)=20\lg|G(j\omega)|\approx-40\lg\omega T$$

所以，对数幅频特性曲线在高频段近似是一条直线，它始于点 $\left(\dfrac{1}{T},0\right)$，斜率为 -40dB/dec，此斜线称为高频渐近线

振荡环节伯德图如图 5.26 所示。对数幅频特性曲线在转折频率处，近似曲线斜率由 0 突变为 −40dB/dec。对数相频特性曲线的低频渐近线与 0°线重合，高频渐近线与 −180°线重合。当 $\xi \leqslant 0.707$ 时，振荡环节精确的对数幅频曲线存在凸峰，该凸峰处的频率为谐振频率 $\omega_r = \omega_n \sqrt{1-2\xi^2}$，对数幅频值为 $L(\omega_r) = 20\lg M_r = -20\lg(2\xi \sqrt{1-\xi^2})$。显然，在近似曲线中，阻尼比的信息完全消失了，这会给系统辨识带来误差。从图 5.26 中可以看出，近似曲线的误差在转折频率附近较大，在低频和高频较小，且阻尼比越小，误差越大。

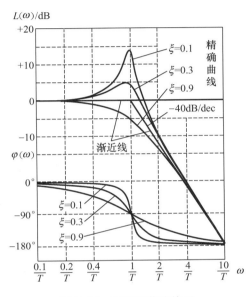

图 5.26　振荡环节伯德图

7. 二阶微分环节 $\tau^2 s^2 + 2\zeta\tau s + 1$

二阶微分环节的频率特性为

$$G(j\omega) = (j\omega\tau)^2 + j2\zeta\omega\tau + 1 = 1 - \omega^2\tau^2 + j2\zeta\omega\tau$$

其对数幅频特性和相频特性分别为

$$L(\omega) = 20\lg|G(j\omega)| = 20\lg\sqrt{(1-\omega^2\tau^2)^2 + (2\zeta\omega\tau)^2}$$

$$\angle G(j\omega) = \arctan\frac{2\zeta\tau\omega}{1-\omega^2\tau^2}$$

当 $\tau = T$，$\zeta = \xi$ 时，二阶微分环节与振荡环节两者的结构特征参数相等，它们的传递函数互为倒数，对数频率特性曲线关于横坐标轴呈镜像对称。二阶微分环节伯德图如图 5.27 所示。由图可知，对数幅频特性近似线为由低频渐近线与高频渐近线连接而成的折线，转折频率 $\omega = \omega_T$，低频渐近线与 0dB 线重合，高频渐近线是斜率等于 40dB/dec 的直线。对数相频特性曲线的低频渐近线与 0°线重合，高频渐近线与 180°线重合，$\omega = \omega_T$ 时的相位角为 90°。

8. 延时环节 $e^{-\tau s}$

延时环节的频率特性为

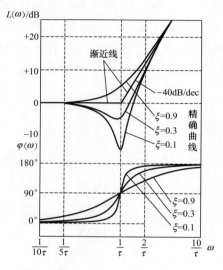

图 5.27 二阶微分环节伯德图

$$G(j\omega) = e^{-j\omega\tau} = \cos\omega\tau - j\sin\omega\tau$$

其对数幅频特性和相频特性分别为

$$L(\omega) = 20\lg|G(j\omega)| = 20\lg 1 = 0$$

$$\angle G(j\omega) = \arctan\frac{-\sin\omega\tau}{\cos\omega\tau} = -\omega\tau$$

延时环节伯德图如图 5.28 所示。

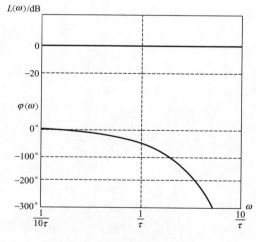

图 5.28 延时环节伯德图

以上介绍了八种典型环节的伯德图。为便于观察对比和引用，在图 5.29 中绘出了六种典型环节的伯德图。

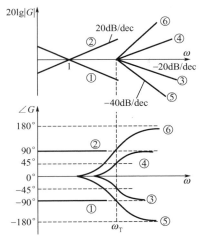

①积分环节　②微分环节
③惯性环节　④一阶微分环节
⑤振荡环节　⑥二阶微分环节

图 5.29　典型环节的伯德图比较

常见典型环节伯德图的基本特征见表 5-6。

表 5-6　常见典型环节伯德图的基本特征

环节名称	对数幅频特性	对数相频特性
比例	平行于 ω 轴、高度为 $20\lg K$ 的直线	与 0°线重合
积分	过 $(1,0)$ 点、斜率为 -20dB/dec 的直线	与 $-90°$ 线重合
微分	过 $(1,0)$ 点、斜率为 20dB/dec 的直线	与 90° 线重合
惯性	转折频率 $\omega_{\mathrm{T}} = 1/T$，$\omega \leqslant \omega_{\mathrm{T}}$ 时为 0dB 线，$\omega > \omega_{\mathrm{T}}$ 时为斜率 -20dB/dec 的直线	ω_{T} 处相位角为 $-45°$，低频渐近线与 0°线重合，高频渐近线与 $-90°$ 线重合
一阶微分	转折频率 $\omega_{\mathrm{T}} = 1/\tau$，$\omega \leqslant \omega_{\mathrm{T}}$ 时为 0dB 线，$\omega > \omega_{\mathrm{T}}$ 时为斜率 20dB/dec 的直线	ω_{T} 处相位角为 $45°$，低频渐近线与 0°线重合，高频渐近线与 90°线重合
振荡	转折频率 $\omega_{\mathrm{T}} = 1/T$，$\omega \leqslant \omega_{\mathrm{T}}$ 时为 0dB 线，$\omega > \omega_{\mathrm{T}}$ 时为斜率 -40dB/dec 的直线	ω_{T} 处相位角为 $-90°$，低频渐近线与 0°线重合，高频渐近线与 $-180°$ 线重合
二阶微分	转折频率 $\omega_{\mathrm{T}} = 1/\tau$，$\omega \leqslant \omega_{\mathrm{T}}$ 时为 0dB 线，$\omega > \omega_{\mathrm{T}}$ 时为斜率 $+40$dB/dec 的直线	ω_{T} 处相位角为 $90°$，低频渐近线与 0°线重合，高频渐近线与 180°线重合

5.3.3　系统伯德图的画法

假设系统的传递函数为

$$G(s) = \prod_{i=1}^{q} G_i(s)$$

伯德图的画法

则该系统的频率特性为

$$G(\mathrm{j}\omega) = \prod_{i=1}^{q} G_i(\mathrm{j}\omega)$$

对数幅频特性为

$$L(\omega) = 20\lg|G(\mathrm{j}\omega)| = 20\lg\prod_{i=1}^{q}|G_i(\mathrm{j}\omega)| = \sum_{i=1}^{q}L_i(\omega)$$

对数相频特性为

$$\varphi(\omega) = \angle G(\mathrm{j}\omega) = \sum_{i=1}^{q}\angle\varphi_i(\mathrm{j}\omega)$$

由上述分析可知，系统的对数频率特性等于其组成环节的对数频率特性的叠加，因此，其对数频率特性曲线可由各组成环节的对数频率特性曲线叠加而得。

伯德图的绘制可采用手工或计算机绘制。计算机绘图时可采用 MATLAB 快速准确地绘制出精确曲线，手工绘图时一般按渐近线绘制。在熟悉了典型环节的伯德图后，手工绘制系统伯德图变得非常方便，其一般步骤如下。

（1）将系统传递函数 $G(s)$ 转化为若干个标准形式的环节传递函数（即惯性环节、一阶微分环节、振荡环节和二阶微分环节的传递函数中常数项均为1）的乘积形式。

（2）由传递函数 $G(s)$ 求出频率特性 $G(\mathrm{j}\omega)$。

（3）确定各典型环节的转角频率，并由小到大将其顺序标在横坐标轴上。

（4）绘制各环节的对数幅频特性的渐近线。

（5）绘制各环节的对数相频特性曲线。

（6）将各环节的对数幅频特性、相频特性分别叠加，得到系统的对数幅频特性曲线和相频特性曲线。

【例 5-11】 绘制系统传递函数 $G(s) = \dfrac{24(0.25s+0.5)}{(5s+2)(0.05s+2)}$ 的伯德图。

解：手工绘图时，按如下步骤进行。

（1）将 $G(s)$ 中各环节的传递函数化为标准形式，得

$$G(s) = \frac{3(0.5s+1)}{(2.5s+1)(0.025s+1)}$$

此式表明，系统由一个比例环节（$K=3$，亦为系统的总增益）、一个一阶微分环节、两个惯性环节串联而成。

（2）系统的频率特性。

$$G(s) = \frac{3(1+0.5\omega\mathrm{j})}{(1+2.5\mathrm{j}\omega)(1+0.025\mathrm{j}\omega)}$$

（3）求出各环节的转折频率 ω_T。

惯性环节 $\dfrac{1}{1+2.5\mathrm{j}\omega}$ 的 $\omega_{\mathrm{T}_1} = \dfrac{1}{2.5} = 0.4$，惯性环节 $\dfrac{1}{1+0.025\mathrm{j}\omega}$ 的 $\omega_{\mathrm{T}_2} = \dfrac{1}{0.025} = 40$，导前环节 $1+0.5\mathrm{j}\omega$ 的 $\omega_{\mathrm{T}3} = \dfrac{1}{0.5} = 2$。注意：各环节的时间常数 T 的单位为 s 时，其倒数 $1/T = \omega_\mathrm{T}$ 的单位为 rad/s。

（4）绘制各环节的对数幅频特性渐近线和对数相频特性曲线，如图 5.30(a) 中的虚线所示。

（5）将各环节的对数幅频特性渐近线和相频特性曲线叠加。

注意：直线与直线叠加后仍为直线，叠加而成的直线的斜率等于各直线的斜率之和。曲线叠加时，可将同一频率处的所有组成环节纵坐标叠加后描点，之后用光滑曲线连接这些叠加点。叠加后的系统伯德图如图 5.30(a) 中的粗实线所示。

采用计算机绘制时，在 MATLAB 的 Command Window 窗口输入如下命令，按 Enter 键，可获得如图 5.30(b) 所示系统的精确伯德图。在 Data Cursor 模式下单击伯德图曲线上的点，可查看对应频率点处的幅值和相位角。

```
>> num=conv([24],[0.25 0.5]);   % 传递函数分子,多项式 24(0.25s+0.5) 相乘后的系数向量
>> den=conv([5 2],[0.05 2]);    % 传递函数分母,多项式 (5s+2)(0.05s+2) 相乘后的系数
向量
>> bode(num,den)                % 伯德图绘图指令,传递函数的分子、分母以多项式系数向量的形式表达
```

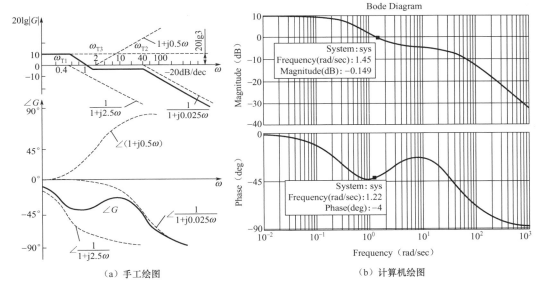

(a) 手工绘图　　　　　(b) 计算机绘图

图 5.30　例 5-11 系统的伯德图

5.4　最小相位传递函数与最小相位系统

有时会遇到这样的情况，两个系统的幅频特性完全相同，而相频特性却相异。例如，假设有两个系统，其传递函数分别为

$$G_1(s) = \frac{T_1 s + 1}{T_2 s + 1} \quad (0 < T_1 < T_2)$$

$$G_2(s) = \frac{T_1 s - 1}{T_2 s + 1} \quad (0 < T_1 < T_2)$$

显然，系统 1 的零点为 $-\dfrac{1}{T_1}$，极点为 $-\dfrac{1}{T_2}$，它们均位于复平面 $[s]$ 的左半平面，如图 5.31(a)

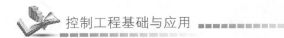

所示。系统 2 的零点为 $\dfrac{1}{T_1}$，位于复平面 $[s]$ 的右半平面，极点为 $-\dfrac{1}{T_2}$，位于复平面 $[s]$ 的左半平面，如图 5.31(b) 所示。这两个系统的幅频特性和相频特性分别为

$$A_1(\omega)=A_2(\omega)=\sqrt{\dfrac{T_1^2\omega^2+1}{T_2^2\omega^2+1}}$$

$$\varphi_1(\omega)=\arctan\omega T_1-\arctan\omega T_2$$

$$\varphi_2(\omega)=-(\arctan\omega T_1+\arctan\omega T_2)$$

由上式可知，尽管这两个系统的幅频特性相同，但它们的相频特性是不同的。在任意频率处，系统 2 的相位滞后量总是大于系统 1 的相位滞后量。当频率 ω 由 $0\to\infty$ 时，系统 1 的相位变动量为 0，而系统 2 的相位变动量为 $-180°$，如图 5.31(c) 所示。

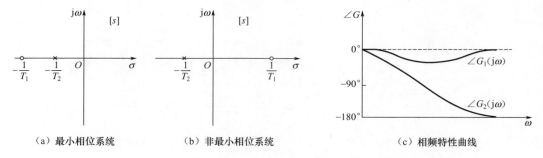

（a）最小相位系统   （b）非最小相位系统   （c）相频特性曲线

图 5.31　最小相位系统与非最小相位系统相频特性对比图

在所有具有相同幅频特性的稳定系统中，把这种具有最小相位滞后和变动量的系统称为最小相位系统，最小相位系统的传递函数由最小相位传递函数来描述。通常，最小相位传递函数在复平面 $[s]$ 右半平面没有零点和极点。反之，凡是在复平面 $[s]$ 右半平面有零点或极点的传递函数称为非最小相位传递函数，由非最小相位传递函数所描述的系统称为非最小相位系统；因此，系统 1 的传递函数是最小相位的，因而它是最小相位系统；系统 2 的传递函数是非最小相位的，因而它是非最小相位系统。

伯德证明，最小相位系统的幅频特性和相频特性之间存在确定的单值对应关系，并且当 $\omega\to\infty$ 时，对数幅频特性曲线的斜率 SL 和对数相频特性 $\varphi(\omega)$ 值之间存在如下对应关系。

$$SL=-20(n-m)$$

$$\varphi(\omega)=-\dfrac{\pi}{2}(n-m)$$

式中，n 和 m 分别为系统传递函数的分母多项式和分子多项式的最高幂次数。和最小相位系统不同，非最小相位系统的幅频特性和相频特性之间不存在这种单值对应关系。因此，通过确定高频段对数幅频特性曲线斜率和对数相频值是否满足上面对应关系可判断一个系统是不是最小相位系统。

由于最小相位系统的幅频特性与相频特性之间存在这种单值对应关系，因此只凭对数幅频特性曲线就能确定其传递函数。

凡是传递函数只包含比例环节、积分环节、微分环节、惯性环节、振荡环节、一阶微分环节和二阶微分环节等环节的系统一定是最小相位系统。非最小相位系统的传递函数或者包含延时环节 $\mathrm{e}^{-\tau s}$，或者包含一些不稳定的环节。

5.5 控制系统稳定性的频域分析法

5.5.1 奈奎斯特稳定判据

1932年，奈奎斯特提出了一种利用图解法来判明闭环系统稳定性的判据——奈奎斯特稳定判据。它通过系统开环频率特性 $G_K(j\omega)$〔即 $G(j\omega)H(j\omega)$〕的奈奎斯特曲线，来判明闭环系统的稳定性。该判据从代数判据中脱颖而出，不需要求取闭环系统的特征根，是一种几何判据。特别是当系统某些环节的传递函数无法用分析法求得时，奈奎斯特稳定判据可以通过实验来获得这些环节的频率特性曲线或系统的 $G_K(j\omega)$，进而分析闭环系统的稳定性。此外，该判据还能指出系统的稳定性储备——相对稳定性，指出进一步提高和改善系统动态性能（包括稳定性）的途径。若系统不稳定，奈奎斯特稳定判据还能如劳斯判据那样，指出系统不稳定的闭环极点的个数，即具有正实部的特征根的个数。该判据使用方便，在1940年以后得到了广泛的应用，其数学基础是复变函数中的幅角原理。

需要说明的是，ω 由 $0 \rightarrow +\infty$ 与 ω 由 $-\infty \rightarrow 0$ 的开环奈奎斯特曲线关于实轴对称，因而一般只需绘出 ω 由 $0 \rightarrow +\infty$ 的曲线即可判别稳定性。

（1）对于开环稳定的系统，即系统开环传递函数 $G_K(s)$ 的右极点个数 $P=0$，闭环系统稳定的充要条件是系统的开环频率特性 $G(j\omega)H(j\omega)$ 不包围 $(-1,j0)$ 点。

（2）如果系统开环不稳定，即开环传递函数 $G_K(s)$ 有 $P(P>0)$ 个右极点，且开环频率特性 $G(j\omega)H(j\omega)$（ω 由 $0 \rightarrow +\infty$）的奈奎斯特曲线不通过开环复平面 $[GH]$ 上的点 $(-1,j0)$，则当开环频率特性 $G(j\omega)H(j\omega)$（ω 由 $0 \rightarrow +\infty$）的奈奎斯特曲线以逆时针方向包围复平面 $[GH]$ 上点 $(-1,j0)$ 的圈数 $N = \dfrac{P}{2}$ 时，闭环系统稳定；反之，当 $N \neq \dfrac{P}{2}$ 时，系统不稳定，其闭环传递函数 $G_B(s)$ 的右极点个数为 $Z = P - 2N$。

（3）如果开环频率特性 $G(j\omega)H(j\omega)$（ω 由 $0 \rightarrow +\infty$）的奈奎斯特曲线通过 $(-1,j0)$ 点，表明 $G_B(s)$ 含有共轭纯虚数极点或零极点，此时系统可能临界稳定，也可能不稳定。

（4）对于含有积分环节的系统，开环传递函数 $G_K(j\omega) = G(j\omega)H(j\omega)$（$\omega$ 由 $0 \rightarrow +\infty$）的奈奎斯特曲线在 $\omega = 0$ 处不连续，奈奎斯特曲线由对应于 ω 由 $0^+ \rightarrow +\infty$ 的常义上的奈奎斯特曲线和对应于 ω 由 $0 \rightarrow 0^+$ 的奈奎斯特曲线两部分组成。对开环稳定的系统而言，ω 由 $0 \rightarrow 0^+$ 的奈奎斯特曲线是以原点为圆心、从正实轴开始沿顺时针方向以无穷大为半径顺时针方向绘制的圆弧，该圆弧连接正实轴端和 $G(j\omega)H(j\omega)$ 轨迹的起始端。

奈奎斯特曲线包围 $(-1,j0)$ 点圈数的正负号规定如下：逆时针方向包围为正，顺时针方向包围为负。

【例 5-12】 设系统的开环传递函数为 $G(s)H(s) = \dfrac{K}{(s+1)(2s+1)(5s+1)}$，试判断 $K>0$ 时该闭环系统的稳定性。

解: (1) 由开环传递函数可知系统的开环极点有三个,且均为左极点,因此系统开环稳定。

(2) 绘制该系统开环传递函数的奈奎斯特曲线,如图 5.32 所示,求取曲线与负实轴的交点坐标。该系统的开环幅频特性和相频特性分别

$$\left| G(\mathrm{j}\omega)H(\mathrm{j}\omega) \right| = \frac{K}{\sqrt{(1+\omega^2)(1+4\omega^2)(1+25\omega^2)}}$$

$$\angle G(\mathrm{j}\omega)H(\mathrm{j}\omega) = -\arctan\omega - \arctan2\omega - \arctan5\omega$$

由 $-\arctan\omega - \arctan2\omega - \arctan5\omega = \pi$ 求得曲线与负实轴的交点对应的频率为

$$\omega_\pi = 2/\sqrt{5}$$

将其代入幅频特性表达式,得曲线与负实轴的交点对应的幅值为

$$\left| G(\mathrm{j}\omega_\pi)H(\mathrm{j}\omega_\pi) \right| = \frac{5}{63}K$$

(3) 分析图 5.32 可知,当 $K<63/5$ 时,该系统开环奈奎斯特曲线如图 5.32(a)所示。由于曲线不包围 $(-1,\mathrm{j}0)$ 点,因此该系统闭环稳定。当 $K>63/5$ 时,该系统开环奈奎斯特曲线如图 5.32(b)所示。由于曲线包围 $(-1,\mathrm{j}0)$ 点的圈数 $N=-1$,故该系统闭环不稳定。闭环传递函数存在右极点,个数为 $Z=P-2N=0-2\times(-1)=2$。

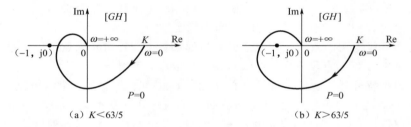

(a) $K<63/5$ (b) $K>63/5$

图 5.32 例 5-12 系统的开环奈奎斯特图

【例 5-13】 某系统的传递函数框图如图 5.33 所示,试用奈奎斯特稳定判据判断该闭环系统的稳定性($T>0$)。

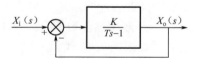

图 5.33 例 5-13 系统的传递函数框图

解: (1) 由开环传递函数可知系统开环极点数 $P=1$,分布在复平面 $[s]$ 的右半平面,开环不稳定。

(2) 绘制系统的开环传递函数奈奎斯特图,如图 5.34 所示。

(3) 分析图 5.34 可知,当 $K>1$ 时,ω 由 $0\rightarrow+\infty$ 的开环奈奎斯特曲线逆时针包围 $(-1,\mathrm{j}0)$ 点 1/2 圈,所以闭环系统稳定;当 $K<1$ 时,ω 由 $0\rightarrow+\infty$ 的开环奈奎斯特曲线不包围 $(-1,\mathrm{j}0)$ 点,所以闭环系统不稳定。闭环传递函数存在右极点,个数为 $Z=P-2N=1-2\times0=1$。

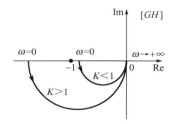

图 5.34　例 5-13 系统的开环奈奎斯特图

由例 5-12 及例 5-13 可知，开环稳定的系统，闭环可能不稳定；开环不稳定的系统，闭环仍可能稳定。开环不稳定而闭环却能稳定的系统，实际应用中有时是不甚可靠的。因其存在局部不稳定的环节，仅仅是由于其他环节的配合而使得这些不稳定环节的输出发散得到抑制，使由系统初态引起的响应最终衰减到零。但是，在衰减过程中，不稳定环节的相应输出的幅值可能很大，产生冲击，以致达到某些控制仪表或设备无法承受的程度，或使装置的寿命大大缩短，使系统无法工作。基于此，本书主要讨论系统开环稳定的情况。

【例 5-14】　设单位反馈系统的闭环传递函数为

$$G_{\mathrm{B}}(s) = \frac{K}{s(s+1)(0.5s+1)+K}$$

试运用奈奎斯特稳定判据求系统稳定的 K 值。

解： 对单位反馈，系统的开环传递函数为

$$G_{\mathrm{K}}(s) = \frac{G_{\mathrm{B}}(s)}{1-G_{\mathrm{B}}(s)} = \frac{K}{s(s+1)(0.5s+1)}$$

由开环传递函数可知，系统开环极点为 0、-1、-2，右极点个数 $P=0$。由于 $G_{\mathrm{K}}(s)$ 由两个惯性环节和一个积分环节组成，ω 由 $0 \to +\infty$ 的奈奎斯特曲线必以顺时针方向穿过负实轴，如图 5.35 所示。设曲线穿过负实轴处的频率为 ω_{g}，则有

$$\varphi_{\mathrm{K}}(\omega_{\mathrm{g}}) = -\frac{\pi}{2} - \arctan\omega_{\mathrm{g}} - \arctan 0.5\omega_{\mathrm{g}} = -\pi$$

解得 $\omega_{\mathrm{g}} = \sqrt{2}$。由于 $G_{\mathrm{K}}(s)$ 无右极点，根据奈奎斯特稳定判据，系统稳定的充要条件是其奈奎斯特曲线不包围 $(-1, \mathrm{j}0)$ 点。为此，必须有

$$A_{\mathrm{K}}(\omega_{\mathrm{g}}) = \frac{K}{\omega_{\mathrm{g}}\sqrt{(1+\omega_{\mathrm{g}}^2)[1+(0.5\omega_{\mathrm{g}})^2]}} < 1$$

从而可得

$$0 < K < \omega_{\mathrm{g}}\sqrt{(1+\omega_{\mathrm{g}}^2)[1+(0.5\omega_{\mathrm{g}})^2]} = 3$$

图 5.35 绘出了 K 取不同值时的开环奈奎斯特曲线。从该图可以看出，当 $K<3$ 时，奈奎斯特曲线不包围 $(-1,\mathrm{j}0)$ 点，故系统是稳定的；当 $K=3$ 时，奈奎斯特曲线通过了 $(-1,\mathrm{j}0)$ 点，故系统是临界稳定的；当 $K>3$ 时，奈奎斯特曲线包围了 $(-1,\mathrm{j}0)$ 点，故系统是不稳定的。

本例表明，调整开环增益 K 会使系统稳定性发生变化，过大的系统开环增益 K 对系统稳定性是不利的。

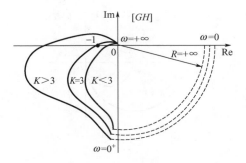

图 5.35 例 5-14 系统的开环奈奎斯特图

【**例 5-15**】 设系统的开环传递函数为

$$G(s)H(s)=\frac{K(T_2s+1)}{s^2(T_1s+1)} \quad (T_1>0,T_2>0)$$

试运用奈奎斯特稳定判据判断当 $T_1<T_2$、$T_1=T_2$、$T_1>T_2$ 时的系统稳定性。

解：（1）由开环传递函数可知系统的开环极点为 0、0、$-1/T_1$，其中右极点个数 $P=0$，因此系统开环稳定。

（2）绘制系统的开环奈奎斯特曲线，如图 5.36 所示，补充奈奎斯特曲线在 ω 由 $0\rightarrow 0^+$ 的频率特性。以原点为圆心、从正实轴开始以无穷大为半径顺时针方向绘制圆弧，该圆弧连接正实轴端和 $G(j\omega)H(j\omega)$ 轨迹的起始端。

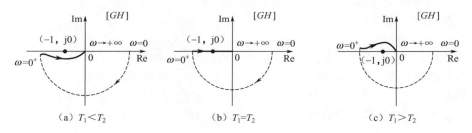

图 5.36 例 5-15 系统的开环奈奎斯特图

（3）分析系统的开环奈奎斯特图，可得如下结论。

① 当 $T_1<T_2$ 时，ω 由 $0\rightarrow+\infty$ 的开环奈奎斯特曲线不包围 $(-1,j0)$ 点，故系统闭环稳定。

② 当 $T_1=T_2$ 时，ω 由 $0\rightarrow+\infty$ 的开环奈奎斯特曲线穿过 $(-1,j0)$ 点，故系统闭环临界稳定。

③ 当 $T_1>T_2$ 时，ω 由 $0\rightarrow+\infty$ 的开环奈奎斯特曲线顺时针包围 $(-1,j0)$ 点 1 圈，故系统闭环不稳定。闭环系统右半平面的极点数目为

$$Z=P-2N=0-2\times(-1)=2$$

由本例可得如下结论。

① T_2 大，表示一阶微分环节的作用加大，可使系统稳定；T_2 小，表示一阶微分环节的作用减小，可使系统不稳定。

② 与例 5-14 比较可知，开环系统中串联的积分环节越多，即系统的型次越高，开环奈奎斯特曲线越容易包围点 $(-1,j0)$，系统越容易不稳定，故一般系统的型次不超过Ⅲ型。

5.5.2 伯德稳定判据

应用奈奎斯特稳定判据判定系统的稳定性时，必须绘出系统开环频率特性的奈奎斯特图。但在工程实际中，伯德图的应用远比奈奎斯特图广泛，因此，人们自然希望能依据伯德图判定闭环系统的稳定性。由于奈奎斯特图和伯德图是对同一频率特性的不同几何描述，两者之间存在确定的对应关系。因此，根据两种图间的对应关系，将奈奎斯特稳定判据移植到伯德图上，便形成了伯德稳定判据。

1. 奈奎斯特图与伯德图的对应关系

如图 5.37 所示，系统开环频率特性的奈奎斯特图和伯德图的对应关系如下。

（1）奈奎斯特图上的单位圆对应于伯德图上的 0dB 线，即伯德图的横轴。此时

$$20\lg|G(j\omega)H(j\omega)|=20\lg|1|=0$$

而单位圆之外即对应于伯德图的 0dB 线之上。

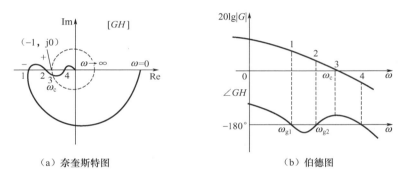

| （a）奈奎斯特图 | （b）伯德图 |

图 5.37　奈奎斯特图与伯德图的对应关系

（2）奈奎斯特图中负实轴相当于伯德图中相频特性 $-180°$ 水平线，因为此时

$$\angle G(j\omega)H(j\omega)=-180°$$

奈奎斯特曲线与单位圆交点的频率，即对数幅频特性曲线与横轴交点的频率，亦即输入幅值与输出幅值相等时的频率（开环输入与输出的量纲相同），称为**幅值交界频率**，记为 ω_c。

奈奎斯特曲线与负实轴交点的频率，亦即对数相频特性曲线与相频特性 $-180°$ 水平线交点的频率，称为**相位交界频率**，记为 ω_g。

2. 穿越的概念

开环奈奎斯特曲线在 $(-1,j0)$ 点以左穿过负实轴称为穿越。若沿频率 ω 增加的方向，开环奈奎斯特曲线自上而下（相位增加）穿过 $(-1,j0)$ 点以左的负实轴，称为**正穿越**；反之，沿频率 ω 增加的方向，开环奈奎斯特曲线自下而上（相位减小）穿过 $(-1,j0)$ 点以左的负实轴，称为**负穿越**。若沿频率 ω 增加的方向，开环奈奎斯特曲线自 $(-1,j0)$ 点以左的负实轴开始向下，称为**半次正穿越**；反之，沿频率 ω 增加的方向，开环奈奎斯特曲线自 $(-1,j0)$ 点以左的负实轴开始向上，称为**半次负穿越**。

对应于伯德图，在开环对数幅频特性为正值的频率范围内，沿 ω 增加的方向，对数相频特性曲线自下而上穿过 $-180°$ 线为正穿越；反之，沿 ω 增加的方向，对数相频特性曲线

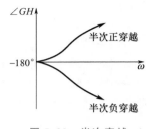

图 5.38 半次穿越

自上而下穿过－180°线为负穿越。若对数相频特性曲线自－180°线开始向上，为半次正穿越；反之，对数相频特性曲线自－180°线开始向下，为半次负穿越。在图 5.37 中，点 1 处为负穿越一次，点 2 处为正穿越一次。图 5.38 所示为半次穿越的情况。

分析图 5.37(a)可知，正穿越一次，对应于奈奎斯特曲线逆时针包围(-1,j0)点一圈；负穿越一次，对应于奈奎斯特曲线顺时针包围(-1,j0)点一圈。因此，开环奈奎斯特曲线逆时针包围(-1,j0)点的次数就等于正穿越和负穿越的次数之差。

3. 伯德稳定判据

根据奈奎斯特稳定判据和上述对应关系，伯德稳定判据可表述如下。

闭环系统稳定的充要条件：在伯德图上，当 ω 由 $0\rightarrow+\infty$ 时，在开环对数幅频特性为正值的频率范围内，开环对数相频特性对 $-180°$ 线正穿越与负穿越次数之差为 $P/2$ 时，闭环系统稳定；否则不稳定。其中，P 为系统开环传递函数在复平面的右半平面上的极点个数。

由于一般系统的开环多为最小相位系统，此时，伯德稳定判据亦可表述如下。

（1）若开环对数幅频特性比其对数相频特性先交于横轴，即 $\omega_c<\omega_g$，则闭环系统稳定。

（2）若 $\omega_c=\omega_g$，则闭环系统临界稳定。

（3）若开环对数幅频特性比其对数相频特性后交于横轴，即 $\omega_c>\omega_g$，则闭环系统不稳定，且闭环传递函数右极点的个数 $Z=P-2N$。式中，P 为开环右极点个数（开环稳定时 $P=0$），N 为穿越次数，正穿越或半次正穿越时 $N>0$，负穿越或半次负穿越时 $N<0$。

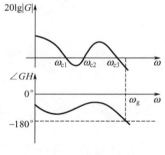

图 5.39　多个剪切点

若开环对数幅频特性对横轴有多个幅值交界频率，如图 5.39 所示，则取幅值交界频率最高的 ω_{c3} 来判别稳定性。因为，若用 ω_{c3} 判别时系统是稳定的，则用 ω_{c1}、ω_{c2} 判别，自然也是稳定的。

【例 5-16】　设某单位反馈系统的开环传递函数为

$$G_K(s)=\frac{20(s+1)}{s^2(0.1s+1)(0.5s+1)}$$

试应用伯德稳定判据判定系统的稳定性。

解：（1）由 $G_K(s)$ 可知，系统开环极点为 0、0、-10、-2，无右极点。

（2）绘制开环频率特性 $G_K(j\omega)$ 的伯德图，在图上标出幅值交界频率 ω_c 和相位交界频率 ω_g，如图 5.40 所示。

（3）由图 5.40 可知，系统开环相频特性对 $-180°$ 线负穿越一次，故 $N=-1$；$\omega_c>\omega_g$，故系统闭环不稳定，闭环右极点个数为 $Z=P-2N=0-2\times(-1)=2$。

必须指出，伯德稳定判据由奈奎斯特稳定判据移植而来，半叶奈奎斯特曲线覆盖的频率范围为 ω 由 $0\rightarrow+\infty$。当系统含有积分环节时，奈奎斯特曲线需补充 ω 由 $0\rightarrow0^+$ 频率范围内的曲线。Ⅲ型系统和有些Ⅱ型系统的奈奎斯特曲线在 ω 由 $0\rightarrow0^+$ 的频率范围内存在穿越现象。因此，对于这样的系统，在应用伯德稳定判据时，对数相频特性曲线应当从假想的 0 频率开始绘起，以免漏计可能存在于 ω 由 $0 \to 0^+$ 这一频率范围内的穿越次数。对 ν 型系统，在 ω 由 $0 \to 0^+$ 这一频率范围内的开环奈奎斯特曲线是圆心在原点、半径为无穷大、始于正实轴无穷远处（极角为 0）、终止于极角等于 $\angle G_K(j\omega) = -\dfrac{\pi}{2}\nu$ 处的圆弧线，在伯德图上，与该圆弧线对应的相频曲线应当是从 0 到 $\angle G_K(j\omega) = -\dfrac{\pi}{2}\nu$ 的一条垂直于横坐标轴的直线，对应频率为 ω 由 $0 \to 0^+$，如图 5.40 所示。

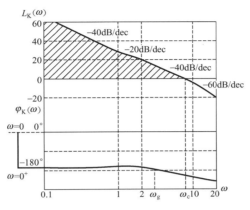

图 5.40　例 5 – 16 系统的开环伯德图

5.5.3　系统的相对稳定性

实践表明，在理论计算时被判为临界稳定的系统实际上都是不稳定的，甚至许多在理论计算时被判为稳定的系统，在实际运行中也是不稳定的。究其原因，主要有两方面，一是系统的数学模型难免存在误差，二是系统有些参数会随着环境条件的变化和系统元件的老化而变化。因此，在设计一个实

**系统的相对
稳定性**

际系统时，不仅要求它是稳定的，而且要求它具有足够的稳定裕量。这类问题属于系统的稳定性裕度问题。

从奈奎斯特稳定判据可推知，对开环稳定且闭环亦稳定的系统，当开环奈奎斯特曲线离 $(-1,j0)$ 点越远，则其闭环系统的稳定性越高；开环奈奎斯特曲线离 $(-1,j0)$ 点越近，则闭环系统的稳定性越低。这便是通常所说的系统的相对稳定性。它通过 $G_K(j\omega)$ 对 $(-1,j0)$ 点的靠近程度来表征，其定量表示为相位裕度 γ 和幅值裕度 K_g，如图 5.41 所示。

1. 相位裕度

在 $\omega = \omega_c$（$\omega_c > 0$）时，相频特性 $\angle G(j\omega_c)H(j\omega_c)$ 距 $-180°$ 线的相位差值 γ 称为相位裕度。相应地，在极坐标图中，γ 即为奈奎斯特曲线与单位圆的交点 A 对负实轴的相位差值，如图 5.45(a)、图 5.45(b) 所示。它表示在幅值比为 1 的频率 ω_c 处，有

$$\gamma = 180° + \varphi(\omega_c) \tag{5-2}$$

式中，$\varphi(\omega_c)$ 是 $G_K(j\omega_c)$ 的相位，一般为负值。

对于稳定的系统，γ 必在极坐标图负实轴以下，如图 5.41(a) 所示。对于不稳定系统，γ 必在极坐标图负实轴以上，如图 5.41(b) 所示。例如，当 $\varphi(\omega_c) = -150°$ 时，$\gamma = 180° - 150° = 30°$，相位裕度为正。又例如，当 $\varphi(\omega_c) = -210°$ 时，$\gamma = 180° - 210° = -30°$，相位裕度为负。

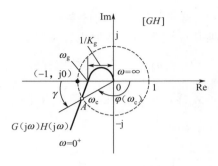

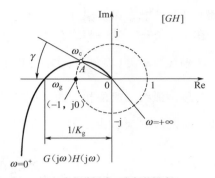

（a）正相位裕度，正幅值裕度   （b）负相位裕度，负幅值裕度

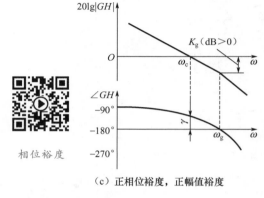

（c）正相位裕度，正幅值裕度   （d）负相位裕度，负幅值裕度

图 5.41　相位裕度 γ 与幅值裕度 K_g

相位裕度

对于稳定的系统，γ 必在伯德图横轴以上，这时称为正相位裕度，如图 5.41（c）所示。对于不稳定的系统，γ 必在伯德图横轴之下，这时称为负相位裕度，如图 5.41（d）所示。图 5.41（c）所示的系统不仅稳定，而且有相当的稳定性储备，它可以在 ω_c 的频率下，允许相位再增加 γ 才达到 $\omega_g = \omega_c$ 的临界稳定条件。因此，相位裕度 γ 有时又称相位稳定性储备。

2. 幅值裕度

当 ω 为相位交界频率 $\omega_g(\omega_g > 0)$ 时，幅频特性 $|G(j\omega_g)H(j\omega_g)|$ 的倒数称为系统的幅值裕度，即

$$K_g = \frac{1}{|G(j\omega_g)H(j\omega_g)|} \tag{5-3}$$

在伯德图上，幅值裕度用 dB 表示为

$$20\lg K_g = 20\lg \frac{1}{|G(j\omega_g)H(j\omega_g)|} = -20\lg|G(j\omega_g)H(j\omega_g)| \xrightarrow{\text{记}} K_g(\text{dB})$$

对于稳定的系统，$K_g(\text{dB})$ 必在 0dB 线以下，$K_g(\text{dB}) > 0$，此时称为正幅值裕度，如图 5.41（c）所示。对于不稳定系统，$K_g(\text{dB})$ 必在 0dB 线以上，$K_g(\text{dB}) < 0$，此时称为负幅值裕度，如图 5.41（d）所示。在图 5.41（c）中，对数幅频特性上移 $K_g(\text{dB})$，才使系统满足 $\omega_c = \omega_g$ 的临界稳定条件，亦即只有增加系统的开环增益 K_g 倍，才刚刚满足临界稳定条件。因此，幅值裕度有时又称增益裕度。

在极坐标图上，由于

$$|G(j\omega_g)H(j\omega_g)| = \frac{1}{K_g}$$

因此，奈奎斯特曲线与负实轴的交点至原点的距离即为 $\frac{1}{K_g}$，它代表在 ω_g 频率下开环频率特性的模。显然，对于稳定系统，$\frac{1}{K_g} < 1$，如图 5.41(a) 所示。对于不稳定系统，$\frac{1}{K_g} > 1$，如图 5.41(b) 所示。

综上所述，对于开环稳定的闭环系统，$G(j\omega_g)H(j\omega_g)$ 具有正幅值裕度与正相位裕度时，其闭环系统是稳定的；$G(j\omega_g)H(j\omega_g)$ 具有负幅值裕度及负相位裕度时，其闭环系统是不稳定的。

从工程实践中可知，为使上述系统有满意的稳定性储备，一般希望

$$\gamma = 30° \sim 60°$$
$$K_g(dB) > 6dB$$

即

$$K_g > 2$$

应当着重指出，为了确定上述系统的相对稳定性，必须同时考虑相位裕度和幅值裕度两个指标，只应用其中一个指标，不足以充分说明系统的相对稳定性，示例如下。

【例 5-17】 已知控制系统的开环传递函数为

$$G(s)H(s) = \frac{K_1}{s(s+1)(s+5)}$$

试分别求取 $K_1 = 10$ 及 $K_1 = 100$ 时的相位裕度 γ 和幅值裕度 $K_g(dB)$。

解析法

解： 由传递函数可知，该系统开环传递函数的右极点个数 $P = 0$。将开环传递函数化为标准形式，有

$$G(s)H(s) = \frac{K_1/5}{s(s+1)(0.2s+1)} = \frac{K}{s(s+1)(0.2s+1)}$$

式中，开环增益 $K = K_1/5$，对应 $K_1 = 10$ 和 $K_1 = 100$，有 $K = 2$ 和 $K = 20$。

(1) 当 $K_1 = 10$ 时

$$G(j\omega)H(j\omega) = \frac{2}{j\omega(j\omega+1)(0.2j\omega+1)}$$

手工绘制开环系统伯德图，如图 5.42(a) 所示。

① 由幅值交界频率 ω_c 求相位裕度 γ。

由伯德图可知，幅值交界频率 ω_c 对应的点为幅频特性图上一段斜率为 $-40dB/dec$ 的渐近线与 ω 轴的交点，且该渐近线过 $\omega = 1$ 的点。在 $\omega = 1$ 处

$$20\lg|G(j\omega)H(j\omega)| = 20\lg\frac{2}{\sqrt{1+1} \times \sqrt{1+0.04}} = 2.84$$

由斜率关系可知，在 ω_c 处

$$\frac{0 - 2.84}{\lg\omega_c - \lg 1} = -40 \Rightarrow \omega_c = 1.178$$

由相位裕度计算式有

$$\gamma = 180° + \varphi(\omega_c) = 180° - 90° - \arctan 1.178 - \arctan 0.2 \times 1.178 = 27°$$

② 由相位交界频率 ω_g 求相位裕度 K_g。

当 $\omega = \omega_g$ 时，有

$$\angle G(\mathrm{j}\omega_g)H(\mathrm{j}\omega_g)=-180°\Rightarrow-90°-\arctan\omega_g-\arctan0.2\omega_g=-180°$$

求解，得

$$\omega_g=\sqrt{5}$$

由幅值裕度计算式有

$$K_g=\frac{1}{|G(\mathrm{j}\omega_g)H(\mathrm{j}\omega_g)|}=\frac{1}{2/(\sqrt{5}\times\sqrt{1+5}\times\sqrt{1+0.04\times5})}=3$$

$$20\lg K_g=20\lg3=9.54\mathrm{dB}$$

由上述计算可知，当 $K_1=10$ 时，系统的相位裕度 $\gamma=27°$，幅值裕度 $K_g(\mathrm{dB})=9.54\mathrm{dB}$，该系统虽然稳定，且幅值裕度较大，但相位裕度小于 $30°$，因此并不具有满意的相对稳定性。

（2）当 $K_1=100$ 时

$$G(\mathrm{j}\omega)H(\mathrm{j}\omega)=\frac{20}{\mathrm{j}\omega(\mathrm{j}\omega+1)(0.2\mathrm{j}\omega+1)}$$

绘制出其伯德图，如图 5.42（b）所示。与 $K_1=10$ 相比，系统的对数相频特性不变，对数幅频特性上移了 $20\mathrm{dB}$（因为 K 增大了 10 倍）。

由计算可知，$\omega_c=3.8$。此时，幅值裕度 $K_g(\mathrm{dB})=-10.5\mathrm{dB}$，相位裕度 $\gamma=-22.5°$。所以 $K_1=100$ 时，闭环系统不稳定。

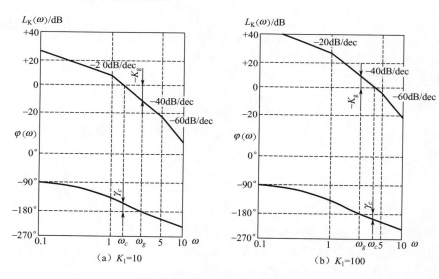

图 5.42　例 5-17 系统的伯德图

注：幅值交界频率 ω_c 和相位交界频率 ω_g 的求取有时因解析式比较复杂而很难直接获得，此时可通过直接测量手绘伯德图中的位置点直接获得近似值，亦可采用计算机绘制伯德图，并通过鼠标选点的方式在其上获得相应频率点处的幅值和相位。对例 5-17 所示系统，在 MATLAB 的 Command Window 窗口输入如下命令，获得 $K_1=10$ 和 $K_1=100$ 时的伯德图，如图 5.43 所示。

```
>> syms s;        % 设置系统变量 s
>> k1=10,k2=100;    % 定义系数 K₁ 和 K₂ 的值
```

```
>> num1=[k1],num2=[k2];    % 定义开环传递函数分子表达式系数向量
>> den=conv([1 0],conv([1 1],[1 5]));    % 三个多项式相乘,定义开环传递函数分母表达式
系数向量
>> bode(num1,den);    % 绘制 K₁ = 10 时的开环传递函数的伯德图
>> hold on;    % 保持 K₁ = 10 时的伯德图
>> bode(num2,den)    % 绘制 K₂ = 100 时的开环传递函数的伯德图
```

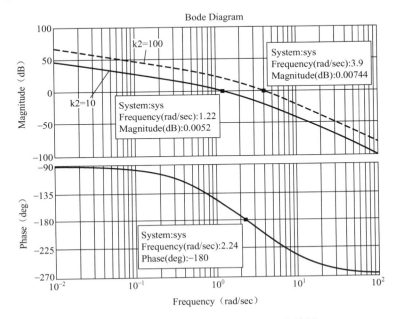

图 5.43　例 5-17 系统的计算机绘制伯德图

5.6　闭环系统的频率特性

5.6.1　闭环系统频率特性的求取

对如图 5.44 所示单位反馈系统，易知其闭环频率特性 $G_B(j\omega)$ 与开环频率特性 $G_K(j\omega)$ 的关系为

$$G_B(j\omega) = \frac{X_o(j\omega)}{X_i(j\omega)} = \frac{G_K(j\omega)}{1 + G_K(j\omega)}$$

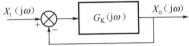

图 5.44　闭环频率特性框图

由于 $G_B(j\omega)$、$G_K(j\omega)$ 均是 ω 的复变函数，因此 $G_B(j\omega)$ 的幅值和相位可分别写成

$$\mid G_{\mathrm{B}}(\mathrm{j}\omega)\mid = \left|\frac{X_{\mathrm{o}}(\mathrm{j}\omega)}{X_{\mathrm{i}}(\mathrm{j}\omega)}\right| = \frac{\mid G_{\mathrm{K}}(\mathrm{j}\omega)\mid}{\mid 1+G_{\mathrm{K}}(\mathrm{j}\omega)\mid} = A_{\mathrm{B}}(\omega)$$

$$\angle G_{\mathrm{B}}(\mathrm{j}\omega) = \angle G_{\mathrm{K}}(\mathrm{j}\omega) - \angle [1+G_{\mathrm{K}}(\mathrm{j}\omega)] = \varphi_{\mathrm{B}}(\mathrm{j}\omega)$$

若逐点取 ω 值，计算出对应的 $G_{\mathrm{B}}(\mathrm{j}\omega)$ 的幅值 $A_{\mathrm{B}}(\omega)$ 和相位值 $\varphi_{\mathrm{B}}(\mathrm{j}\omega)$，则可绘制出闭环幅频特性图和相频特性图。因此，已知开环频率特性，就可以求出系统的闭环频率特性，也就可以绘制出闭环频率特性图。这一冗繁的计算极易由计算机完成。

【例 5 - 18】 设单位负反馈系统的开环传递函数为

$$G_{\mathrm{K}}(s) = \frac{300}{s(20+s)(5+s)}$$

求其对应的闭环幅频特性 $A_{\mathrm{B}}(\omega)$ 和相频特性 $\varphi_{\mathrm{B}}(\mathrm{j}\omega)$，并绘制闭环系统伯德图。

解： 闭环系统的频率特性为

$$G_{\mathrm{B}}(\mathrm{j}\omega) = \frac{300}{\mathrm{j}\omega(20+\mathrm{j}\omega)(5+\mathrm{j}\omega)+300}$$

幅频特性和相频特性分别为

$$A_{\mathrm{B}}(\omega) = 300/\sqrt{(300-25\omega^2)^2+(100\omega-\omega^3)^2}$$

$$\varphi_{\mathrm{B}}(\omega) = -\arctan\frac{100\omega-\omega^3}{300-25\omega^2}$$

手工绘制 $G_{\mathrm{B}}(\mathrm{j}\omega)$ 的伯德图时，取不同的 ω 值，将计算结果计入表 5 - 7。根据表 5 - 7 手工绘出闭环系统的幅频特性曲线 $A_{\mathrm{B}}(\omega)-\omega$、相频特性曲线 $\varphi_{\mathrm{B}}(\omega)-\omega$，如图 5.45(a) 所示。

表 5 - 7 例 5 - 18 闭环系统幅频、相频计算结果列表

$\omega/(\mathrm{rad/s})$	0.5	1.0	2.0	3.0	4.0	5.0	6.0	8.0	10.0
$A_{\mathrm{B}}(\omega)$	1.01	1.03	1.08	1.06	0.86	0.60	0.42	0.23	0.14
$\varphi_{\mathrm{B}}(\omega)$	$-9.6°$	$-19.8°$	$-43.8°$	$-74.6°$	$-106.8°$	$-130.9°$	$-147.4°$	$-167.6°$	$-180°$

也可采用计算机绘制，在 MATLAB 的 Command Window 窗口中输入如下命令，按 Enter 键，获得如图 5.45(b) 所示的系统伯德图。注意：图 5.45(a) 手绘 $A_{\mathrm{B}}(\omega)-\omega$ 曲线纵坐标为输出信号与输入信号的幅值比，计算机绘制的 $A_{\mathrm{B}}(\omega)-\omega$ 曲线纵坐标单位为 dB。

```
>> numK= [300];    % 开环传递函数分子系数向量
>> denK=conv([1 0],conv([1 20],[1 5]));    % 开环传递函数分母三个多项式乘积后的系数向量
>> [num den]=cloop(numK,denK,- 1);    % 求闭环系统传递函数,将其表示成分子多项式系数向量、分母多项式系数向量的形式
>> bode(num,den)    % 绘制闭环系统传递函数伯德图
```

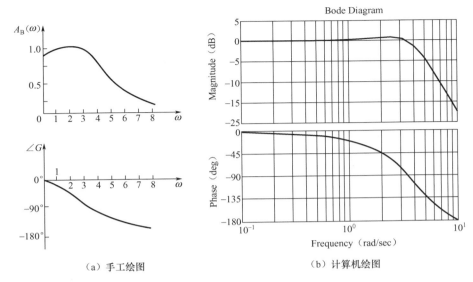

| （a）手工绘图 | （b）计算机绘图 |

图 5.45　例 5－18 系统的频率特性曲线

5.6.2　控制系统频域性能指标

频率特性给出了在不同频率下系统稳定输出的幅值和相位的全部信息。因此，系统的稳定性和响应速度必能用频率特性的一些特征量来表征。在频域内描述系统动态品质的这些特征量就是频域性能指标。这些频域性能指标与第 3 章中介绍的时域性能指标之间存在内在联系。

1. 零频幅值 $A(0)$

零频幅值 $A(0)$ 表示当频率接近于零时，闭环系统输出的幅值与输入的幅值之比。在频率极低时，对单位反馈系统而言，若输出幅值能完全准确地反映输入幅值，则 $A(0)=1$。$A(0)$ 越接近于 1，系统的稳态误差越小，因此 $A(0)$ 的数值与 1 相差的大小，反映了系统的稳态精度。

谐振现象

2. 谐振频率 ω_r 和相对谐振峰值 M_r

闭环系统的幅频特性 $A_B(\omega)$ 出现最大值 A_{Bmax} 时的频率称为谐振频率 ω_r。$\omega=\omega_r$ 时的幅值 $A(\omega_r)=A_{max}$ 与 $\omega=0$ 时的幅值 $A(0)$ 之比称为谐振比或相对谐振峰值 M_r。显然，在 $A(0)=1$ 时，$M_r=A_{max}$。

共振

谐振频率和相对谐振峰值的物理意义：对于一定振幅的正弦输入信号 $x_i(t)=X\sin\omega t$，系统的稳定输出为 $x_{oss}(t)=XA_B(\omega)\sin[\omega t+\angle\varphi_B(\omega)]$。当频率 ω 变化时，稳定输出的幅值 $|x_{oss}(t)|=XA_B(\omega)=X|G_B(j\omega)|$ 将随之发生变化，在 $\omega=\omega_r$ 处，输出幅值取得最大值 $\max|x_o(t)|=XA_B(\omega)=XM_r$。在电信技术中，这种现象称为谐振现象；在机械系统中，这种现象常称为共振（见例 5－19）。

对于图 5.46 所示的二阶系统，其传递函数和频率特性分别为

$$G_B(s)=\frac{\omega_n^2}{s^2+2\xi\omega_n s+\omega_n^2}$$

$$G_{B}(j\omega) = \frac{\omega_n^2}{\omega_n^2 - \omega^2 + 2\xi\omega_n\omega j}$$

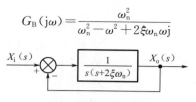

图 5.46　二阶系统结构图

显然，该二阶系统的数学模型与振荡环节的数学模型相同，故由前面的讨论可知

$$\omega_r = \omega_n \sqrt{1-2\xi^2} \quad (\xi \leqslant \frac{\sqrt{2}}{2} = 0.707) \tag{5-4}$$

$$M_r = \frac{1}{2\xi\sqrt{1-\xi^2}} \tag{5-5}$$

谐振频率 ω_r 是表征系统响应速度的一个性能指标。以二阶系统为例，根据式（5-4）可得，其无阻尼固有频率 ω_n 与谐振频率 ω_r 之间的关系为

$$\omega_n = \frac{\omega_r}{\sqrt{1-2\xi^2}} \tag{5-6}$$

将式（5-6）代入时域分析指标计算式（3-22）和式（3-24），得

$$t_p = \frac{\pi}{\omega_n \sqrt{1-\xi^2}} = \frac{\pi}{\omega_r}\sqrt{\frac{1-2\xi^2}{1-\xi^2}}$$

$$t_s = \frac{(3\sim4)}{\xi\omega_n} = \frac{(3\sim4)}{\omega_r}\frac{\sqrt{1-2\xi^2}}{\xi}$$

由此可见，谐振频率 ω_r 越大，系统的峰值时间 t_p 和调整时间 t_s 越小，因而系统的响应速度越快；反之，情况相反。

相对谐振峰值 M_r 反映了系统的相对平稳性。一般而言，M_r 越大，系统阶跃响应的超调量也越大，这意味着系统的平稳性较差。在二阶系统中，希望选取 $M_r < 1.4$，因为这时阶跃响应的最大超调量 $M_p < 25\%$，系统有较满意的过渡过程。为了减弱系统的振荡性能，又不失一定的快速性，必须适当地选取 M_r 值。

3. 截止频率 ω_b 和带宽 $0\sim\omega_b$

一般规定闭环系统的幅频特性 $A_B(\omega)$ 的数值为由零频幅值 $A_B(0)$ 下降 **3dB** 时的频率，亦即 $A_B(\omega)$ 由 $A_B(0)$ 下降到 $0.707A_B(0)$ 时的频率称为系统的截止频率，如图 5.47 所示。显然，截止频率 ω_b 的数学定义为

$$A_B(\omega) = |G_B(j\omega_b)| = 0.707A_B(0)$$

或

$$L_B(\omega_b) = 20\lg A_B(\omega_b) - 20\lg A_B(0) = 20\lg|G_B(j\omega_b)| - 20\lg|G_B(j0)| = -3\text{dB}$$

截止频率

截止频率 ω_b 的物理意义：系统对正弦输入信号 $x_i(t) = X\sin\omega t$ 的稳态输出的幅值 $X|G_B(j\omega)|$ 随 ω 的变化而变化，当 ω 大于某个频率值后，稳态输出的幅值 $X|G_B(j\omega)|$ 随 ω 的进一步增大而不断衰减。当 $\omega = \omega_b$ 时，幅频特性值 $A_B(\omega)$ 衰减到 $0.707A_B(0)$，因而稳定输出幅值衰减到 $|x_{oss}(t)| = 0.707XA_B(0)$。当 $\omega > \omega_b$ 时，$|x_{oss}(t)| < 0.707XA_B(0)$。这表明，当频率高于 ω_b 的正弦信号输入系统后，其输出信号幅值比输入信号振幅小得多（见例 2-30）。

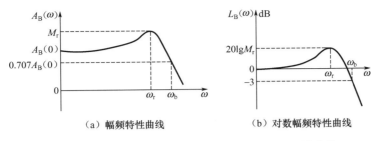

（a）幅频特性曲线　　　　　　　　（b）对数幅频特性曲线

图 5.47　典型系统的幅频特性曲线和对数幅频特性曲线

对系统增益为 1 的二阶系统，$A_B(0)=1$，根据截止频率的定义，有

$$A_B(\omega_b)=\frac{\omega_n^2}{\sqrt{(\omega_n^2-\omega_b^2)^2+(2\xi\omega_n\omega_b)^2}}=0.707$$

或

$$L_B(\omega_b)=20\lg A_B(\omega_b)=20\lg\frac{\omega_n^2}{\sqrt{(\omega_n^2-\omega_b^2)^2+(2\xi\omega_n\omega_b)^2}}=-3\text{dB}$$

因而可求得

$$\omega_b=\omega_n\sqrt{1-2\xi^2+\sqrt{2-4\xi^2+4\xi^4}} \tag{5-7}$$

截止频率 ω_b 是表征系统响应速度和高频噪声抑制能力的一个性能指标。以二阶系统为例，将式（5-7）代入式（3-22）和式（3-24），可得

$$t_p=\frac{\pi}{\omega_n\sqrt{1-\xi^2}}=\frac{\pi}{\omega_b}\sqrt{\frac{1-2\xi^2+\sqrt{2-4\xi^2+4\xi^4}}{1-\xi^2}} \tag{5-8}$$

$$t_s=\frac{(3\sim4)}{\xi\omega_b}\sqrt{1-2\xi^2+\sqrt{2-4\xi^2+4\xi^4}} \tag{5-9}$$

由此可见，截止频率 ω_b 越大，系统的峰值时间 t_p 和调整时间 t_s 越小，因而系统的响应速度越快；反之，情况相反。另外，截止频率 ω_b 越大，高频噪声就越易通过系统，因而系统抑制高频噪声的能力就越弱；反之，ω_b 越小，系统抑制高频噪声的能力就越强。

系统的带宽 $0\sim\omega_b$ 是系统对数幅频特性值不低于 -3dB 的频率范围，如图 5.47 所示。带宽也是表征系统响应速度和高频噪声抑制能力的一个性能指标，其值越大，系统响应速度越快而抑制高频噪声的能力越弱。反之，其值越小，系统的响应速度越慢而抑制高频噪声的能力越强。

【例 5-19】　已知 $m=100$kg，$c=3\times10^4$N/(m/s)，$k=2\times10^7$N/m，求图 2.1 所示机器-隔振垫系统的无阻尼固有频率 ω_n、谐振频率 ω_r、相对谐振峰值 M_r、零频幅值 $A(0)$ 和截止频率 ω_b。

解：该系统的传递函数为

$$G(s)=\frac{F(s)}{X(s)}=\frac{1}{ms^2+cs+k}=\frac{1}{k}\cdot\frac{k/m}{s^2+\frac{c}{m}s+\frac{k}{m}}$$

对比标准二阶振荡环节传递函数可知，系统的无阻尼固有频率

$$\omega_n=\sqrt{k/m}=\sqrt{2\times10^7/10^3}\ \text{rad/s}=100\sqrt{2}\ \text{rad/s}=22.5\text{Hz}$$

阻尼比

$$\xi = \frac{c}{2\sqrt{mk}} = \frac{3 \times 10^4}{2\sqrt{10^3 \times 2 \times 10^7}} = 0.1$$

由式(5-3)求得系统的谐振频率

$$\omega_r = \omega_n \sqrt{1-2\xi^2} = 100\sqrt{2} \times \sqrt{1-2\times 0.1^2} \, \text{rad/s} = 140 \, \text{rad/s} = 22.3 \, \text{Hz}$$

相对谐振峰值

$$M_r = \frac{1}{2\xi\sqrt{1-\xi^2}} = \frac{1}{2 \times 0.1 \times \sqrt{1-0.1^2}} = 5.0$$

零频幅值

$$A(0) = \left| \frac{1}{k-m\omega^2+c\omega j} \right|_{\omega=0} = \frac{1}{\sqrt{(k-m\omega^2)^2+c^2\omega^2}} \bigg|_{\omega=0} = \frac{1}{k} = \frac{1}{2 \times 10^7} = 0.5 \times 10^{-7}$$

由二阶系统对数幅频特性伯德图可知，该系统的截止频率为伯德图中的转折频率，即

$$\omega_b = \omega_T = \omega_n = 100\sqrt{2} \, \text{rad/s}$$

由本例可知，对于图2.1所示机器-隔振垫系统，小 ξ 值使其谐振频率接近固有频率。当输入 10^3 N 的阶跃力信号时，质量块 m 的位移将稳定在 0.05 mm 的位置；当输入谐波力信号时，若频率与系统固有频率（或谐振频率）相等，系统将出现共振，此时质量块 m 的振幅为零频幅值的 5.0 倍，极易损害系统；若输入谐波力信号的频率大于 $100\sqrt{2}$ rad/s，则系统具有截止功能，质量块 m 的振幅将快速衰减（衰减率为 -40 dB/dec）。图5.48表示了系统在不同频率的谐波力信号作用下的时域仿真输出。

需要注意的是，系统的频域性能指标，除采用解析法计算外，还可通过计算机绘制的系统频率特性图便捷地获得。

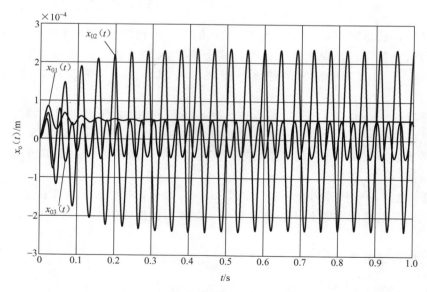

图5.48　系统在不同频率的谐波力信号作用下的时域仿真输出
$$(x_{i1}(t) = 10^3 \, \text{N}, x_{i2}(t) = 10^3 \sin 100\sqrt{2} t \, \text{N}, x_{i3}(t) = 10^3 \sin 200t \, \text{N})$$

【例 5－20】 求图 2.3 所示二级 RC 滤波网络的通频带，取 $R_1=R_2=1\text{k}\Omega$，$C_1=C_2=1\mu\text{F}$。

解： 对式（2－9）进行拉普拉斯变换，求得该系统的闭环传递函数为

$$G(s)=\frac{U_o(s)}{U_i(s)}=\frac{1}{R_1R_2C_1C_2s^2+(R_1C_1+R_2C_2+R_1C_2)s+1}=\frac{10^6}{s^2+3\times10^3s+10^6}$$

绘制该系统的闭环频率特性图，如图 5.49 所示。由图可知，该二级 RC 滤波网络具有"通低频、阻高频"的特性。分析图 5.49（a）可知，系统零频幅值 $A(0)=1$，在奈奎斯特图上选取 $A(\omega)=0.707A(0)$ 的 $\omega=371\text{rad/s}$ 位置即为截止频率 ω_b 的点。分析图 5.49（b）可知，系统低频段的幅频特性曲线为 0dB 线，幅频特性曲线与 -3dB 线交点处的频率 $\omega=371\text{rad/s}$，因此系统的截止频率 $\omega_b=371\text{rad/s}$。

通频带

综上分析可得，该二级 RC 滤波网络的通频带为 $0\sim371\text{rad/s}$。结合图 2.45 或图 2.49 可知，输入信号 $u_{i1}=\sin10t$ V 几乎不失真地通过了该网络，而输入信号 $u_{i2}=\sin10^4t$ V 的输出幅值则被大大削弱，系统对该频率信号具有截止作用。

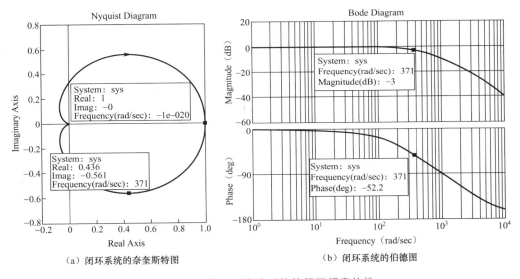

（a）闭环系统的奈奎斯特图   （b）闭环系统的伯德图

图 5.49 二级 RC 滤波系统的闭环频率特性

5.6.3 二阶系统频域相对稳定性指标与时域性能指标间的关系

对欠阻尼二阶系统而言，其开环传递函数和频率特性分别为

$$G_K(s)=\frac{\omega_n^2}{s(s+2\xi\omega_n)}$$

$$G_K(j\omega)=\frac{\omega_n^2}{j\omega(j\omega+2\xi\omega_n)}$$

低通滤波器

幅频特性和相频特性分别为

$$A_K(\omega)=|G_K(j\omega)|=\frac{\omega_n^2}{\omega\sqrt{\omega^2+(2\xi\omega_n)^2}}$$

$$\varphi_K(\omega)=\angle G_K(j\omega)=-\frac{\pi}{2}-\arctan\frac{\omega}{2\xi\omega_n}$$

由幅值交界频率的定义可得

$$A_K(\omega_c) = |G_K(j\omega_c)| = \frac{\omega_n^2}{\omega_c\sqrt{\omega_c^2 + (2\xi\omega_n)^2}} = 1$$

解该方程，得

$$\omega_c = \omega_n\sqrt{\sqrt{1+4\xi^4} - 2\xi^2} \qquad (5-10)$$

于是，开环相频特性在 ω_c 处的值为

$$\varphi_K(\omega_c) = \angle G_K(j\omega_c) = -\frac{\pi}{2} - \arctan\frac{\sqrt{\sqrt{1+4\xi^4} - 2\xi^2}}{2\xi}$$

将上式代入相位裕度的定义式(5-2)，得

$$\gamma_c = 180° + \varphi_K(\omega_c) = \arctan\frac{2\xi}{\sqrt{\sqrt{1+4\xi^4} - 2\xi^2}} \qquad (5-11)$$

根据式(5-11)、式(5-5)和式(3-23)，二阶系统的频域性能指标(相位裕度 γ_c 和相对谐振峰值 M_r)及时域性能指标(最大超调量 M_p)都只与阻尼比 ξ 有关，其变化曲线如图5.50所示。从图5.50可以看出，γ_c 随 ξ 的增大而增大，M_p 和 M_r 随 ξ 的增大而减小。这表明 γ_c 随 M_p 和 M_r 的减小而增大，随 M_p 和 M_r 的增大而减小。

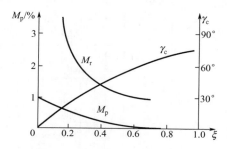

图5.50　γ_c 与 M_r 及 M_p 之间的关系曲线

M_p 和 M_r 这两个性能指标是表征系统相对稳定性的指标，当 ξ 减小时，它们同增长；与之相对应，γ_c 减小。反之，当 ξ 增大时，它们同下降；与之相对应，γ_c 增大。因此，从提高系统的 γ_c 来说，减小 M_p 和 M_r 是有利的。然而，如第3章所述，随着 ξ 的增大，当 M_p 减小时，t_p 和 t_r 将增大，系统响应速度将变慢。当 ξ 的选择无法同时改善系统的稳定性裕度和响应速度时，一般取 $\xi = 0.4 \sim 0.8$。

将式(5-11)代入式(3-24b)，可得

$$t_s \approx \frac{4}{\xi\omega_n} = \frac{4\sqrt{\sqrt{1+4\xi^4} - 2\xi^2}}{\xi\omega_c} \qquad (5-12)$$

可见，当阻尼比 ξ 一定时，幅值交界频率 ω_c 与调整时间 t_s 成反比。ω_c 越大，t_s 就越小，因此系统的响应速度就越快。这表明幅值交界频率 ω_c 是一个重要的参量，它的大小不仅关系到系统相位裕度的大小，也关系到系统的稳定裕度，还关系到系统响应速度的快慢。

5.6.4　高阶系统频域性能指标与时域性能指标间的近似关系

和二阶系统一样，高阶系统的相位裕度 γ_c 与相对谐振峰值 M_r、最大超调量 M_p 三者之间，幅值交界频率 ω_c、谐振频率 ω_r 和截止频率 ω_b 三者与调整时间 t_s 之间也存在确定的

关系，但这种关系一般来说是很复杂的，难以用解析方法求出来。下面几个公式是在工程实践中总结得出的经验公式，常被用来确定不同性能指标间的关系。

（1）相位裕度 γ_c 与相对谐振峰值 M_r 间的近似关系为

$$\sin\gamma_c \approx \frac{1}{M_r} \tag{5-13}$$

（2）最大超调量 M_p 与相对谐振峰值 M_r 间的近似关系为

$$M_p = 0.16 + 0.4(M_r - 1) \quad (1 \leqslant M_r \leqslant 1.8) \tag{5-14}$$

（3）调整时间 t_s 与相对谐振峰值 M_r 及幅值交界频率 ω_c 间的近似关系为

$$t_s = \frac{\pi}{\omega_c}[2 + 1.5(M_r - 1) + 2.5(M_r - 1)^2] \quad (1 \leqslant M_r \leqslant 1.8) \tag{5-15}$$

5.7　设计示例：天线控制系统频域性能分析

对天线控制系统设计而言，以阶跃函数作为输入能满足性能指标很好地工作。若输入按正弦变化的信号，输出将如何随输入变化呢？本节分析天线速度和位置控制系统的频率特性。

5.7.1　稳定性分析

根据天线速度和位置控制系统框图（图2.52或图3.22），得速度控制系统开环传递函数

$$G_{K_v} = \frac{11.9K_a}{s(s+10)}$$

单位反馈位置控制系统开环传递函数

$$G_{K_{p_1}} = \frac{3.98K_a}{s^2(s+10)}$$

对（速度＋位置）反馈的位置控制系统（图4.24），其开环传递函数为

$$G_{K_{p_2}} = \frac{3.98(1+3\alpha s)K_a}{s^2(s+10)}$$

取 $K_a = 1$ 绘制控制系统的开环奈奎斯特概略曲线，如图5.51所示。由图可知，由于 K_a 的变化只改变奈奎斯特曲线的幅值而不改变相位角，因此不论 $K_a > 0$ 取何值，速度控制系统开环奈奎斯特曲线Ⅰ均不包围（－1，j0）点，位置控制系统开环奈奎斯特曲线Ⅱ均包围（－1，j0）点。由此可知，速度控制系统闭环稳定，而位置控制系统闭环不稳定。当位置控制系统反馈改为如图4.23所示的（速度＋位置）反馈后，取 $\alpha = 1/6$，绘制系统的开环奈奎斯特概略曲线，如图5.51(b)所示。此时，不论 $K_a > 0$ 取何值，开环奈奎斯特曲线不包围（－1，j0）点，位置控制系统闭环稳定。

此外，绘制速度控制系统的开环频率特性伯德图，如图5.52所示。由图5.52(a)可知，速度控制系统幅值交界频率 $\omega_c = 4.36\text{rad/s}$，$\omega_g \to +\infty$，相位裕度 $\gamma_c = -114° + 180° = 66°$。由于 K_a 不影响相频特性，因此由伯德稳定判据可知，该系统对任意 $K_a > 0$ 均稳定。由图5.52(b)可知，单位反馈的位置控制系统幅值交界频率 $\omega_c = 1.26\text{rad/s}$，$\omega_g \to 0^+$，因此由伯德稳定判据可知该系统对任意 $K_a > 0$ 均不稳定。由图5.52(c)可知，对（位

置＋速度)反馈的位置控制系统而言，系统幅值交界频率 $\omega_c = 4.84\text{rad/s}$，$\omega_g \to +\infty$，相位裕度 $\gamma_c = -138° + 180° = 42°$。由伯德稳定判据可知该系统对任意 $K_a > 0$ 均稳定。

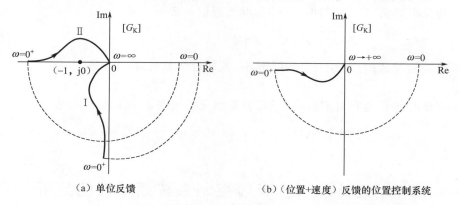

（a）单位反馈　　　　　　（b）（位置+速度）反馈的位置控制系统

图 5.51　天线控制系统的开环奈奎斯特概略曲线

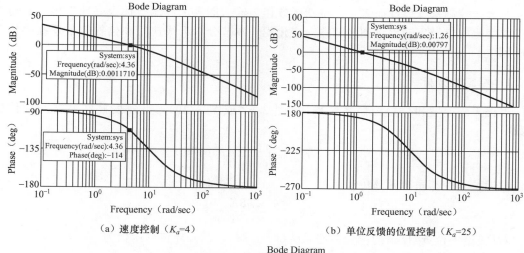

（a）速度控制（$K_a=4$）　　　　　（b）单位反馈的位置控制（$K_a=25$）

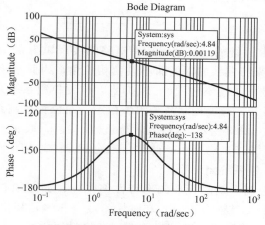

（c）（位置+速度）反馈的位置控制（$K_a=25, \alpha=1/6$）

图 5.52　天线控制系统的开环伯德图

5.7.2 速度控制系统的频域性能指标

由图 3.22(a)得速度闭环控制系统传递函数

$$G_{B_v} = \frac{11.9K_a}{s^2 + 10s + 11.9K_a} \qquad (5-16)$$

由传递函数表达式知,这是一个标准的二阶振荡系统,$K_a = 4$ 时,无阻尼固有频率为

$$\omega_n = \sqrt{11.9 \times K_a} = \sqrt{47.6} = 6.9 \text{rad/s}$$

阻尼比为

$$\xi = \frac{10}{2\omega_n} = \frac{5}{6.9} = 0.72$$

取 $K_a = 4$,绘制速度控制系统的闭环传递函数伯德图,如图 5.53 所示。由图可知,系统零频幅值 $A(0) = 0\text{dB}$,截止频率 $\omega_b = 6.69\text{rad/s}$。由于 $\xi > 0.7$,系统无谐振,因此,当输入信号频率 $\omega < 2\text{rad/s}$ 时,系统输出信号的幅值接近于输入信号的幅值,输出信号的滞后相位角较小,输出能很好地跟随输入。对于频率较高的输入信号,输出幅值急剧减小,输出相位差也随之增大,天线速度控制系统的输出已不能很好地跟随输入的变化了。

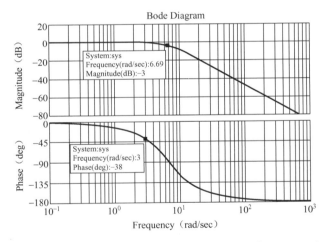

图 5.53 天线速度控制系统的闭环传递函数伯德图($K_a = 4$)

5.7.3 位置控制系统的频域性能指标

取 $K_a = 25$、$\alpha = 1/6$,得(位置+速度)反馈的位置控制系统闭环传递函数

$$G_{B_p} = \frac{99.5}{s^3 + 10s^2 + 49.75s + 99.5} \qquad (5-17)$$

绘制系统的闭环频率特性伯德图,如图 5.54 所示。由图可知,系统零频幅值 $A(0) = 0\text{dB}$,截止频率 $\omega_b = 3.74\text{rad/s}$,无谐振峰。

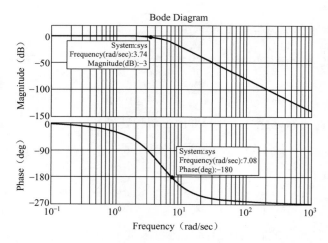

图 5.54 （位置＋速度）反馈的位置控制系统的闭环频域特性伯德图（$K_a = 25$、$\alpha = 1/6$）

习 题

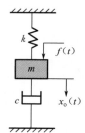

图 5.55 题 5.4 图

5.1 什么是频率特性?

5.2 已知系统的单位阶跃响应为 $x_o(t) = 1 - 1.8e^{-4t} + 0.8e^{-9t}$ ($t \geqslant 0$)，试求系统的幅频特性和相频特性。

5.3 若系统的单位阶跃响应为

$$x_o(t) = 1 - e^{-0.1t}$$

求系统在 $x_i(t) = 2\sin(2t - 0.1)$ 作用下的稳态响应。

5.4 一个质量-弹簧-阻尼机械系统如图 5.55 所示，已知质量块 $m = 1\text{kg}$，k 为弹簧的弹性系数，c 为阻尼系数。若外力 $f(t) = 2\sin2t$，由实验得到系统稳态响应为 $x_{oss}(t) = \sin(2t - \pi/2)$，试确定 k 和 c。

5.5 设单位负反馈系统的开环传递函数为

$$G_K(s) = \frac{10}{s+1}$$

当系统在以下输入信号作用时，试求系统的稳态输出。

（1）$x_i(t) = \sin(t + 30°)$;　　　　　　　（2）$x_i(t) = 2\cos(2t - 45°)$;

（3）$x_i(t) = \sin(t + 30°) - 2\cos(2t - 45°)$。

5.6 设系统的传递函数为 $\dfrac{K}{Ts+1}$，式中，时间常数 $T = 0.5\text{s}$，放大系数 $K = 10$。求在频率 $f = 1\text{Hz}$、幅值 $R = 10$ 的正弦输入信号作用下，系统稳态输出 $x_{oss}(t)$ 的幅值和相位。

5.7 已知系统传递函数框图如图 5.56 所示，现作用于系统输入信号 $x_i(t) = \sin2t$，试求系统的稳态输出。系统的传递函数如下。

（1）$G(s) = \dfrac{5}{s+1}$，$H(s) = 1$;

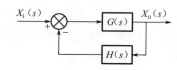

图 5.56 题 5.7 图

(2) $G(s)=\dfrac{5}{s}$，$H(s)=1$；

(3) $G(s)=\dfrac{5}{s+1}$，$H(s)=2$。

5.8 试绘制具有下列传递函数的各系统的奈奎斯特图。

(1) $G(s)=\dfrac{1}{1-0.01s}$；

(2) $G(s)=\dfrac{1}{s(1+0.1s)}$；

(3) $G(s)=\dfrac{1}{1+0.1s+0.01s^2}$；

(4) $G(s)=\dfrac{1}{(1+0.5s)(1+2s)}$；

(5) $G(s)=\dfrac{1}{s(1+0.5s)(1+0.1s)}$；

(6) $G(s)=\dfrac{50(0.6s+1)}{s^2(4s+1)}$。

5.9 已知某单位负反馈系统的开环传递函数为 $G_K(s)=\dfrac{K}{s(s+a)}$，其中 $K>0$。若该系统的输入为 $x_i(t)=A\cos 3t$ 时，其稳态输出的幅值为 A，相位比输入滞后 $90°$。

(1) 确定参数 K 和 a；

(2) 求系统的阻尼比、无阻尼固有频率和有阻尼固有频率；

(3) 若输入为 $x_i(t)=A\cos\omega t$，试确定 ω 为何值时能得到最大的稳态响应幅值，并求此最大幅值。

5.10 已知四个系统的开环传递函数均可表示为

$$G_K(s)=\dfrac{1}{s^v(s+1)(s+2)}$$

其开环频率特性的极坐标图分别如图 5.57 中 a、b、c 和 d 所示，试分别判断各系统的型次。

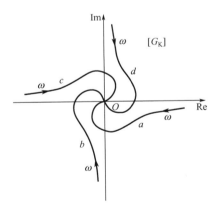

图 5.57 题 5.10 图

5.11 试绘出具有下列传递函数的系统的伯德图。

(1) $G(s)=\dfrac{2.5(s+10)}{s^2(0.2s+1)}$；

(2) $G(s)=\dfrac{10(0.02s+1)(s+1)}{s(s^2+4s+100)}$；

(3) $G(s)=\dfrac{650s^2}{(0.04s+1)(0.4s+1)}$；

(4) $G(s)=\dfrac{20s(s+5)(s+40)}{s(s+0.1)(s+20)^2}$。

5.12 某Ⅰ型单位反馈的典型欠阻尼二阶系统，在输入谐波角频率 $\omega=\sqrt{2}/2$ 时，系统稳态输出的幅值与输入谐波幅值之比达到最大值 1.1547。

（1）求系统的阻尼比和无阻尼固有频率；

（2）求系统的最大超调量、调整时间和截止频率；

（3）计算系统在单位速度输入作用下的稳态误差。

5.13　试判别具有下列传递函数的负反馈系统是否稳定：

（1）$G(s)=\dfrac{10(s+1)}{s(s-1)(s+5)}$　　$H(s)=1$；（2）$G(s)=\dfrac{10}{s(s-1)(2s+3)}$　　$H(s)=1$。

其中，$G(s)$ 为系统的前向通道传递函数，$H(s)$ 为系统的反馈回路传递函数。

5.14　某开环稳定的 I 型系统的开环频率特性的极坐标图如图 5.58 所示，试根据奈奎斯特稳定判据判断闭环系统是否稳定。若系统不稳定，则存在几个不稳定的闭环极点？

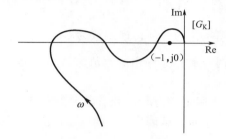

图 5.58　题 5.14 图

5.15　试根据下列开环频率特性分析相应系统的闭环稳定性：

（1）$G(j\omega)H(j\omega)=\dfrac{10}{(1+j\omega)(1+j2\omega)(1+j3\omega)}$；

（2）$G(j\omega)H(j\omega)=\dfrac{10}{(1+j\omega)(1+j10\omega)}$；

（3）$G(j\omega)H(j\omega)=\dfrac{10}{(j\omega)^2(1+j0.1\omega)(1+j0.2\omega)}$；

（4）$G(j\omega)H(j\omega)=\dfrac{2}{(j\omega)^2(1+j0.1\omega)(1+j10\omega)}$。

5.16　设单位负反馈系统的开环传递函数为

$$G_K(s)=\frac{as+1}{s^2}$$

试确定使相位裕度 $\gamma=45°$ 的 a 值。

5.17　设系统的开环传递函数为

$$G_K(s)=\frac{K}{s(s+1)(0.2s+1)}$$

求 $K=10$ 和 $K=100$ 时的相位裕度 γ 和幅值裕度 K_g。

5.18　设单位负反馈系统的开环传递函数为

$$G_K(s)=\frac{K}{s(s+1)(0.1s+1)}$$

试确定：

（1）使系统的幅值裕度 $K_g=20\text{dB}$ 的 K 值；

（2）使系统的相位裕度 $\gamma=60°$ 的 K 值。

5.19　设系统如图 5.59 所示，试判别该系统的稳定性，并求出其稳定裕度，其中，

$K_1 = 0.5$，且

    (1) $G(s) = \dfrac{2}{s+1}$;   (2) $G(s) = \dfrac{2}{s}$。

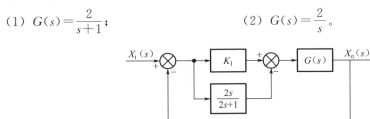

图 5.59　题 5.19 图

    5.20　已知单位负反馈系统的开环传递函数为

$$G(s)H(s) = \dfrac{1}{s(s+1)^2}$$

用 MATLAB 绘制系统的伯德图，确定系统的幅值交界频率 ω_c 和对应的相位角 φ_c。

    5.21　已知单位负反馈系统的开环传递函数为

$$G_{\mathrm{K}}(s) = \dfrac{10}{s(0.05s+1)(0.1s+1)}$$

    (1) 用 MATLAB 绘制系统的伯德图，确定系统的稳定裕度;

    (2) 确定系统的相对谐振峰值 M_r、谐振频率 ω_r 和截止频率 ω_b。

第 5 章
在线答题

第6章
控制系统的设计与校正

本章概述

　　本章以线性系统为对象，考虑如何根据系统的要求或预定的性能指标对控制系统进行设计，即在系统中加入一些适当的元件或装置去补偿和提高系统的性能，以满足预定的设计指标要求。本章介绍的串联校正及 PID 校正方法，其实质表现为修改描述系统运动规律的数学模型。由于机械系统中用机械元件及液压元件作为校正环节常因动态力问题而难以实现，故本章的校正均是由电气元件及电子元件组成的系统。此外，校正装置的设计过程通常是一个多次试探的过程，文中借助 MATLAB 对校正系统进行辅助分析与设计。

本章目标

系统分析与
校正的区别

　　了解系统校正方式的结构和基本控制规律；掌握常用校正装置的频率特性、作用及选择；理解串联校正及 PID 校正方法。

　　控制系统的设计就是以正确的系统结构布置和选择适当的元件、部件来达到满足系统性能要求的目的。对控制系统来说，其性能通常是以系统性能指标的形式给出的，如 1.5.2 节中的天线速度和位置控制设计示例系统。这些指标从系统的动态品质、精度和稳定性等不同的侧面反映出对控制系统的要求。设计者需要通过分析这些技术指标来选择合理的系统方案，并进行系统的理论计算和性能分析，最后经过实验、修正，直到获得满意的性能为止。

系统设计步骤

　　通常，一个控制系统可分解为被控环节、控制器环节和反馈环节三个部分。其中被控环节和反馈环节一般根据实际对象建立模型，为系统的不可变部分。控制器环节是指在控制系统动态计算过程中要进行参数调整的部分，为系统的可变部分，如校正装置及相应的放大器。因此根据要求对控制器进行设计是控制系统设计的主要任务。需要指出的是，由于系统设计的目的是对系统性能进行校正，因此控制器的设计有时又称控制系统的校正。本章重点讲述系统可变部分的设计（校正）及校正装置，进而完成系统的动态设计。

6.1 系统动态设计基础

6.1.1 控制系统设计的基本思路

一般的控制系统均可表示为如图 6.1 所示的形式，$G_o(s)$ 是控制系统的不可变部分，即被控对象，$H(s)$ 为反馈环节。未校正前，系统不一定能达到理想的控制要求，因此有必要根据期望的性能要求进行重新设计。在进行系统设计时，应考虑以下几个方面的问题。

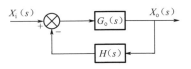

图 6.1 闭环控制系统

（1）综合考虑控制系统的经济指标和技术指标。

（2）选择控制系统结构。对单输入/单输出系统，一般有四种结构可供选择：串联校正、前馈校正、反馈校正和复合校正，其框图如图 6.2 所示。考虑到串联校正比较经济，易于实现，且设计简单，在实际应用中大多采用此校正方法。因此，本章只讨论串联校正。典型的校正装置有超前校正、滞后校正、滞后-超前校正和 PID 校正等装置。

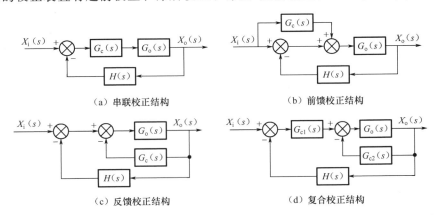

（a）串联校正结构   （b）前馈校正结构

（c）反馈校正结构   （d）复合校正结构

图 6.2 控制系统校正的几种方式

（3）选择校正装置（或控制器）。校正装置的物理器件可以有电气的、机械的、液压的和气动的等形式，选择的一般原则是根据系统本身结构的特点、信号的性质和设计者的经验，并综合经济指标和技术指标进行选择。本书以电气校正装置作为控制器，分析有源校正装置和无源校正装置的工作原理和设计方法。由于电子技术和计算机技术的发展，目前实际系统中大量采用的校正装置是有源校正装置，如典型的 **PID** 控制器，但正如后续所述，无源校正与有源校正尽管在组成形式上有差别，但它们的工作原理是相同的。

系统校正

（4）选择校正方法（或校正手段）。校正方法究竟采用时域方法还是频域方法，须根据控制系统性能指标的表达方式选择。控制系统的性能指标通常包括动态和静态两个方面。动态性能指标用于反应控制系统的暂态响应情况，分为时域性能指标和频域指标两项。其中，时域性能指标包括调整时间 t_s、上升时间 t_r、峰值时间 t_p 和最大超调量 M_p 等。频域性能指标包括开环指标（如相位裕度 γ 和幅值裕度 K_g）和闭环指标（如相对谐振峰值 M_r、谐振频率 ω_r 和频带宽度 ω_b）等。在进行系统设计时，若所使用的指标是时域指标，则一般宜用根轨迹法进行设计，重新配置闭环系统的极点。若所使用的指标是频域指标，宜用频率法（如伯德图或奈奎斯特图）进行设计。用频率法进行系统综合与系统校正时，给定的设计指标一般是频域指标，并且以开环指标为多见，有时也会以频域指标与时域指标的混合指标形式出现。当设计指标以混合指标形式给出时，为便于设计，通常把混合指标转化为频域开环指标。

6.1.2　由性能指标到设计指标的转化

　　系统的动态设计是依据系统的动态性能指标进行的。当采用开环伯德图进行系统动态性能设计时，必须把性能指标转化到开环伯德图上，从而得到系统的性能指标。如果我们在时域内取描述系统暂态响应的性能指标为最大超调量 M_p 和调整时间 t_s，那么，在频域内则取闭环系统的相对谐振峰值 M_r 和谐振频率 ω_r 为其性能指标。把它们转化到开环伯德图上，即找出描述系统的相位裕度 γ 和幅值交界频率 ω_c。对于工程上最常采用的二阶近似法而言，最大超调量 M_p 和相对谐振峰值 M_r 有对应关系，它们都是描述系统快速性的指标。谐振频率 ω_r 越高，说明系统响应越快，即调整时间 t_s 越短。

　　1. 描述系统相对稳定性的性能指标由最大超调量 M_p 或相对谐振峰值 M_r 给出时，相位裕度 γ 的计算

$$M_p = e^{-(\xi/\sqrt{1-\xi^2})\pi} \tag{6-1}$$

$$M_r = \frac{1}{2\xi\sqrt{1-\xi^2}} \quad (0 < \xi < 0.707) \tag{6-2}$$

$$\gamma = \arctan \frac{2\xi}{\sqrt{\sqrt{1+4\xi^4}-2\xi^2}} \tag{6-3}$$

　　一般来说，当 $1.0 < M_r < 1.4$ 时，系统即可得到满意的效果。与之对应的系统阻尼比为 $0.4 < \xi < 0.7$，最大超调量为 $5\% \sim 27\%$。图 6.3 所示为 ξ 与 γ 的关系曲线。图 6.4 所示为 M_r、M_p 与 γ 的关系曲线。

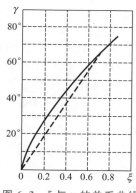

图 6.3　ξ 与 γ 的关系曲线

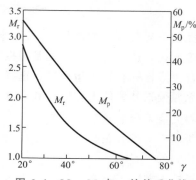

图 6.4　M_r、M_p 与 γ 的关系曲线

2. 描述系统快速性的性能指标由谐振频率 ω_r 或调整时间 t_s 给出时，幅值交界频率 ω_c 的计算

（1）ω_r 与 ω_c 之间的转化计算

$$\omega_r = \omega_n \sqrt{1-\xi^2}$$

令 $20\lg|G(j\omega)|=0$ 时，ω_c 与 ω_n 的关系为

$$\omega_c = \omega_n \sqrt{\sqrt{1+4\xi^4}-2\xi^2} \qquad (6-4)$$

所以

$$\frac{\omega_c}{\omega_r} = \frac{\sqrt{\sqrt{1+4\xi^4}-2\xi^2}}{\sqrt{1-\xi^2}} \qquad (6-5)$$

图 6.5 给出了 ω_c、ω_r、ω_d 对 ω_n 的比值与 M_r 的关系曲线。ω_d 为系统有阻尼时的自然频率。

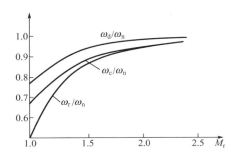

图 6.5 ω_c、ω_r、ω_d 对 ω_n 的比值与 M_r 的关系曲线

3. t_s 与 ω_c 之间的转化计算

当取稳态误差 $\Delta=5\%$ 时，有 $t_s=\dfrac{3}{\xi\omega_n}$，代入式(6-4)，得

$$t_s\omega_c = \frac{3}{\xi} \sqrt{\sqrt{1+4\xi^4}-2\xi^2} \qquad (6-6)$$

表 6-1 给出了二阶系统中各参数之间的相应关系。利用表 6-1，可以简化计算。

表 6-1　二阶系统中各参数之间的相应关系

M_p	ξ	M_r	γ	ω_c/ω_r	ω_c/ω_n
52.71	0.20	2.552	22.76	1.002	0.961
44.40	0.25	2.006	28.42	1.004	0.940
37.20	0.30	1.747	33.57	1.010	0.914
30.90	0.35	1.525	38.59	1.019	0.886
25.40	0.40	1.363	43.47	1.036	0.854
20.50	0.45	1.244	47.78	1.064	0.821
16.30	0.50	1.155	51.90	1.112	0.786
12.60	0.55	1.089	55.81	1.195	0.786

续表

M_p	ξ	M_r	γ	$\omega_\mathrm{c}/\omega_\mathrm{r}$	$\omega_\mathrm{c}/\omega_\mathrm{n}$
9.48	0.60	1.042	59.52	1.353	0.716
6.81	0.65	1.012	62.61	1.731	0.681
4.60	0.70		65.50	4.583	0.648
2.83	0.75		67.80		
1.51	0.80		69.92		
0.63	0.85		71.89		
0.15	0.90		73.71		
0.007	0.95		75.41		

通过上述的简化计算，可以从给定的性能指标中得到表现系统动态品质的设计指标，即表达系统稳定性好坏的相位裕度 γ 和表达系统快速性优劣的幅值交界频率 ω_c。

6.1.3　频率特性曲线与系统性能的关系

由于开环系统的频率特性与闭环系统的时域响应密切相关，而频域设计方法又较简便，因此了解两者之间的关系是非常必要的。

一般将系统开环频率特性的幅值交界频率 ω_c 看成是频率响应的中心频率，并将在 ω_c 附近的频率区间称为中频段；把频率 $\omega \ll \omega_\mathrm{c}$ 的区间称为低频段；把频率 $\omega \gg \omega_\mathrm{c}$ 的区间称为高频段。由频域分析可知，决定闭环系统稳定性的主要参数（如开环增益 K、系统的型次等）可以通过系统的开环频率特性低频段求得。决定系统动态特性的主要参数（如幅值交界频率 ω_c、相位裕度 γ 等）可以通过系统的开环频率特性中频段求得。系统的抗干扰能力等，则可以由系统开环频率特性的高频段来表示。

基于上述分析，可以得出：开环频率特性的低频段表征了闭环系统的稳态特性，中频段表征了闭环系统的动态特性，高频段表征了闭环系统的复杂性。用频率法设计系统的实质，就是对开环频率特性的曲线形状做出某些修改，使之变成所期望的曲线形状。即低频段的增益充分大，以保证稳态误差的要求；在幅值交界频率 ω_c 附近，使对数幅频特性的斜率等于 $-20\mathrm{dB/dec}$，并占据充分宽的频带，以保证系统具有适当的相位裕度；在高频段的增益应尽快减小，以便使噪声影响减到最小。

6.2　串 联 校 正

串联校正按校正环节 $G_\mathrm{c}(s)$ 性能的不同，可分为增益校正、相位超前校正、相位滞后校正和相位滞后-超前校正。下面介绍这四种校正方式。

6.2.1　增益校正

调整增益是改进控制系统不可缺少的一步。由于稳态精度是由系统的开环增益 K 决定的，多数情况可以用稳态精度性能指标来求出所得的增益。

【例 6 - 1】 某系统开环传递函数为 $G_K(s) = \dfrac{250}{s(0.1s+1)}$，要求改变增益，使系统相位裕度 $\gamma = 45°$。

解：（1）绘制系统的开环频率特性伯德图，如图 6.6 所示。由相频特性可知，校正前系统的幅值交界频率 $\omega_c \approx 50$（曲线①），系统的相位裕度 $\gamma = 11°$，显然小于要求的 $45°$。

（2）由相频特性曲线可知，在 $\omega = 10$ 处，该频率处的相位角为 $-135°$，如果能使这个频率作为幅值交界频率 ω_c，那么相位裕度就能达到要求，但系统未校正前，$20\lg|G_K(j\omega)|\big|_{\omega=10} = 25\text{dB}$。

（3）设系统校正环节的传递函数为 $G_c(s) = K$，则校正后的系统相频特性不变，在幅值交界频率 $\omega_c = 10$ 处的幅值 $20\lg|G_c(j\omega)G_K(j\omega)|\big|_{\omega=10} = 0$，即 $20\lg|G_c(j\omega)|\big|_{\omega=10} = 20\lg K = -25\text{dB}$，解得 $K = 1/18$。因此校正后的系统传递函数为

$$G(s) = G_K(s) \cdot \frac{1}{18} = \frac{13.9}{s(0.1s+1)}$$

校正后的曲线为②，满足了 $\gamma = 45°$ 的要求，但使得系统的稳态精度下降了。因此，当增益调整不满足系统的性能要求时，需要采用其他的校正方法。

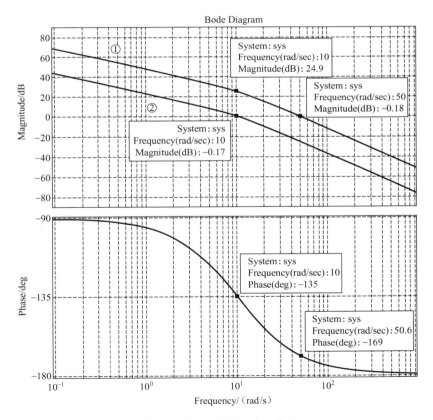

图 6.6　例 6 - 1 系统的伯德图

6.2.2 相位超前校正

由例 6 - 1 可知，增加系统的开环增益可以提高系统的响应速度，因为开环增益会使系统的开环频率特性 $G_K(j\omega)$ 的幅值交界频率 ω_c 增大，系统带宽增大，响应速度因此提高。但只增加增益又会使相位裕度减小，系统稳定性下降。因此，要预先在幅值交界频率 ω_c 附近和大于 ω_c 的一定频率范围内使相位提前一些，这样相位裕度增大了，再增加增益就不会损害稳定性。基于此，为了既能提高系统的响应速度，又能保证系统的其他特性不变坏，就需要对系统进行相位超前校正。

相位超前校正使输出相位超前于输入相位。图 6.7 所示为一无源的超前校正网络，它的传递函数为

$$G_{c1}(s) = \frac{U_o(s)}{U_i(s)} = \left(\frac{R_2}{R_2+R_1}\right)\left[\frac{1+R_1Cs}{1+\frac{R_2}{R_2+R_1}R_1Cs}\right] = \frac{1}{\alpha}\left(\frac{1+\alpha Ts}{1+Ts}\right) \tag{6-7}$$

式中

RC 超前网络

$$\alpha = \frac{R_1+R_2}{R_2} > 1 \tag{6-8}$$

$$T = \frac{R_1R_2}{R_1+R_2}C \tag{6-9}$$

相位角

$$\varphi = \arctan\alpha\omega T - \arctan\omega T \tag{6-10}$$

由传递函数可知，此环节是比例环节、一阶微分环节与惯性环节的串联。为补偿该校正网络对幅值的衰减，通常在该校正装置中串接一个放大倍数为 α 的比例放大器，此时传递函数写为

$$G_c = \frac{1+\alpha Ts}{1+Ts}$$

其伯德图如图 6.8 所示。由图 6.8 可知，其转角频率分别为 $\omega_1 = \frac{1}{\alpha T}$ 和 $\omega_2 = \frac{1}{T}$，相位角 $\varphi > 0$，并随 α 的增大而增大。

超前网络
伯德图

图 6.7 RC 超前网络

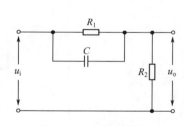

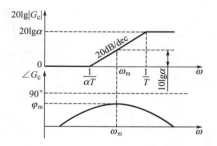

图 6.8 超前网络伯德图

对式(6 - 10)求导，令 $\frac{\partial\varphi}{\partial\omega} = 0$，得

$$\omega_m = \frac{1}{T\sqrt{\alpha}} = \sqrt{\omega_1\omega_2} \tag{6-11}$$

ω_m 即为最大超前相位处的频率，而最大超前相位为

$$\varphi_m = \arctan\alpha\omega_m T - \arctan\omega_m T \tag{6-12}$$

将式(6 - 11)代入式(6 - 12)，得

$$\varphi_m = \arctan \frac{\alpha - 1}{2\sqrt{\alpha}} = \arcsin \frac{\alpha - 1}{\alpha + 1}$$

上式也可写为

$$\alpha = \frac{1 + \sin\varphi_m}{1 - \sin\varphi_m} \qquad (6-13)$$

最大超前相位角处，校正环节的幅值为

$$20\lg|G_c(j\omega_m)| = 20\lg\left|\frac{1 + j\alpha\omega_m T}{1 + j\omega_m T}\right| = 20\lg\left|\frac{1 + \sqrt{\alpha}j}{1 + \frac{1}{\sqrt{\alpha}}j}\right| = 10\lg\alpha$$

对式 $(6-8)$，令 $s = j\omega$，有

当 $\omega < \dfrac{1}{\alpha T}$ 时，低频部分 $|G_c(j\omega)| \approx \dfrac{1}{\alpha} < 1$；

当 $\omega > \dfrac{1}{T}$ 时，高频部分 $|G_c(j\omega)| \approx 1$。

因此超前校正网络相当于一个高通滤波器，它能使系统的暂态响应得到显著改善。

下面用一个例子来说明采用相位超前校正的步骤。

【例 6-2】 图 6.9 所示为单位反馈控制系统，试确定系统的开环增益 K，设计使系统满足性能指标的校正装置。设计给定的性能指标为：单位斜坡输入时的稳态误差 $e_{ss} = 0.05$，相位裕度 $\gamma \geq 50°$，幅值裕度 $20\lg K_g \geq 10$dB。

解：（1）首先根据稳态误差确定开环增益 K。系统对单位斜坡输入的速度误差系数

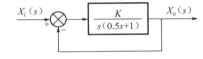

图 6.9 例 6-2 控制系统框图

$$K_v = \lim_{s \to 0} s\, G_K(s) = \lim_{s \to 0} s\frac{K}{s(0.5s + 1)} = K$$

$$e_{ss} = \frac{1}{K_v} = \frac{1}{K} = 0.05 \Rightarrow K = 20$$

（2）绘制开环频率特性的伯德图，如图 6.10 所示，找出未校正前系统的相位裕度和幅值裕度。

由图 6.10 可知，校正前系统的相位裕度 $\gamma = 17°$，幅值裕度为无穷大，因此系统是稳定的。但因相位裕度小于 $50°$，故相对稳定性不符合要求。为了在不减小幅值裕度的前提下，将相位裕度从 $17°$ 提高到 $50°$，需要采用相位超前校正环节。

（3）确定在系统上需要增加的相位超前角 φ_m。

由于串联相位超前校正环节会使系统的幅值穿越频率 ω_c 在对数幅频特性的坐标轴上向右移，在考虑相位超前量时，通常增加 $5° \sim 15°$，以补充这一移动，因此相位超前量为

$$\varphi_m = 50° - 17° + 5° = 38°$$

相位超前校正环节应产生这一相位才能使校正后的系统满足设计要求。

（4）利用式 $(6-13)$ 确定系统 α。

$$\alpha = \frac{1 + \sin 38°}{1 - \sin 38°} \Rightarrow \alpha = 4.17$$

由式 $(6-11)$ 可知，φ_m 发生在 $\omega_m = \dfrac{1}{T\sqrt{\alpha}}$ 的点上。在这点上超前校正环节的幅值为

$$10\lg\alpha = (10\lg 4.17)\text{dB} = 6.2\text{dB}$$

这就是超前校正环节在 ω_m 点上造成的对数幅频特性的上移量。

从图 6.10 上可以找到幅值为 -6.2dB 时的频率约为 $\omega=9$，这一频率就是校正后系统的幅值交界频率 ω_c。

$$\omega_c=\omega_m=\frac{1}{T\sqrt{\alpha}}=9$$

故

$$T=0.055，\alpha T=0.23$$

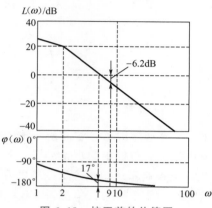

图 6.10　校正前的伯德图

由此得相位超前校正环节的频率特性为

$$G_{c1}(j\omega)=\frac{1}{\alpha}\cdot\frac{1+j\alpha\omega T}{1+j\omega T}=\frac{1}{4.17}\times\frac{1+j0.23\omega}{1+j0.055\omega}$$

为了补偿超前校正造成的幅值衰减，原开环增益要加大 α 倍，所以

$$G_c(s)=4.17G_{c1}(s)$$

校正后系统的开环传递函数为

$$G_K(s)=G_c(s)G(s)=\frac{1+0.23s}{1+0.055s}\cdot\frac{20}{s(1+0.5s)}$$

图 6.11 所示为校正后的 $G_K(j\omega)$ 的伯德图。比较图 6.10 与图 6.11 可以看出，校正后系统的带宽增加，相位裕度从 $17°$ 增加到 $50°$，幅值裕度也足够。

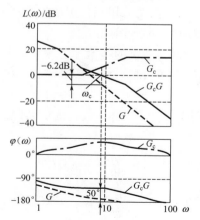

图 6.11　校正后的 $G_K(j\omega)$ 的伯德图

综上所述，串联超前校正环节增大了相位裕度，加大了带宽。这就意味着提高了系统的相对稳定性，并加快了系统的响应速度，使过渡过程得到显著改善。但由于系统的型次和增益都未变，因此稳态精度变化不大。

6.2.3 相位滞后校正

系统的稳态误差取决于开环系统的型次和增益，想要减小稳态误差而又不影响稳定性和响应的快速性，只需加大低频段的增益即可。采用相位滞后校正环节，可使输出相位滞后于输入相位，对控制信号产生相移作用。

图 6.12 所示为一无源的滞后校正网络，它的传递函数为

$$G_c(s) = \frac{U_o(s)}{U_i(s)} = \frac{R_2 C s + 1}{(R_1 + R_2) C s + 1} = \frac{Ts + 1}{\beta Ts + 1} \tag{6-14}$$

相位角

$$\varphi = \arctan \omega T - \arctan \beta \omega T \tag{6-15}$$

式中

$$T = R_2 C$$

$$\beta = \frac{R_1 + R_2}{R_2} > 1$$

滞后校正网络的伯德图（$\beta = 10$）如图 6.13 所示，其极点（即惯性环节的极点）转折频率 $\omega_1 = \frac{1}{\beta T}$。零点（即一阶微分环节的零点）转折频率为 $\omega_2 = \frac{1}{T}$，由式（6-15）及相频特性图可知，校正环节的相位角 $\varphi < 0$，并随 β 的增大而减小。

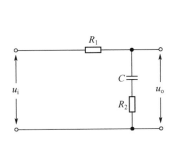

图 6.12　RC 滞后校正网络

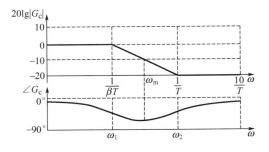

图 6.13　滞后校正网络的伯德图（$\beta = 10$）

滞后校正
网络

令 $\dfrac{\partial \varphi}{\partial \omega} = 0$，得最大滞后相位处的频率

$$\omega_m = \frac{1}{T\sqrt{\beta}} = \sqrt{\omega_1 \omega_2} \tag{6-16}$$

而最大滞后相位

$$\varphi_m = \arctan \omega_m T - \arctan \beta \omega_m T \tag{6-17}$$

将式（6-16）代入式（6-17），得

$$\varphi_m = \arctan \frac{\beta - 1}{2\sqrt{\beta}} = \arcsin \frac{\beta - 1}{\beta + 1}$$

上式也可写为

$$\beta = \frac{1 + \sin \varphi_m}{1 - \sin \varphi_m} \tag{6-18}$$

滞后校正网络
的伯德图

最大滞后相位角处，校正环节的幅值为

$$20\lg|G_c(j\omega_m)|=20\lg\left|\frac{1+j\omega_m T}{1+j\beta\omega_m T}\right|=20\lg\left|\frac{1+\frac{1}{\sqrt{\beta}}j}{1+\sqrt{\beta}j}\right|=-10\lg\beta$$

在零点转折频率处，校正环节有最大幅值衰减量

$$20\lg\left|G_c\left(j\frac{1}{T}\right)\right|=20\lg\left|\frac{1+j}{1+\beta j}\right|\approx 20\lg\beta$$

对式(6-14)，令 $s=j\omega$，有

当 $\omega<\dfrac{1}{\beta T}$ 时，低频部分 $|G_c(j\omega)|\approx 1$；

当 $\omega>\dfrac{1}{T}$ 时，高频部分 $|G_c(j\omega)|\approx\dfrac{1}{\beta}<1$。

由于当频率大于 $1/T$ 时，增益全部下降 $20\lg\beta$(dB)，而相位减小不多，因此滞后校正环节是一个低通滤波器。若把这段频率范围的增益提高到原来的增益值，低频段的增益自然就提高了。如果校正前系统的幅值交界频率 ω_c 比 $1/T$ 大很多，那么即使加入这种相位滞后环节，ω_c 附近的相位几乎没有什么变化，响应速度等也几乎不会受影响。实际上，相位滞后环节的机理并不是相位滞后，而是使得大于 $1/T$ 的高频段内的增益全部下降，并保证这个频段内的相位变化很小。综上所述，β 和 T 要选得尽可能大，但考虑到实现的可能性，也不能选得过分大。一般取它的最大值 $\beta_{max}=20$，$T=7\sim 8$。常用的是 $\beta=10$，$T=3\sim 5$。

下面用一个例子来说明采用相位滞后校正的步骤。

【例 6-3】 设单位反馈系统的开环传递函数为

$$G(s)=\frac{K}{s(s+1)(0.5s+1)}$$

试设计校正装置，使之满足系统给定的性能指标：单位斜坡输入时的静态误差 $e_{ss}=0.2$，相位裕度 $\gamma=40°$，幅值裕度 $20\lg K_g\geqslant 10\text{dB}$。

解：(1)按给定的稳态误差确定开环增益 K。

对单位反馈系统，单位斜坡输入时的稳态速度误差系数为

$$K_v=\lim_{s\to 0}sG(s)=\lim_{s\to 0}s\frac{K}{s(s+1)(0.5s+1)}=K$$

$$e_{ss}=\frac{1}{K_v}=\frac{1}{K}=0.2$$

所以可得

$$K=\frac{1}{0.2}=5$$

(2)绘制 $G(j\omega)$ 的伯德图，如图 6.14 中虚线所示。由图可知原系统的相位裕度 $\gamma=20°$，幅值裕度 $20\lg K_g=-8\text{dB}$，系统是不稳定的。

(3)在 $G(j\omega)$ 的伯德图上找出相位裕度为 $\gamma=40°+(5°\sim 12°)$ 的频率点，并选该点作为已校正系统的幅值交界频率。

由于在系统中串联相位滞后环节后，对数相频特性曲线在幅值交界频率 ω_c 处的相位将有所滞后，因此增加 $10°$ 作为补充。现取设计相位裕度为 $50°$，由图可知，对应于相位裕度为 $50°$ 的频率大致为 0.6，将校正后系统的幅值交界频率 ω_c 选在该频率附近，大致为 0.5。

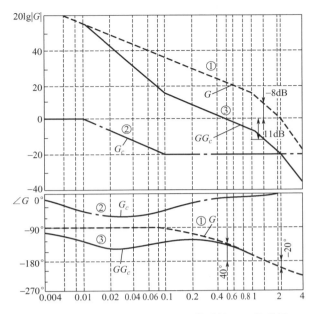

图 6.14 例 6 - 3 系统滞后校正前后的开环伯德图

（4）相位滞后校正环节的零点转折频率 ω_T 选为已校正系统的 ω_c 的 $1/10 \sim 1/5$。

相位滞后校正环节的零点转折频率 $\omega_T = 1/T$，应远低于已校正系统的幅值交界频率，选 $\omega_c / \omega_T = 5$，所以

$$\omega_T = \frac{\omega_c}{5} = 0.1$$

$$T = \frac{1}{\omega_T} = 10$$

（5）确定 β 值和相位滞后校正环节的极点转折频率。

在 $G(j\omega)$ 的伯德图中，在已校正系统的幅值交界频率点上，找到使 $G(j\omega)$ 的对数频率特性下降到 0dB 所需的衰减分贝值，这一衰减分贝值等于 $-20\lg\beta$，由此可确定 β 值，也确定了相位滞后校正环节的极点转折频率。由图 6.14 可知，要使 $\omega = 0.5$ 成为已校正系统的幅值交界频率 ω_c，就需要在该点将 $G(j\omega)$ 的对数幅频特性移动 -20dB，因此该点的滞后校正环节的对数幅频特性分贝值应为

$$20\lg\left|\frac{1+j\omega_c T}{1+j\beta\omega_c T}\right| = -20\text{dB}$$

对校正环节，取 $\beta T \gg 1$，则 ω_c 处校正环节的幅值必为校正环节的最大幅值衰减量，即

$$20\lg\left|\frac{1+j\omega_c T}{1+j\beta\omega_c T}\right| \approx -20\lg\beta = -20$$

得

$$\beta = 10$$

显然，极点转折频率

$$\omega_T = \frac{1}{\beta T} = 0.01$$

相位滞后校正环节的频率特性为

$$G_c(j\omega) = \frac{1+j\omega T}{1+j\beta\omega T} = \frac{1+j10\omega}{1+j100\omega}$$

$G_c(j\omega)$的伯德图如图 6.14 中曲线②所示。已校正系统的传递函数为

$$G_K(s) = G_c(s)G(s) = \frac{5(10s+1)}{s(0.5s+1)(s+1)(100s+1)}$$

$G_K(j\omega)$的伯德图如图 6.14 中曲线③所示。图中相位裕度 $\gamma = 40°$，幅值裕度 $20\lg K_g \approx$ 11dB，系统的性能指标得到满足。但由于校正后的开环系统的幅值交界频率约从 2 降到了 0.5，闭环系统的带宽也随之下降，因此这种校正会使系统的响应速度变慢。

6.2.4 相位滞后-超前校正

相位超前校正的效果是使系统带宽增加，时间响应速度提高，但对稳态误差影响较小。相位滞后校正则可以提高稳态性能，但使系统带宽减小，对时域响应速度变慢。采用相位滞后-超前校正环节，则可以同时改善系统的暂态响应速度和稳态精度。

图 6.15 所示为一无源的滞后-超前校正环节，它的传递函数为

$$G_c(s) = \frac{U_o(s)}{U_i(s)} = \frac{(R_1C_1s+1)(R_2C_2s+1)}{(R_1C_1s+1)(R_2C_2s+1)+R_1C_2s} \tag{6-19}$$

令 $R_1C_1 = T_1$，$R_2C_2 = T_2$（取 $T_2 > T_1$），有

$$\alpha = \frac{R_1+R_2}{R_2} > 1 \tag{6-20}$$

$$R_1C_1 + R_2C_2 + R_1C_2 = T_1/\alpha + \alpha T_2 \tag{6-21}$$

将式(6-20)、式(6-21)代入式(6-19)，得

$$G_c(s) = \frac{(1+T_1s)}{\left(1+\dfrac{T_1}{\alpha}s\right)} \cdot \frac{(1+T_2s)}{(1+\alpha T_2 s)} \tag{6-22}$$

式(6-22)中第一项相当于超前网络，而第二项相当于滞后网络。从图 6.16 可以看出：当 $0 < \omega < 1/T_2$ 时，起滞后网络作用；当 $1/T_2 < \omega < \infty$ 时，起超前网络作用；当 $\omega = \omega_1 = 1/\sqrt{T_1 T_2}$ 时，相位角为零。

滞后-超前
网络

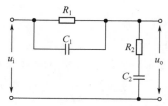

图 6.15 滞后-超前网络

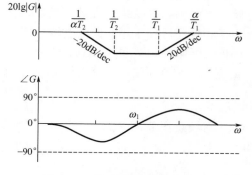

图 6.16 滞后-超前网络伯德图

下面举一个例子来说明采用相位滞后-超前校正的步骤。

【例 6-4】 设单位反馈系统的开环传递函数为

$$G(s) = \frac{K}{s(s+1)(0.5s+1)}$$

试设计校正装置，使系统满足给定的性能指标：单位斜坡输入时的稳态误差 $e_{ss} = 0.1$，相

位裕度 $\gamma = 50°$，幅值裕度 $20\lg K_g \geq 10\text{dB}$。

解：（1）首先根据稳态误差确定开环增益 K。

系统对单位斜坡输入的速度误差系数

$$K_v = \lim s G_K(s) = \lim_{s \to 0} s \frac{K}{s(s+1)(0.5s+1)} = K$$

因此有

$$e_{ss} = \frac{1}{K_v} = \frac{1}{K} = 0.1$$

可得

$$K = 10$$

（2）绘制出 $G(\text{j}\omega)$ 的伯德图，如图 6.17 所示。

由图 6.17 中曲线①可见，系统的相位裕度约为 $-32°$，显然系统是不稳定的。现在采用相位超前校正，使相角在 $\omega = 0.4$ 以上超前。但若单纯采用相位超前校正，则低频段衰减太大；若附加增益 K_1，则幅值交界频率 ω_c 右移，ω_c 仍可能在相位交界频率 ω_g 右边，系统仍然不稳定。因此，在此基础上采用相位滞后校正，可使低频段有所衰减，有利于 ω_c 左移。

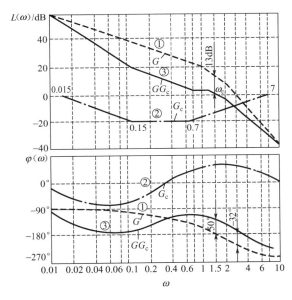

图 6.17　例 6-4 系统的伯德图

（3）若选择未校正前的相位交界频率 $\omega_g = 1.5$ 为新的系统幅值交界频率，则取相位裕度 $\gamma = 40° + 10° = 50°$。

（4）选滞后部分的零点转折频率远低于 $\omega = 1.5$，即

$$\omega_{T_2} = \frac{1.5}{10} = 0.15$$

$$T_2 = \frac{1}{\omega_{T_2}} = \frac{1}{0.15} \approx 6.67$$

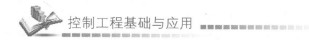

选 $\alpha=10$，则极点转折频率为 $\dfrac{1}{T_2}=0.015$，因此滞后部分的频率特性为

$$\frac{1+jT_2\omega}{1+j\alpha T_2\omega}=\frac{1+j6.67\omega}{1+j66.7\omega}$$

由图 6.17 中曲线①可知，当 $\omega=1.5$ 时，校正前系统幅值为 13dB。因为这一点是校正后的幅值交界频率，所以校正环节在 $\omega=1.5$ 点上应产生 -13dB 的增益。在伯德图上过点（1.5，-13）绘制斜率为 20dB/dec 的斜线。它和 0dB 线及 -20dB 线的交点就是超前部分的极点和零点的转折频率。如图 6.17 所示，超前部分的零点转折频率 $\omega_{T_1}\approx0.7$，$T_1=1/\omega_{T_1}=1/0.7$。极点转折频率为 7。超前部分的频率特性为

$$\frac{1+jT_1\omega}{1+j\dfrac{T_2}{\alpha}\omega}=\frac{1+j\dfrac{1}{0.7}\omega}{1+j\dfrac{1}{7}\alpha}=\frac{1+j1.43\omega}{1+j0.143\omega}$$

由此，相位滞后-超前校正环节的频率特性为

$$G_c(j\omega)=\frac{1+j6.67\omega}{1+j66.7\omega}\cdot\frac{1+j1.43\omega}{1+j0.143\omega}$$

其特性曲线如图 6.17 中的点画线②所示。

已校正系统的开环传递函数为

$$G_K(s)=G_c(j\omega)G(s)=\frac{10(6.67s+1)(1.43s+1)}{s(s+1)(0.5s+1)(66.7s+1)(0.143s+1)}$$

其对数幅频特性曲线和对数相频特性曲线如图 6.17 中实线③所示。

6.3　PID 校正

前述相位超前环节、相位滞后环节及相位滞后-超前环节都是由电阻和电容组成的网络，统称无源校正环节。这类校正环节结构简单，但是本身没有放大作用，而且输入阻抗低、输出阻抗高。当系统要求较高时，常常采用有源校正环节。有源校正环节一般是由运算放大器和电阻、电容组成的反馈网络连接而成，被广泛地应用于工程控制系统中，常常被称为调节器。其中，按偏差的比例（P）、积分（I）和微分（D）进行控制的 PID 控制器是应用最广泛的一种。PID 控制器已经形成了典型结构，其参数整定方便，结构改变灵活，在许多工业过程控制中获得了良好的效果。对于那些数学模型不易求的、参数变化较大的被控对象，采用 PID 控制器也往往能得到满意的控制效果。

PID 控制在经典控制理论中技术成熟，20 世纪 30 年代末出现的模拟式 PID 控制器，其应用至今仍非常广泛。随着计算机技术的迅速发展，计算机算法代替模拟式 PID 控制器，实现数字 PID 控制，其控制作用更灵活、更易于改进和完善。

6.3.1　PID 控制规律

PID 控制算法

PID 控制器相当于一个有源滞后-超前校正网络，其传递函数框图如图 6.18 所示。由图可知，PID 控制器是通过对误差信号 $e(t)$ 进行比例、积分和微分运算，其结果的加权得到控制器的输出 $u(t)$，该值就是控制对象的控制值。PID 控制器的数学描述为

$$u(t) = K_P\left[e(t) + \frac{1}{T_I}\int e(t)\mathrm{d}t + T_D\frac{\mathrm{d}e(t)}{\mathrm{d}t}\right]$$

式中，$u(t)$ 为控制输出，$e(t) = x_i(t) - x_o(t)$ 为误差信号，$x_i(t)$ 为输入量，$x_o(t)$ 为输出量。

PID 控制器的传递函数可以写为

$$G_c(s) = K_P + K_D s + \frac{K_I}{s}$$

PID 控制器的设计问题便是确定系数 K_P、K_D 和 K_I 的值，从而系统的性能也就被确定下来。

下面研究比例、微分、积分控制的作用。

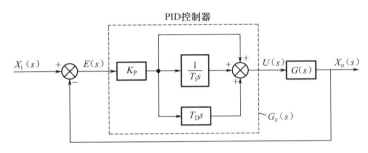

图 6.18　PID 控制器传递函数框图

1. P 控制器——比例的作用

控制器的输出信号成比例地反映输入信号，即在 PID 控制器中使 $T_I \to \infty$、$T_D \to \infty$，有 $u(t) = K_P e(t)$。式中，K_P 为控制器的比例系数，其传递函数

$$G_c(s) = K_P$$

由前述各章可知，若使控制器的比例系数 K_P 增大，会使系统的开环增益提高，从而可减少系统的稳态误差，但同时也会降低系统的稳定性。

【例 6-5】　一单位负反馈系统的开环传递函数为 $G(s) = \dfrac{K_P}{(s+1)^3}$，试分析单纯调整 K_P 时系统性能指标的改善情况。

解：采用 MATLAB 分析开环增益对闭环系统单位阶跃响应的影响。

在 MATLAB 的 Command Window 窗口中输入如下命令，按 Enter 键，获得该闭环系统的根轨迹和不同 K_P 时闭环系统的单位阶跃响应曲线，如图 6.19 所示。

```
>> syms s;      % 定义系统变量 s
>> numk= [1];      % 开环传递函数分子系数向量
>> denk=conv([1 1],conv([1 1],[1 1]));      % 多项式相乘后得开环传递函数分母系数向量
>> rlocus(numk,denk);      % 绘制开环传递函数的根轨迹
>> GC1=1;GC2=3;GC3=5;GC4=8;      % 定义不同 K_P 值的比例校正传递函数
>> [num1,den1]= cloop(GC1* numk,denk,- 1);      % 求 K_P = 1 时的系统闭环传递函数
>> [num2,den2]= cloop(GC2* numk,denk,- 1);      % 求 K_P = 3 时的系统闭环传递函数
>> [num3,den3]= cloop(GC3* numk,denk,- 1);      % 求 K_P = 5 时的系统闭环传递函数
>> [num4,den4]= cloop(GC4* numk,denk,- 1);      % 求 K_P = 8 时的系统闭环传递函数
>> step(num1,den1);hold on;      % 绘制 K_P = 1 时的闭环系统单位阶跃响应曲线
```

```
>> step(num2,den2);hold on;     % 绘制 Kₚ = 3 时的闭环系统单位阶跃响应曲线
>> step(num3,den3);hold on;     % 绘制 Kₚ = 5 时的闭环系统单位阶跃响应曲线
>> step(num4,den4)              % 绘制 Kₚ = 8 时的闭环系统单位阶跃响应曲线
```

由根轨迹可知，当 $K_P \geq 8$ 时，系统将产生振荡。同时从图 6.19 中的闭环响应曲线可知，当 K_P 增大时，系统稳态输出增大，系统响应速度和超调量也增大。$K_P = 8$ 时，系统产生等幅振荡，已不稳定。可见，单纯采用 K_P 来改善系统的性能指标是不合适的。

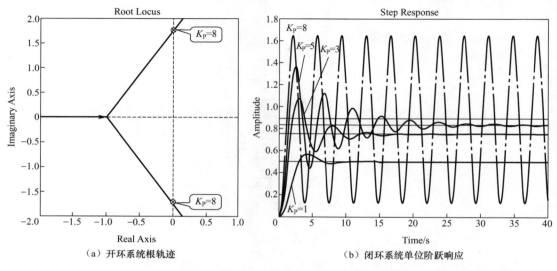

（a）开环系统根轨迹　　　　　　　（b）闭环系统单位阶跃响应

图 6.19　例 6-5 系统增益 K_P 对性能的影响

2. PI 控制器——积分的作用

在 PID 控制器中，当 $T_D \to 0$，校正装置成为一个 PI 控制器，其控制规律为

$$u(t) = K_P \left[e(t) + \frac{1}{T_I} \int e(t) \mathrm{d}(t) \right]$$

PI 控制器的传递函数为

$$G_c(s) = K_P \left(1 + \frac{1}{T_I s} \right) = K_P \frac{T_I s + 1}{T_I s}$$

图 6.20 所示为具有 PI 控制器的控制系统传递函数框图。

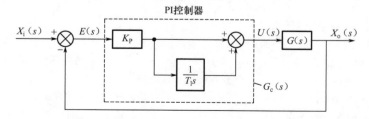

图 6.20　具有 PI 控制器的控制系统传递函数框图

对比 P 控制器和 PI 控制器可以发现，为使 $e(t) \to 0$，在 P 控制器中需使 $K_P \to \infty$，此时，若 $|e(t)|$ 存在较大的扰动，则输出 $u(t)$ 也很大，这不仅会影响系统的动态性能，也会

使执行器频繁处于大幅振动中。若采用 PI 控制器，如果要求 $e(t) \to 0$，则控制器的输出 $u(t)$ 由 $\dfrac{1}{T_{\mathrm{I}}} \displaystyle\int e(t)\mathrm{d}t$ 得到一个常值，从而使输出 $x_{\mathrm{o}}(t)$ 稳定于期望的值。另外，从参数调节个数来看，P 控制器仅可调节一个参数 K_{P}，而 PI 控制器则允许调节参数 K_{P} 和 T_{I}，调节灵活，也较容易得到理想的动态性能指标及静态性能指标。但由传递函数可知，PI 控制器归根结底是一个滞后环节。由滞后校正原理可知，为避免相位滞后对系统造成负面影响，校正环节的零点 $-\dfrac{1}{T_{\mathrm{I}}}$ 需靠近原点，亦即校正环节的转折频率 $\dfrac{1}{T_{\mathrm{I}}} \ll \omega_{\mathrm{c}}$，这表明 T_{I} 应足够大。然而，若 T_{I} 太大，则 PI 控制器中的积分作用变小，会影响系统的静态性能，同时，也会导致系统响应速度的变慢。此时可通过合理调节 K_{P} 和 T_{I} 的值使系统的动态性能和静态性能均满足要求。

【例 6-6】 对具有开环传递函数 $G(s) = \dfrac{K_{\mathrm{P}}}{(s+1)^3}$ 的单位负反馈系统采用 PI 控制器，取 $K_{\mathrm{P}} = 1$，试分析 T_{I} 变化对系统性能的影响。

解： 采用 MATLAB 分析积分时间常数 T_{I} 对闭环系统单位阶跃响应的影响。

在 MATLAB 的 Command Window 窗口中输入如下命令，按 Enter 键，获得该闭环系统在不同 T_{I} 时的单位阶跃响应曲线，如图 6.21 所示。

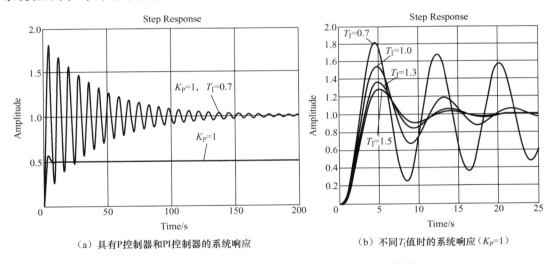

（a）具有 P 控制器和 PI 控制器的系统响应　　　（b）不同 T_{I} 值时的系统响应（$K_{\mathrm{P}}=1$）

图 6.21　采用 PI 控制器后的系统单位阶跃响应曲线

```
>> syms s;      % 定义系统变量
>> G=tf(1,[1,3,3,1]);      % 采用分子分母多项式系数向量定义系统的开环传递函数
>> Kp=1;TI1=0.7;TI2=1.0;TI3=1.3;TI4=1.5;      % 给 Kp 和 TI 赋值
>> Gc1=tf(Kp*[TI1,1],[TI1,0]);      % 获得不同 TI 值时的校正系统传递函数表达式
>> Gc2=tf(Kp*[TI2,1],[TI2,0]);
>> Gc3=tf(Kp*[TI3,1],[TI3,0]);
>> Gc1=tf(Kp*[TI4,1],[TI4,0]);
>> GB1=feedback(G*Gc1,1);      % 获得经不同 TI 值校正后的系统闭环传递函数
>> GB2=feedback(G*Gc2,1);
>> GB3=feedback(G*Gc3,1);
```

```
>> GB4=feedback(G* Gc4,1);
>> step(GB1);hold on;      % 获得不同 T_I 值校正后的系统单位阶跃响应,并在同一图中显示
>> step(GB2);hold on;
>> step(GB3);hold on;
>> step(GB4)
```

对比图 6.21(a)中 $K_P=1$ 时具有 P 控制器和 PI 控制器的系统闭环响应曲线可知,采用 PI 控制器后,系统的稳态误差减小为零。对比图 6.21(b)中不同 T_I 值时的系统响应曲线可知,当 T_I 减小时,系统的稳定程度变差;当 T_I 增大时,系统的响应速度变慢。由此可见,加入 **PI** 控制后,系统的稳态误差可得以消除或减小,但系统的稳定程度会变差,一般只有稳定裕度足够大的系统才采用这种控制。

3. PD 控制器和 PID 控制器——微分的作用

当 PID 控制器的 $T_I \to \infty$ 时,校正装置成为一个 PD 控制器,其控制规律为

$$u(t)=K_P\left[e(t)+T_D\frac{de(t)}{dt}\right]$$

PD 控制器的传递函数为

$$G_c(s)=K_P(1+T_D s)$$

图 6.22 所示为具有 PD 控制器的控制系统传递函数框图。

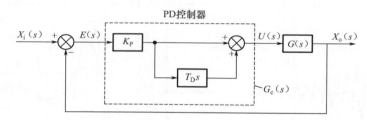

图 6.22　具有 PD 控制器的控制系统传递函数框图

由传递函数可知,PD 控制器相当于一个超前校正装置,其微分作用能反映输入信号的变化趋势,即可产生早期修正信号。串联校正时,PD 控制器使系统增加了一个开环零点,提高了系统的相角裕度,从而改善系统的动态性能。

为考察 PID 控制器中微分环节的作用,对例 6-5 所示系统,采用 PID 控制器,令 K_P、T_I 固定,T_D 变化,研究系统单位阶跃响应的变化。

在 MATLAB 的 Command Window 窗口中输入如下命令,按 Enter 键,获得该闭环系统在不同 T_D 时的单位阶跃响应曲线,如图 6.23(a)所示。

```
G=tf(1,[1,3,3,1]);     % 采用分子分母多项式系数向量定义系统的开环传递函数
Kp=1;Ti=1;Td=[0.1,0.5,1];     % 给 K_P、T_I 和 T_D 赋值
for i=1:length(Td);     % 定义循环 i= 1~3
Gc=tf(Kp* [Ti* Td(i),Ti,1]/Ti,[1,0]);     % 建立校正传递函数
GB=feedback(G* Gc,1);     % 获得校正后的单位负反馈系统闭环传递函数
step(GB),hold on     % 绘制校正后的系统单位阶跃响应曲线,图像保持
end
```

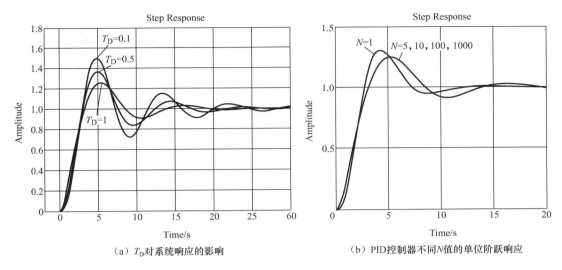

（a）T_D对系统响应的影响　　　　　　　（b）PID控制器不同N值的单位阶跃响应

图 6.23　微分控制对系统响应的影响

从图 6.23(a)可以发现，微分控制的作用是增加阻尼、减小最大超调量和振荡，从而提高系统的相对稳定性。值得指出的是，如果恰当地设计 **PD** 控制器，可使系统响应曲线上升很快，且超调很少或没有。

在实际控制系统中，单纯采用 **PD** 控制器的系统较少，其原因有两方面。一是纯微分环节在实际中无法实现；二是若采用 PD 控制器，则系统各环节中的任何扰动均将对系统的输出产生较大的波动，尤其对阶跃信号，不利于系统动态性能的真正改善。因此，实际 PID 控制器的传递函数为

$$G_c(s) = K_P\left(1 + \frac{1}{T_I s} + \frac{T_D s}{1 + \frac{T_D}{N}s}\right)$$

式中，N 一般大于 10。显然，当 $N \to \infty$ 时，上式即为理想的 PID 控制器。

为考察 PID 控制器中微分环节的作用，对例 6-5 所示系统，采用 PID 控制器，令 K_P、T_D 和 T_I 固定，N 变化，研究近似微分对系统性能的影响。在 MATLAB 的 Command Window 窗口中输入如下命令，按 Enter 键，获得该闭环系统在不同 N 值时的单位阶跃响应曲线，如图 6.23(b)所示。从图 6.23(b)可以发现，当 $N > 10$ 时，近似精度相当满意。

```
N=[1,5,10,100,1000];    % 给 N 赋值
G=tf(1,[1,3,3,1]);    % 定义开环传递函数
Kp=1;Ti=1;Td=1;    % 定义 PID 控制器中比例、积分、微分常数
Gc=tf(Kp*[Ti*Td,Ti,1]/Ti,[1,0]);    % 按分子分母多项式系数向量定义 PID 校正系统的传
                                        递函数
GB=feedback(G*Gc,1);step(GB),hold on    % 求校正后的系统闭环传递函数,并绘制阶跃响
                                            应曲线,图像保持
for i=1:length(N)    % 定义循环 i= 1~ 5
numc=Kp*([Ti*Td,0,0]+conv([Ti,1],[Td/N(i),1]))/Ti;    % 定义 PID 控制器传递函数分
                                                        母系数向量
denc=[Td/N(i),1,0];    % 定义 PID 控制器传递函数分子系数向量
```

```
Gc=tf(numc,denc);      % 获得 PID 控制器传递函数
GB=feedback(G* Gc,1);     % 获得 PID 校正后的单位负反馈系统闭环传递函数
step(GB)      % 绘制闭环系统单位阶跃响应曲线
end     % 循环结束
axis([0,20,0,1.5])     % 定义横坐标为 0~20,纵坐标为 0~1.5
```

图 6.24 对比了例 6-5 所示系统采用 P 控制器、PI 控制器、PID 控制器后系统输出响应的变化,结合前述比例、积分、微分控制对系统响应的分析,可知 PID 控制器的控制作用具体如下。

(1) 比例系数 K_P 直接决定控制作用的强弱。加大 K_P,可以减小系统的稳态误差,提高系统的动态响应速度;但 K_P 过大会使系统动态质量变坏,引起被控制量振荡,甚至导致闭环系统不稳定。

(2) 在比例控制的基础上加上积分控制可以消除系统的稳态误差。因为只要存在偏差,它的积分所产生的控制量总是用来消除稳态误差的,直到积分的值为零,控制作用才停止。但它将使系统的动态过程延长,而且过强的积分控制作用会使系统的超调量增大,从而使系统的稳定性变坏。

(3) 微分的控制作用是跟偏差的变化速度有关的。微分控制能够预测偏差,产生超前的校正作用。它有助于减少超调,克服振荡,使系统趋于稳定,并能加快系统的动作速度,减少调整时间,从而改善系统的动态性能。微分控制作用的不足之处是放大了噪声信号。

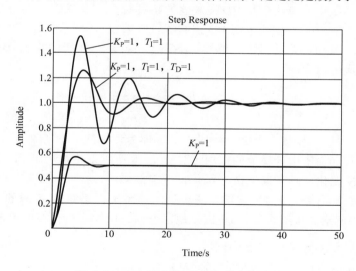

图 6.24 PID 控制器对系统响应的影响

6.3.2 PID 校正环节

PID 控制规律可用有源校正环节来实现,它由运算放大器和 RC 网络组成。

1. PD 校正环节

对于图 6.25 所示的有源网络,根据复阻抗概念

$$Z_1 = \frac{R_1}{R_1 C_1 s + 1}$$

$$Z_2 = R_2$$

由

$$\frac{U_i(s)}{Z_1(s)} = \frac{U_o(s)}{Z_2(s)}$$

可得传递函数为

$$G_c(s) = \frac{U_o(s)}{U_i(s)} = \frac{Z_2(s)}{Z_1(s)} = K_P(T_D s + 1)$$

式中，$T_D = R_1 C_1$，$K_P = R_2/R_1$。

可见，图 6.25 所示网络是 PD 校正环节。

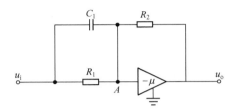

图 6.25　PD 校正环节

2. PI 校正环节

对于图 6.26 所示的有源网络，根据复阻抗概念

$$Z_1 = R_1，Z_2 = R_2 + \frac{1}{C_2 s}$$

其传递函数为

$$G_c(s) = \frac{U_o(s)}{U_i(s)} = \frac{Z_2(s)}{Z_1(s)} = K_P\left(1 + \frac{1}{T_1 s}\right)$$

式中，$T_1 = R_2 C_2$，$K_P = R_2/R_1$。

可见，图 6.26 所示网络是 PI 校正环节。

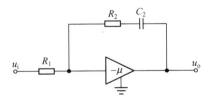

图 6.26　PI 校正环节

3. PID 校正环节

对于图 6.27 所示的有源网络，根据复阻抗概念

$$Z_1 = \frac{R_1 \cdot \dfrac{1}{C_1 s}}{R_1 + \dfrac{1}{C_1 s}}$$

$$Z_2 = R_2 + \frac{1}{C_2 s}$$

可得传递函数为

$$G_c(s) = \frac{U_o(s)}{U_i(s)} = \frac{Z_2(s)}{Z_1(s)} = K_P\left(1 + \frac{1}{T_1 s} + T_D s\right)$$

式中，$T_1 = R_1 C_1 + R_2 C_2$，$T_D = \dfrac{R_1 C_1 R_2 C_2}{R_1 C_1 + R_2 C_2}$，$K_P = \dfrac{R_1 C_1 + R_2 C_2}{R_1 C_2}$。

可见，图 6.27 所示网络是 PID 校正环节。

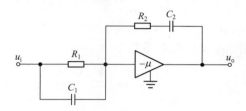

图 6.27　PID 校正环节

6.3.3　PID 校正环节最佳参数设计

近似 PID 校正环节是一类特殊的相位滞后-超前校正环节。在近似 PID 校正环节的设计中，首先要确定设计目标，这种目标通常以二阶典型系统和三阶典型系统的最优模型为依据。也就是说，通过加入 PID 校正环节使系统成为最优系统。下面介绍如何用希望的系统特性确定有源网络的参数。首先介绍两个最佳系统模型及参数值。

1. 二阶系统最佳模型

二阶系统的开环传递函数（单位负反馈）为

$$G_K(s) = \frac{K}{s(Ts+1)}$$

该开环传递函数的频率特性伯德图如图 6.28 所示。在低频部分，幅频特性曲线的斜率为 -20dB/dec。在高频部分，幅频特性曲线的斜率为 -40dB/dec。

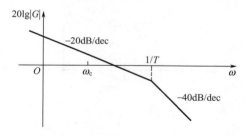

图 6.28　二阶系统最优模型伯德图

相应闭环传递函数

$$G_B(s) = \frac{G_K(s)}{1 + G_K(s)} = \frac{K}{Ts^2 + s + K} = \frac{\omega_n^2}{s^2 + 2\xi\omega_n s + \omega_n^2}$$

是二阶系统。因二阶系统的最佳参数 $\xi = 0.707$，此时最大超调量 $M_p = 4.3\%$，调整时间 $t_s = 6T$，幅值交界频率 $\omega_c = \dfrac{1}{2T}$。要保证 $\xi = 0.707$ 并不容易，实际中取 $\xi = 0.5 \sim 0.8$。

例如，若原来开环系统固有的传递函数为一阶环节 $G_k(s)=\dfrac{1}{s+a}$，采用串联 PI 校正环节 $G_c(s)=K_P+\dfrac{K_I}{s}$ 校正后，则系统闭环变为

$$G_B(s)=\frac{G_k(s)G_c(s)}{1+G_k(s)G_c(s)}=\frac{K_I+K_Ps}{s^2+(K_P+a)s+K_I}$$

为使系统成为最佳系统，在给定系统无阻尼固有频率 ω_n 后，必须取 $K_I=\omega_n^2$，$K_P=(1.41\omega_n-a)$。

2. 三阶系统最佳模型

三阶系统的开环传递函数为

$$G_K(s)=\frac{K(T_2s+1)}{s(T_3s+1)} \quad (T_2>T_3)$$

该开环传递函数的对数幅频特性伯德图如图 6.29 所示。在低频及高频部分，幅频特性曲线的斜率为 -40dB/dec；在中频部分，幅频特性曲线的斜率为 -20dB/dec。该系统的稳态精度好，常比二阶系统有更好的性能。

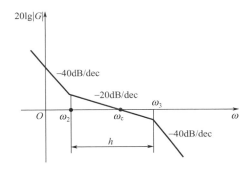

图 6.29　三阶系统最优模型伯德图

为确定系统参数，一般情况下，先固定 T_3，再调整 K 和 T_2，使系统稳态性能最佳。增大 K，提高了系统的稳态精度，同时也增大了幅值交界频率 ω_c，系统的快速性好，但相位裕度减小，降低了系统的稳定性。增大 T_2，则增大了中频带宽，提高了系统的稳定性。初步可选 $\omega_c=0.5T_3$，$1/T_3-1/T_2=8\sim10$。

例如，若原来开环系统固有的传递函数为二阶环节 $G_K(s)=\dfrac{K}{s^2+a_1s+a_0}$，采用串联 PID 校正环节 $G_c(s)=K_P+\dfrac{K_I}{s}+K_Ds$ 校正后，系统闭环传递函数变为

$$G_B(s)=\frac{G_K(s)G_c(s)}{1+G_K(s)G_c(s)}=\frac{K(K_Ds^2+K_Ps+K_I)}{s^3+(KK_D+a_1)+(KK_P+a_0)s+KK_I}$$

可以根据上面的方法来确定 PID 控制器的参数。

3. 高阶系统的 PID 校正

对于高阶系统，通常性能不好，可以利用 PID 控制器使其变为二阶最佳系统或三阶最佳系统。也就是说，通过 PID 控制器的参数选择使系统达到预期的目标。下面举例说明。

【例 6 - 7】 某单位反馈系统的开环传递函数为

$$G_K(s) = \frac{K}{s(0.15s+1)(0.877 \times 10^{-3}s+1)(5 \times 10^{-3}s+1)}$$

试设计有源串联校正环节，使系统对斜坡输入信号的误差 $e_{ss}=0.025$，幅值交界频率 $\omega_c \geqslant 50 \text{rad/s}$，相位裕度 $\gamma \geqslant 50°$。

解：（1）未校正系统对斜坡输入信号的误差 $e_{ss}=1/K_v=1/K=0.025$，故 $K=40$。

绘制未校正系统 $G_K(s)$ 的频率特性伯德图，如图 6.30 中曲线①所示，得 $\omega_c=16 \text{rad/s}$，$\gamma=17°$。由图可知，系统虽然稳定，但 ω_c 和 γ 均小于设计要求。为保证系统的稳态精度，提供系统的动态性能，选择 PD 校正环节进行串联校正，希望校正后的系统成为二阶最佳模型。

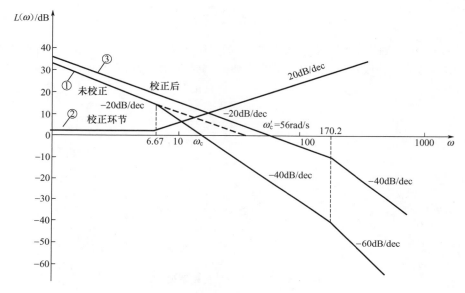

图 6.30　例 6 - 7 系统 PD 校正伯德图

（2）为使原系统结构简单，对未校正部分的高频段小惯性环节做等效处理，即

$$\frac{1}{0.877 \times 10^{-3}s+1} \cdot \frac{1}{5 \times 10^{-3}s+1} \approx \frac{1}{(0.877 \times 10^{-3}+5 \times 10^{-3})s+1} = \frac{1}{5.887 \times 10^{-3}s+1}$$

所以未校正系统的开环传递函数为

$$G_K(s) = \frac{40}{s(0.15s+1)(5.887 \times 10^{-3}s+1)}$$

取 $G_c(s)=K_P(T_D s+1)$，为使校正后的开环伯德图为希望的二阶最优模型，可消去未校正系统的一个极点，故令 $T_D=0.15 \text{s}$，则

$$G_K(s)G_c(s) = \frac{40}{s(0.15s+1)(5.887 \times 10^{-3}s+1)}K_P(T_D s+1) = \frac{40K_P}{s(5.887 \times 10^{-3}s+1)}$$

由图 6.30 可知，校正后的开环放大系数 $40K_P=\omega_c'$，根据性能要求 $\omega_c' \geqslant 50 \text{rad/s}$，故选 $K_P=1.4$。校正后的开环传递函数为

$$G_K(s)G_c(s) = \frac{40}{s(0.15s+1)(5.887 \times 10^{-3}s+1)} \times 1.4(0.15s+1) = \frac{56}{s(5.887 \times 10^{-3}s+1)}$$

校正后的系统开环对数幅频特性伯德图如图 6.30 中曲线③所示。由图可得校正后的幅值交界频率 $\omega'_c=56\text{rad/s}$，相位裕度为

$$\gamma=180°-90°-\arctan(5.877\times10^{-3}\omega'_c)=71.78°$$

校正后的系统对斜坡输入信号的误差 $e_{ss}=1/K_v=\dfrac{1}{KK_P}=\dfrac{1}{56}=0.018<0.025$，故校正后系统的动态性能和稳态性能均满足要求。

4. 确定 PID 控制器参数的其他方法

PID 控制器参数的确定也可以采用试探法和试验方法。

采用试探法时，首先选择比例校正，使系统满足稳定性指标；然后根据稳态误差要求加入适当的积分校正环节，积分校正环节会使系统的稳定裕度和快速性都下降；最后加入适当的微分校正环节，以保障系统的稳定性和快速性。这种过程常常需要循环试探几次才能达到理想的性能指标。

当系统比较复杂，难以建立数学模型时，采用试验方法来设计和校正系统是可行的。齐-尼氏(Ziegler and Nichols，Z-N)试验方法是利用周期响应的四分之一衰减模式对 PID 控制器进行设计。

（1）Z-N 第一法

当开环系统的阶跃响应没有超调，如图 6.31 所示，采用 Z-N 第一法（切线截距法），在响应曲线上斜率最大的拐点绘制切线，得出参数 L 和 T，则该方法确定的各参数如下。

P 控制器

$$K_P=T/L$$

PI 控制器

$$K_P=0.9T/L$$

$$K_I=\frac{K_P}{L/0.3}=0.27T/L^2$$

PID 控制器

$$K_P=1.2T/L$$

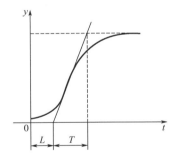

$$K_I=\frac{K_P}{2L}=0.6T/L^2$$

$$K_D=K_P0.5L=0.6T$$

图 6.31　系统响应试验曲线

（2）Z-N 第二法

对于振荡系统可采用 Z-N 第二法（连续振荡法）设定参数，开始只加比例校正使系统达到等幅振荡为止。测量此时的振荡周期 $\widetilde{T}_u$ 和比例增益 $\widetilde{K}_u$，则该方法确定的各参数如下。

P 控制器

$$K_P=0.5\widetilde{K}_u$$

PI 控制器

$$K_P=0.45\widetilde{K}_u$$

$$K_I=\frac{1.2K_P}{\widetilde{T}_u}=\frac{0.54\widetilde{K}_u}{\widetilde{T}_u}$$

PID 控制器

$$K_P=0.6\widetilde{K}_u$$

$$K_D = 0.125 K_P \widetilde{T}_u = 0.075 \widetilde{K}_u \widetilde{T}_u$$

（3）四分之一衰减振荡

若是不容许出现连续振荡的系统，可采用四分之一衰减振荡，即从低增益慢慢增加到期望的衰减值，记录此时的振荡周期 $\overline{T}_u$ 和比例增益 $\overline{K}_u$。该方法确定的 PID 控制器各参数为

$$K_P = \overline{K}_u, \quad K_1 = \frac{1.5 \overline{K}_u}{\overline{T}_u}, \quad K_D = \frac{\overline{K}_u \overline{T}_u}{6}$$

6.4　设计示例：天线位置的 PD 控制

在天线的位置控制系统中，只有位置反馈时，系统为不稳定的系统，而采用（位置＋速度）的反馈使控制，系统为稳定的系统。当系统仅有位置反馈时，通过常说的 PID 控制能构成稳定的控制系统吗？

图 1.20 所示的天线控制系统设置了位置检测用电位器和速度检测用测速传感器，为使天线位置控制稳定，利用了图 4.23 所示的（位置＋速度）反馈。当然，反馈信号仅为位置，而又能在控制信号中起着（比例＋积分＋微分）作用的 PID 控制也能组成稳定的位置控制系统。

图 6.18 所示为一般的 PID 控制系统传递函数框图。把来自比较环节的偏差信号加上乘以各自系数的微分信号和积分信号，再乘以 K_P 后作为驱动信号传给控制对象。由 6.3 节串联校正可知，对某些信号进行微分、积分运算，可用简单的电路近似地实现。一般来说，微分信号可使控制系统稳定，积分信号可使输出误差减小。

为使不稳定的天线位置控制系统稳定，在原有位置控制系统的传递函数框图（图 4.20）中加入增益 $K_P = 1$ 的 PD 校正环节。此时，天线位置控制系统传递函数框图如图 6.32 所示。为研究该控制系统的特性，最好能够绘制出微分系数 T_D 发生变化时的根轨迹图。比较图 4.24 所示的控制系统和图 6.32 所示的控制系统可知，为使系统的特征方程一致，应设 $T_D = 3\alpha$，即图 4.24 表示的位置和速度反馈控制系统和图 6.32 表示的具有 PD 校正装置的系统具有相同形式的特征方程。用上述关系使系数 T_D 和 α 对应，就有相同的特征根。在图 4.24 所示的系统中，若 $\alpha = 1/6$，其根轨迹如图 4.26 所示。在 PD 控制系统中，若设 $T_D = 0.5$，则该系统的根轨迹同图 4.26 完全一致。因此引入 PD 校正完全可使控制系统稳定。

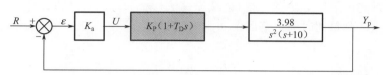

图 6.32　由 PD 控制的天线位置控制系统传递函数框图

确定了 PD 校正装置的 K_P 和 T_D 值后，在控制系统中引入图 6.33 所示的 PD 校正环节，将电路的增益 K_P 调整为 1、微分时间常数 T_D 调整为 0.5 便可，即

$$K_P = R_2 / R_1 = 1$$
$$T_D = R_1 C_1 = 0.5$$

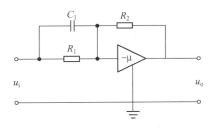

图 6.33　PD 校正环节

确定了 PD 校正装置后，就可以在原来设定的天线控制系统的结构图中加入位置控制系统的 PD 校正电路，使天线位置控制系统稳定地工作。加入 PD 校正装置后的天线控制系统如图 6.34 所示，此时，放大器和 PD 校正装置共同组成了该控制系统的控制器。速度控制时，将放大器增益 K_a 调整为 4，PD 校正装置中 T_D 调整为 0，即可得到符合设计要求的稳定的速度控制系统。位置控制时，将放大器增益 K_a 和 PD 校正装置中 T_D 调整至合适的参数值，使之达到符合设计要求的稳定位置控制系统。

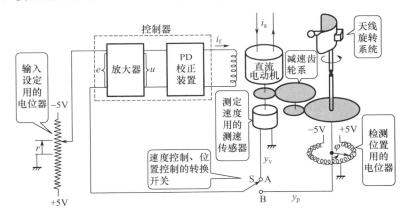

图 6.34　加入 PD 校正装置后的天线控制系统

下面分析加入了 PD 校正装置后的位置控制系统频域性能和时域性能的变化。

加入 PD 校正装置的位置控制系统开环频率特性图与图 5.52(c) 一致，由图可知，系统幅值交界频率 $\omega_c = 4.84\mathrm{rad/s}$，相位裕度 $\gamma = 42°$，对任意 $K_a > 0$ 均稳定。加入 PD 校正装置的位置控制系统闭环系统伯德图如图 6.35(a) 所示。由图可知，此时位置控制系统零频幅值 $A(0) = 0\mathrm{dB}$，截止频率 $\omega_b = 8.21\mathrm{rad/s}$，谐振频率 $\omega_r = 3.55\mathrm{rad/s}$，相对谐振峰值 $M_r = 3.56\mathrm{dB} \approx 1.51$。可以验证，此时 $\sin\gamma \approx \dfrac{1}{M_r}$。

对加入 PD 校正装置后的位置控制系统进行时域仿真，得单位阶跃响应曲线如图 6.35(b) 所示。由图可知，控制器参数取值为 $K_a = 25$、$K_P = 1$、$T_D = 0.5$ 的系统，最大超调量 $M_P = 37.2\%$，延迟时间 $t_d = 0.184\mathrm{s}$，稳态误差 $e_{ss} = 0$。有兴趣的读者可以试试通过调整 K_a 和 T_D 值，使系统达到 1.5.2 节所提出的设计性能指标要求。

需要说明的是，在工程实际中，**PID** 控制是工业生产中最常用的一种控制方式。目前，**PID** 控制及其控制器或智能 **PID** 控制器(仪表)已经很多，**PID** 控制器产品已在工程实际中得到了广泛应用。**PID** 控制器产品种类丰富，许多公司开发了具有 **PID** 参数自整定功能的智能控制器，能实现 PID 控制功能的可编程控制器，以及可实现 PID 控制的计算机控制系统等。

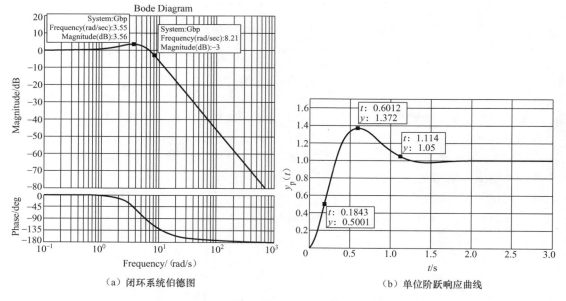

（a）闭环系统伯德图　　　　　（b）单位阶跃响应曲线

图 6.35　加入 PD 校正装置后的位置控制系统性能（$K_a=25$，$K_P=1$，$T_D=0.5$）

6.5　关于系统校正问题的说明

关于系统的校正问题，应该指出，在机械系统及液压系统中加入由机械元件、液压元件组成的校正环节，往往都会产生负载效应，原系统框图中的有关环节将发生变化。在此情况下，本章所讲的"校正"的概念与方法是无法使用的。具体地讲，如果机械系统及液压系统的校正问题只是涉及位置、速度而不涉及力（特别是动态力）问题，则可采用机械元件及液压元件作为校正环节，并用本章所讲的"校正"的概念与方法加以实现。例如，在机床加工中，如果能测出零件加工误差的规律，则可按加工误差制造校正尺、校正凸轮等，然后用校正尺、校正凸轮等与有关机械元件组成校正装置，附加在机床的有关传动链上，对加工误差进行校正（即补偿）。丝杆磨床采用的校正尺的校正装置（在数控机床的控制系统中，螺距误差补偿更加简单、有效），滚齿机所采用的校正凸轮的校正装置，都属于这一类。这时，有关加工误差的数学模型都不涉及力及其效应，更不涉及动态力及其效应。这些校正方法都是顺馈校正，加工误差可视为干扰。又如，用滚齿机加工某些齿轮时，往往要采用差动传动链，其实，这一传动链就是反馈校正回路，校正滚刀与被加工齿轮在相对转动时的相时位置误差。这里也不涉及力及其效应问题。其实这些校正都是静态校正而非动态校正。一旦涉及力的效应，涉及动态问题，用机械元件及液压元件作为校正环节就难以实现了。

然而，对系统加入电气、电子的校正环节，由于可采用隔离措施来避免负载效应，故可实现本章所讲的"校正"。由于控制系统一般是用电气、电子元件来实现的，因此，"校正”大多用于控制系统。

习 题

6.1 在系统校正中，常用的性能指标有哪些？

6.2 试分别求出图 6.36 所示超前网络和滞后网络的传递函数，绘制伯德图。（$R=1\Omega$，$C=1F$）

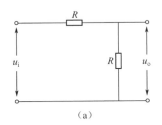 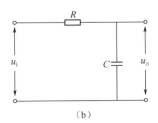

（a）　　　　　　　　　　　　　（b）

图 6.36 题 6.2 图

6.3 某单位反馈控制系统的开环传递函数为

$$G_K(s)=\frac{6}{s(s^2+4s+6)}$$

（1）计算校正前系统的幅值交界频率和相位裕度；

（2）串联传递函数为 $G(s)=\dfrac{s+1}{0.2s+1}$ 的超前校正装置，求校正后系统的幅值交界频率和相位裕度；

（3）串联传递函数为 $G(s)=\dfrac{10s+1}{100s+1}$ 的滞后校正装置，求校正后系统的幅值交界频率和相位裕度；

（4）讨论串联超前校正及串联滞后校正的不同作用。

6.4 如图 6.37 所示，最小相位系统开环对数幅频渐近特性为 $L'(\omega)$，串联校正装置对数幅频渐近特性为 $L_c(\omega)$：

（1）求未校正系统开环传递函数 $G(s)$ 及串联校正装置 $G_c(s)$；

（2）在图中画出校正后系统的开环对数幅频渐近特性 $L(\omega)$，求校正后系统的相位裕度 γ；

（3）简要说明这种校正装置的特点。

6.5 单位反馈系统的开环传递函数为

$$G_K(s)=\frac{500K}{s(s+5)}$$

采用超前校正，使校正后系统的速度误差系数 $K_v=100$，相位裕度 $\gamma\geqslant45°$。

6.6 单位负反馈最小相位系统开环相频特性表达式为

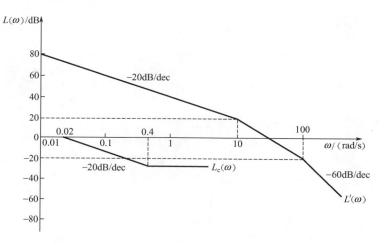

图 6.37 题 6.4 图

$$\varphi(\omega) = -90° - \arctan\frac{\omega}{2} - \arctan\omega$$

（1）求相位裕度为 30° 时系统的开环传递函数；

（2）在不改变截止频率 ω_c 的前提下，试选取参数 K_c 与 T，使系统在加入串联校正环节

$$G_c(s) = \frac{K_c(Ts+1)}{s+1}$$

后，系统的相位裕度提高到 60°。

第 6 章
在线答题

第7章
现代控制理论简介

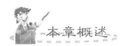 本章概述

　　本章简要介绍了现代控制理论的基础理论和基本方法，包括状态空间的基本概念、状态空间模型的建立及求解、线性系统的能控性与能观性、极点配置、全维状态观测器原理及其设计方法、李雅普诺夫稳定性分析等内容。

　　本章目标

　　理解状态空间的基本概念，掌握线性系统状态空间模型的建立；学会利用状态转移矩阵求解线性系统的状态空间方程；掌握线性控制系统的状态能控性和能观性理论、状态反馈和全维状态观测器的设计方法；能熟练运用李雅普诺夫稳定性分析方法判断线性系统的稳定性。

　　前面各章讲述了经典控制理论的内容，本章将简要介绍现代控制理论的一些基础内容。这两者在研究对象、解决方法、数学工具等方面有诸多的不同。经典控制理论以单输入/单输出线性定常系统为主要研究对象，以传递函数作为系统模型的数学描述，以频率法和根轨迹法来分析和设计控制系统。现代控制理论是为解决多输入/多输出系统的控制问题而发展起来的。较之经典控制理论，现代控制理论的研究对象要广泛得多，既可以是单变量的、线性的、定常的、连续的系统，也可以是多变量的、非线性的、时变的、离散的系统。现代控制理论以状态空间描述作为系统的数学模型，以状态变量法为基础，用时域的方法来分析和设计控制系统。它分析和设计控制系统的目标是在揭示系统内在规律的基础上实现系统在一定意义上的最优化。现代控制理论的控制方式已不限于单纯的闭环控制，而扩展到适应环、学习环等。现代控制理论的形成是控制理论发展历程上的一个里程碑。

7.1 控制系统的状态变量法建模

在经典控制理论中，通常以系统的输入输出特性为研究依据，运用高阶微分方程或传递函数来描述某个系统，这些模型只是反映了系统输入量和输出量之间的关系，一般称外部模型。外部模型一般只能够处理单输入/单输出系统，并不能揭示存在于系统内部的中间变量。若要将整个系统的全部运行状况完全反映出来，只是分析输入描述和输出描述显然是不够的。

现代控制理论引入了状态变量、状态空间等概念，运用状态空间方程作为描述系统的数学模型，并采用时域法对系统进行分析与综合。状态空间方程的形式是一阶微分方程组，它描述了输入量、输出量和系统状态变量之间存在的关系，揭示了系统内部的结构特性，反映了控制系统的全部信息。状态空间方程能够处理多输入/多输出系统，并且能够方便地处理初始条件。在运用现代控制理论对控制系统进行分析和综合之前，首先需建立起描述控制系统在状态空间中的数学模型，即控制系统的状态空间模型。

7.1.1 状态空间的基本概念

1. 状态变量和状态向量

状态指系统的运动状态。状态变量是完全表征系统的运动状态且个数最小的一组变量。这里所讲的"完全"，是指系统全部可能的状况都表示出来。状态变量在某一时刻的值称为系统在该时刻的状态。一个运用 n 阶微分方程描述的系统，就会有 n 个独立变量，当求取这 n 个独立变量的时域响应时，系统的状态也就全部展现出来了。因此 n 阶系统的状态变量就是该系统的 n 个独立变量。对于状态变量可进一步说明如下。

（1）同一个系统，可选取不同的状态变量。

（2）各状态变量间是相互独立的，其个数应等于微分方程的阶数，即等于系统中独立储能元件的个数。

（3）状态变量在初始时刻的值称为系统的初始状态，即系统的 n 个独立初始条件。若 n 个状态变量 $x_1(t)$，$x_2(t)$，$\cdots$，$x_n(t)$ 用向量的形式表示则为状态向量，记为

$$\boldsymbol{x}(t) = \begin{bmatrix} x_1(t) \\ x_2(t) \\ \vdots \\ x_n(t) \end{bmatrix} \quad \text{或} \quad \boldsymbol{x}^{\mathrm{T}}(t) = [x_1(t), x_2(t), \cdots, x_n(t)]$$

2. 状态空间和状态空间模型

以系统的 n 维状态变量为基底构成了 n 维状态空间。描述系统状态变量和输入变量之间关系的一阶微分方程组称为状态方程。描述系统输出变量和状态变量之间关系的代数方程组称为输出方程。将系统的状态方程与输出方程组合起来，便构成了对系统的一种完全描述，称为状态空间方程或状态空间表达式，又称动态方程。由于系统状态变量的选择可

以是多种形式的，因此状态方程不具有唯一形式。

线性系统的状态空间模型可以用状态结构图来表示，以形象地揭示系统的输入、输出和状态之间的信息传递关系。状态结构图通常由积分器、加法器和比例器三种基本元件构成，其符号如图 7.1 所示。

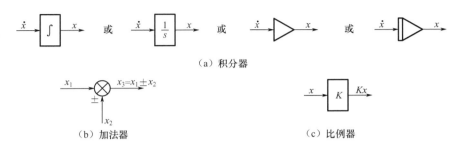

（a）积分器

（b）加法器　　　　　　　　　　　　　　（c）比例器

图 7.1　状态结构图常用符号

状态结构图的绘制一般分以下三个步骤进行。

（1）在合适的位置画出全部积分器，积分器的数目应与状态变量的个数相一致，任一积分器的输出表达是相应的某个状态变量。

（2）依据状态方程和输出方程，画出对应的加法器和比例器。

（3）将画好的元件用箭头连接起来。

【例 7-1】　已知一阶微分方程 $\dot{x}=ax+bu$，画出其状态结构图。

解：其状态结构图如图 7.2 所示。

【例 7-2】　已知三阶单变量系统的状态空间方程如下，画出其状态结构图。

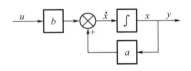

$$\dot{x}_1=x_2$$
$$\dot{x}_2=x_3$$
$$\dot{x}_3=a_0x_1-a_1x_2+a_2x_3+bu$$
$$y=c_0x_1-c_1x_2+du$$

图 7.2　例 7-1 一阶微分方程的状态结构图

解：其状态结构图如图 7.3 所示。

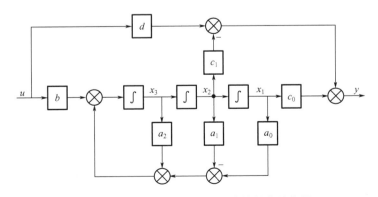

图 7.3　例 7-2 三阶单变量系统的状态结构图

7.1.2 状态空间模型的建立

建立状态空间模型的方法一般有四种。

1. 由系统机理建立状态空间模型

通常，控制系统按其能量属性不同，可以分为机械系统、电气系统、机电系统、液压系统等。根据系统具体结构及其研究目的，选择适当的物理量作为系统的状态变量和输出变量，并运用各种物理定律（如基尔霍夫定律、牛顿定律等）来建立系统的状态空间模型。

【例7-3】 图7.4所示的 RLC 无源网络，系统的输入电压为 $u(t)$，输出电压为 $u_C(t)$，回路电流为 $i(t)$。设 $u(t)$ 为输入变量，$u_C(t)$ 为输出变量，试建立该系统的状态空间模型。

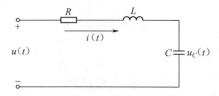

图 7.4 RLC 无源网络

解：（1）运用经典法建立微分方程。依据基尔霍夫电压定律，有

$$Ri(t)+L\frac{\mathrm{d}i(t)}{\mathrm{d}t}+u_C(t)=u(t)$$

$$i(t)=C\frac{\mathrm{d}u_C(t)}{\mathrm{d}t}$$

消去变量 $i(t)$，可得该电路的微分方程

$$LC\frac{\mathrm{d}^2 u_C(t)}{\mathrm{d}t^2}+RC\frac{\mathrm{d}u_C(t)}{\mathrm{d}t}+u_C(t)=u(t)$$

（2）运用现代法建立一阶微分方程，取流过电感的电流 $i(t)$ 和电容两端电压 $u_C(t)$ 作为系统的两个状态变量，分别记作 $x_1=i(t)$ 和 $x_2=u_C(t)$，则得

$$\begin{cases} L\dfrac{\mathrm{d}x_1}{\mathrm{d}t}+x_2+Rx_1=u \\ \dfrac{\mathrm{d}x_2}{\mathrm{d}t}=\dfrac{1}{C}x_1 \end{cases}$$

亦即

$$\begin{cases} \dot{x}_1=-\dfrac{R}{L}x_1-\dfrac{1}{L}x_2+\dfrac{1}{L}u \\ \dot{x}_2=\dfrac{1}{C}x_1 \end{cases}$$

输出方程为

$$y=x_2$$

向量-矩阵形式为

$$\begin{bmatrix} \dot{x}_1 \\ \dot{x}_2 \end{bmatrix} = \begin{bmatrix} -\dfrac{R}{L} & -\dfrac{1}{L} \\ \dfrac{1}{C} & 0 \end{bmatrix} \begin{bmatrix} x_1 \\ x_2 \end{bmatrix} + \begin{bmatrix} \dfrac{1}{L} \\ 0 \end{bmatrix} u$$

$$y = \begin{bmatrix} 0 & 1 \end{bmatrix} \begin{bmatrix} x_1 \\ x_2 \end{bmatrix}$$

需要说明的是，选取不同的状态变量，便会有不同形式的状态空间模型，系统状态空间模型的形式不是唯一的，但它们都能描述同一个系统。在图 7.4 所示电路中，若选择 $u_C(t)$ 和 $\dot{u}_C(t)$ 作为两个状态变量，即令 $x_1 = u_C(t)$，$x_2 = \dot{u}_C(t)$，则该系统的状态方程为

$$\dot{x}_1 = x_2$$
$$\dot{x}_2 = -\frac{1}{LC}x_1 - \frac{R}{L}x_2 + \frac{1}{LC}u$$

即

$$\begin{bmatrix} \dot{x}_1 \\ \dot{x}_2 \end{bmatrix} = \begin{bmatrix} 0 & 1 \\ -\dfrac{1}{LC} & -\dfrac{R}{L} \end{bmatrix} \begin{bmatrix} x_1 \\ x_2 \end{bmatrix} + \begin{bmatrix} 0 \\ \dfrac{1}{LC} \end{bmatrix} u$$

2. 由系统传递函数框图建立状态空间模型

在经典控制理论中，控制系统传递函数框图常用来表示系统中各环节、各信号的相互关系，因为其具有形象、直观等优点，所以常被人们使用。由系统传递函数框图转化为相应的状态空间模型的基本步骤如下。

（1）在系统传递函数框图的基础上，将各环节通过等效变换，使整个系统只由标准积分器、比例器及加法器构成，这三种基本元件都通过串联、并联和反馈的形式存在于系统中。

（2）将变换后的系统传递函数框图中的每个标准积分器的输出当作一个独立的状态变量，则积分器的输入端就是状态变量的一阶导数。

（3）根据上述调整后的系统传递函数框图中各信号的关系，得出关于每个状态变量的一阶微分方程，进而最终得出系统的状态方程。根据实际情况设定输出变量，以便得出系统的输出方程。

【例 7 - 4】 某控制系统的传递函数框图如图 7.5 所示，试求其状态空间模型。

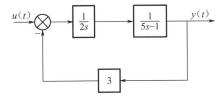

图 7.5　某控制系统的传递函数框图

解：系统由一个积分环节和一个惯性环节构成。惯性环节可以通过等效变换转换为一个前向通道为标准积分器的反馈系统，则等效变换后的系统状态变量图如图 7.6 所示。

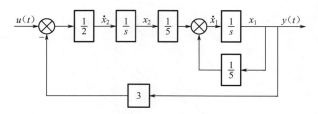

图 7.6   等效变换后的系统状态变量图

设每个积分器的输出端为状态变量 x_1 和 x_2，则积分器的输入端为 $\dot{x}_1$ 和 $\dot{x}_2$。根据系统状态变量图可得系统的状态方程为

$$\begin{cases} \dot{x}_1 = \dfrac{1}{5}x_1 + \dfrac{1}{5}x_2 \\[2mm] \dot{x}_2 = -\dfrac{3}{2}x_1 + \dfrac{1}{2}u \end{cases}$$

设系统的输出为 y，则系统的输出方程为

$$y = x_1$$

系统的向量-矩阵形式的状态空间方程为

$$\begin{cases} \dot{\boldsymbol{x}} = \begin{bmatrix} \dfrac{1}{5} & \dfrac{1}{5} \\[2mm] -\dfrac{3}{2} & 0 \end{bmatrix} \boldsymbol{x} + \begin{bmatrix} 0 \\[2mm] \dfrac{1}{2} \end{bmatrix} \boldsymbol{u} \\[6mm] \boldsymbol{y} = \begin{bmatrix} 1 & 0 \end{bmatrix} \boldsymbol{x} \end{cases}$$

3. 由系统微分方程建立状态空间模型

经典控制理论中的系统输入输出关系是用微分方程或传递函数来描述的，从描述系统输入输出动态关系的高阶微分方程或传递函数出发建立与之等效的状态空间方程的问题，在现代控制理论中称为"实现问题"。下面将根据系统输入量中是否存在导数项来分析如何由微分方程建立状态空间模型。

（1）输入量中不含导数项

设单输入/单输出线性定常连续系统微分方程的一般形式为

$$y^{(n)} + a_{n-1}y^{(n-1)} + a_{n-2}y^{(n-2)} + \cdots + a_1\dot{y} + a_0 y = \beta_0 u \qquad (7-1)$$

式中，u、y 分别代表系统的输入量和输出量；a_0，a_1，$\cdots$，a_{n-1}，β_0 分别代表由系统特性所确定的常系数。选择 n 个状态变量 $x_1 = y$，$x_2 = \dot{y}$，$\cdots$，$x_n = y^{(n-1)}$，则式（7-1）化为

$$\begin{cases} \dot{x}_1 = x_2 \\ \dot{x}_2 = x_3 \\ \vdots \\ \dot{x}_{n-1} = x_n \\ \dot{x}_n = -a_0 x_1 - a_1 x_2 - \cdots - a_{n-1} x_n + \beta_0 u \end{cases} \qquad (7-2)$$

则其向量-矩阵方程形式的状态空间方程为

$$\begin{cases} \dot{\boldsymbol{x}} = \boldsymbol{A}\boldsymbol{x} + \boldsymbol{B}\boldsymbol{u} \\ \boldsymbol{y} = \boldsymbol{C}\boldsymbol{x} \end{cases} \qquad (7-3)$$

式中

$$\boldsymbol{A}=\begin{bmatrix} 0 & 1 & 0 & \cdots & 0 \\ 0 & 0 & 1 & \cdots & 0 \\ \vdots & \vdots & \vdots & & \vdots \\ 0 & 0 & 0 & \cdots & 1 \\ -a_0 & -a_1 & -a_2 & \cdots & -a_{n-1} \end{bmatrix},\boldsymbol{B}=\begin{bmatrix} 0 \\ 0 \\ \vdots \\ 0 \\ \beta_0 \end{bmatrix},\boldsymbol{C}=\begin{bmatrix} 1 & 0 & 0 & \cdots & 0 \end{bmatrix}$$

注意：系统矩阵具有特殊形式，称为友矩阵。友矩阵的特点：主对角线上方元素为 1，最后一行的元素与系统的结构参数有关，而其余的元素均为 0。

【例 7-5】 已知系统的微分方程为 $y^{(3)}+3y^{(2)}+7\dot{y}+9y=3u$，求系统的状态空间方程。

解： 选取状态变量

$$x_1=y,x_2=\dot{y},x_3=y^{(2)},$$

由微分方程得

$$\begin{cases} \dot{x}_1=x_2 \\ \dot{x}_2=x_3 \\ \dot{x}_3=-9x_1-7x_2-3x_3+3u \end{cases}$$

$$y=x_1$$

则系统的向量-矩阵形式的状态空间方程为

$$\begin{cases} \dot{\boldsymbol{x}}=\begin{bmatrix} 0 & 1 & 0 \\ 0 & 0 & 1 \\ -9 & -7 & -3 \end{bmatrix}\boldsymbol{x}+\begin{bmatrix} 0 \\ 0 \\ 3 \end{bmatrix}\boldsymbol{u} \\ \boldsymbol{y}=\begin{bmatrix} 1 & 0 & 0 \end{bmatrix}\boldsymbol{x} \end{cases}$$

（2）输入量中含有导数项

设单输入/单输出线性定常连续系统微分方程的一般形式为

$$y^{(n)}+a_{n-1}y^{(n-1)}+\cdots+a_1\dot{y}+a_0y=b_nu^{(n)}+b_{n-1}u^{(n-1)}+\cdots+b_1\dot{u}+b_0u \quad (7-4)$$

式中，u、y 分别表示系统的输入量和输出量；a_0，a_1，$\cdots$，a_{n-1} 和 b_0，b_1，$\cdots$，b_n 分别表示由系统特性确定的常系数。

选取状态变量

$$\begin{cases} x_1=y-h_0u \\ x_i=\dot{x}_{i-1}-h_{i-1}u \end{cases} \quad (i=2,3,\cdots,n) \quad (7-5)$$

向量-矩阵形式的状态空间方程为

$$\begin{cases} \dot{\boldsymbol{x}}=\boldsymbol{A}\boldsymbol{x}+\boldsymbol{B}\boldsymbol{u} \\ \boldsymbol{y}=\boldsymbol{C}\boldsymbol{x}+\boldsymbol{D}\boldsymbol{u} \end{cases} \quad (7-6)$$

式中

$$\boldsymbol{A}=\begin{bmatrix} 0 & 1 & 0 & \cdots & 0 \\ 0 & 0 & 1 & \cdots & 0 \\ \vdots & \vdots & \vdots & & \vdots \\ 0 & 0 & 0 & \cdots & 1 \\ -a_0 & -a_1 & -a_2 & \cdots & -a_{n-1} \end{bmatrix},\boldsymbol{B}=\begin{bmatrix} h_1 \\ h_2 \\ \vdots \\ h_{n-1} \\ h_n \end{bmatrix},\boldsymbol{C}=\begin{bmatrix} 1 & 0 & 0 & \cdots & 0 \end{bmatrix},\boldsymbol{D}=h_0=b_n$$

运用待定系数法可以确定 h_1，h_2，$\cdots$，h_n，即

$$\begin{cases} h_0 = b_n \\ h_1 = b_{n-1} - a_{n-1}h_0 \\ h_2 = b_{n-2} - a_{n-1}h_1 - a_{n-2}h_0 \\ h_3 = b_{n-3} - a_{n-1}h_2 - a_{n-2}h_1 - a_{n-3}h_0 \\ \vdots \\ h_{n-1} = b_1 - a_{n-1}h_{n-2} - a_{n-2}b_{n-3} - \cdots - a_1 h_0 \\ h_n = b_0 - a_{n-1}h_{n-1} - a_{n-2}b_{n-2} - \cdots - a_1 h_1 - a_0 h_0 \end{cases} \tag{7-7}$$

【例 7-6】 已知系统的微分方程为 $y^{(3)} + 2y^{(2)} + 6\dot{y} + 8y = u^{(3)} + 7u^{(2)} + 3\dot{u} + 10u$，求系统的状态空间方程。

解： 由微分方程可知各项系数为
$$a_0 = 8, a_1 = 6, a_2 = 2, b_0 = 10, b_1 = 3, b_2 = 7, b_3 = 1$$

根据式(7-7)，算出系数
$$h_0 = b_3 = 1$$
$$h_1 = b_2 - a_2 h_0 = 5$$
$$h_2 = b_1 - a_2 h_1 - a_1 h_0 = -13$$
$$h_3 = b_0 - a_2 h_2 - a_1 h_1 - a_0 h_0 = -2$$

根据式(7-6)，可得系统的向量-矩阵形式的状态空间方程为

$$\begin{cases} \dot{\boldsymbol{x}} = \begin{bmatrix} 0 & 1 & 0 \\ 0 & 0 & 1 \\ -8 & -6 & -2 \end{bmatrix} \boldsymbol{x} + \begin{bmatrix} 5 \\ -13 \\ -2 \end{bmatrix} \boldsymbol{u} \\ \boldsymbol{y} = \begin{bmatrix} 1 & 0 & 0 \end{bmatrix} \boldsymbol{x} + \boldsymbol{u} \end{cases}$$

需要说明的是，当输入量中存在导数时，一般是先将微分方程转化为传递函数，再由传递函数建立状态空间方程。采用上述方法虽然也能解出系统状态空间方程，但计算量过大。

4. 由系统传递函数建立状态空间模型

设单输入/单输出线性定常连续系统传递函数的一般形式为

$$G(s) = \frac{Y(s)}{U(s)} = \frac{b_n s^n + b_{n-1} s^{n-1} + \cdots + b_1 s + b_0}{s^n + a_{n-1} s^{n-1} + \cdots + a_1 s + a_0} \tag{7-8}$$

式中，$Y(s)$ 和 $U(s)$ 分别为系统输出量和输入量的拉普拉斯变换，$a_i(i = 0,1,\cdots,n-1)$ 和 $b_j(j = 0,1,\cdots,n)$ 均为实数。

运用综合除法，得

$$G(s) = \frac{Y(s)}{U(s)} = b_n + \frac{\beta_{n-1} s^{n-1} + \beta_{n-2} s^{n-2} + \cdots + \beta_1 s + \beta_0}{s^n + a_{n-1} s^{n-1} + \cdots + a_1 s + a_0} \triangleq b_n + \frac{N(s)}{D(s)} \tag{7-9}$$

式中，$\beta_j(j = 0,1,\cdots,n-1)$ 为实数；b_n 为 $\boldsymbol{y} = \boldsymbol{Cx} + \boldsymbol{Du}$ 中的 $\boldsymbol{D}$，即 $\boldsymbol{D} = b_n$。

当 $G(s)$ 的分子阶数小于分母阶数时，有 $b_n = 0$，此时传递函数变为

$$G(s) = \frac{Y(s)}{U(s)} = \frac{\beta_{n-1} s^{n-1} + \beta_{n-2} s^{n-2} + \cdots + \beta_1 s + \beta_0}{s^n + a_{n-1} s^{n-1} + \cdots + a_1 s + a_0} \triangleq \frac{N(s)}{D(s)} \tag{7-10}$$

由传递函数求解状态空间方程的常用方法有串联分解法和并联分解法。下面介绍串联分解方法的具体使用。

在 n 阶系统的传递函数式(7−10)中，引入一个中间变量 $z(t)$，则传递函数变为

$$G(s)=\frac{Y(s)}{U(s)}=\frac{Y(s)}{Z(s)}\frac{Z(s)}{U(s)}$$

$$=(\beta_{n-1}s^{n-1}+\beta_{n-2}s^{n-2}+\cdots+\beta_1 s+\beta_0)\frac{1}{s^n+a_{n-1}s^{n-1}+\cdots+a_1 s+a_0}$$

串联分解后的结构图如图 7.7 所示。

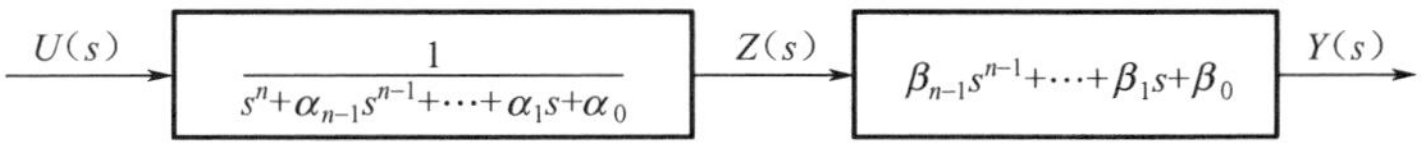

图 7.7　串联分解后的结构图

串联分解后，z、y 应满足

$$z^{(n)}+a_{n-1}z^{(n-1)}+\cdots a_1\dot{z}+a_0 z=u$$

$$y=\beta_{n-1}z^{(n-1)}+\cdots\beta_1\dot{z}+\beta_0 z$$

选取状态变量

$$x_1=z,x_2=\dot{z},\cdots,x_n=z^{(n-1)}$$

整理后，可得系统的向量-矩阵形式的状态空间方程为

$$\begin{cases}\dot{x}=\begin{bmatrix}0 & 1 & 0 & \cdots & 0\\ 0 & 0 & 1 & \cdots & 0\\ \vdots & \vdots & \vdots & & \vdots\\ 0 & 0 & 0 & \cdots & 1\\ -a_0 & -a_1 & -a_2 & \cdots & -a_{n-1}\end{bmatrix}x+\begin{bmatrix}0\\ 0\\ \vdots\\ 0\\ 1\end{bmatrix}u\\ \dot{y}=\begin{bmatrix}\beta_0 & \beta_1 & \beta_2 & \cdots & \beta_{n-1}\end{bmatrix}x\end{cases}\qquad(7-11)$$

需要注意的是，式(7−11)中 $\boldsymbol{A}$ 和 $\boldsymbol{B}$ 的具体特征，$\boldsymbol{A}$ 为友矩阵，$\boldsymbol{B}$ 除了最后一行元素为 1，其余元素全为 0。状态空间方程中若 $\boldsymbol{A}$、$\boldsymbol{B}$ 具有这样的形式，则称为能控标准型。

若选取另外的状态变量

$$\begin{cases}x_n=y\\ x_i=\dot{x}_{i-1}+a_i y-\beta_i u\end{cases}\quad(i=1,2,3,\cdots,n-1)\qquad(7-12)$$

整理后，可得系统的向量-矩阵形式的状态空间方程为

$$\begin{cases}\dot{x}=\begin{bmatrix}0 & 0 & \cdots & 0 & -a_0\\ 1 & 0 & \cdots & 0 & -a_1\\ \vdots & \vdots & & & \vdots\\ 0 & 0 & \cdots & 0 & -a_{n-2}\\ 0 & 0 & \cdots & 1 & -a_{n-1}\end{bmatrix}x+\begin{bmatrix}\beta_0\\ \beta_1\\ \cdots\\ \beta_{n-2}\\ \beta_{n-1}\end{bmatrix}u\\ \dot{y}=\begin{bmatrix}0 & 0 & 0 & \cdots & 1\end{bmatrix}x\end{cases}\qquad(7-13)$$

需要注意的是，式(7−13)中 $\boldsymbol{A}$ 和 $\boldsymbol{C}$ 的具体特征，$\boldsymbol{A}$ 为友矩阵，$\boldsymbol{C}$ 除了最后一列元素为 1，其余元素全为 0。状态空间方程中若 $\boldsymbol{A}$、$\boldsymbol{C}$ 具有这样的形式，则称为能观标准型。

对比能控标准型和能观标准型动态空间方程各矩阵，我们可以得到如下关系。

$$\boldsymbol{A}_c=\boldsymbol{A}_o^{\mathrm{T}},\boldsymbol{B}_c=\boldsymbol{C}_o^{\mathrm{T}},\boldsymbol{C}_c=\boldsymbol{B}_o^{\mathrm{T}}\qquad(7-14)$$

式中，下标 c 代表能控标准型，下标 o 代表能观标准型。式(7−14)所示的关系称为对偶关系，关于能控、能观、对偶等具体概念，将在以后的小节中进行重点介绍。

【例 7 - 7】 已知系统的传递函数为 $G(s)=\dfrac{s^2+3s+6}{s^3+5s^2-7s+2}$，试求其状态空间方程。

解： 运用传递函数串联分解法，引入中间变量 z，得

$$\frac{Y(s)}{Z(s)}=s^2+3s+6$$

$$\frac{Z(s)}{U(s)}=\frac{1}{s^3+5s^2-7s+2}$$

经过整理有

$$y=z^{(2)}+3\dot{z}+6z$$
$$z^{(3)}+5z^{(2)}-7\dot{z}+2z=u$$

选取状态变量

$$x_1=z,x_2=\dot{z},x_3=z^{(2)}$$

则系统的状态方程和输出方程为

$$\begin{cases}\dot{x}_1=x_2\\ \dot{x}_2=x_3\\ \dot{x}_3=-2x_1+7x_2-5x_3+u\end{cases}$$
$$y=6x_1+3x_2+x_3$$

系统可控标准型状态空间方程为

$$\begin{cases}\dot{x}=A_c x+B_c u\\ y=C_c x+D_c u\end{cases}$$

式中

$$A_c=\begin{bmatrix}0&1&0\\0&0&1\\-2&7&-5\end{bmatrix},B_c=\begin{bmatrix}0\\0\\1\end{bmatrix},C_c=\begin{bmatrix}6&3&1\end{bmatrix},D_c=0$$

根据式(7-14)所示的对偶关系，可得系统的能观标准型状态空间方程为

$$\begin{cases}\dot{x}=A_o x+B_o u\\ y=C_o x+D_o u\end{cases}$$

式中

$$A_o=A_c^{T}=\begin{bmatrix}0&0&-2\\1&0&7\\0&1&-5\end{bmatrix},B_o=C_c^{T}=\begin{bmatrix}6\\3\\1\end{bmatrix},C_o=B_c^{T}=\begin{bmatrix}0&0&1\end{bmatrix},D_o=0$$

【例 7 - 8】 已知系统的传递函数为 $G(s)=\dfrac{s^2+7s+2}{s^2+6s+3}$，试求其状态空间方程。

解： 系统的传递函数可变为

$$G(s)=\frac{s^2+7s+2}{s^2+6s+3}=1+\frac{s-1}{s^2+6s+3}$$

根据式(7-11)可得，可控标准型状态空间方程

$$\begin{cases}\dot{x}=A_c x+B_c u\\ y=C_c x+D_c u\end{cases}$$

式中

$$A_c = \begin{bmatrix} 0 & 1 \\ -3 & -6 \end{bmatrix}, B_c = \begin{bmatrix} 0 \\ 1 \end{bmatrix}, C_c = \begin{bmatrix} -1 & 1 \end{bmatrix}, D_c = 1$$

根据式(7-14)所示的对偶关系，可得系统的可观标准型状态空间方程为

$$\begin{cases} \dot{x} = A_o x + B_o u \\ y = C_o x + D_o u \end{cases}$$

式中

$$A_o = \begin{bmatrix} 0 & -3 \\ 1 & -6 \end{bmatrix}, B_o = \begin{bmatrix} -1 \\ 1 \end{bmatrix}, C_o = \begin{bmatrix} 0 & 1 \end{bmatrix}, D_o = 1$$

7.2 线性定常系统状态方程的解

　　建立了系统的数学模型(即状态空间方程)之后，接下来就是要研究系统的模型。之所以要对系统进行研究，是为了揭示系统的运动规律和基本特性，而定量分析和定性分析是对系统进行研究的两种重要方法。定量分析是用解析的方法求解系统由外部输入激励下的状态响应和输出响应。定性分析则主要是研究系统的可控性、可观性、稳定性等一些重要特性，以及这些特性和系统结构参数之间的关系。

7.2.1 线性定常连续系统齐次状态方程的解

　　线性定常连续系统齐次状态方程的解是指系统的输入为零时，由初始状态引起的自由运动。此时 $u(t) = 0$，则状态方程的齐次微分方程为

$$\dot{x}(t) = Ax(t) \tag{7-15}$$

式中，$x(t)$ 代表 n 维状态向量；A 代表 $n \times n$ 系统矩阵。

　　现假设初始时刻 $t_0 = 0$，则初始状态为 $x(0)$。式(7-15)是一个向量微分方程，它的求解方法和标量一阶微分方程的求解方法相类似。假设式(7-15)的解 $x(t)$ 为 t 的向量幂级数形式，即

$$x(t) = b_0 + b_1 t + b_2 t^2 + \cdots + b_k t^k + \cdots \tag{7-16}$$

将式(7-16)和式(7-16)求导得到的结果，代入式(7-15)，有

$$b_1 + 2b_2 t + 3b_3 t^2 + \cdots + kb_k t^{k-1} + \cdots = A(b_0 + b_1 t + b_2 t^2 + \cdots + b_k t^k + \cdots) \tag{7-17}$$

式(7-17)两端同次幂项系数应一致，则有

$$b_1 = Ab_0, b_2 = \frac{1}{2}Ab_1 = \frac{1}{2!}A^2 b_0, \cdots, b_k = \frac{1}{k}Ab_{k-1} = \frac{1}{k!}A^k b_0 \tag{7-18}$$

当 $t = 0$ 时，由式(7-16)可得 $x(0) = b_0$。将式(7-18)代入式(7-16)，得

$$x(t) = \left(I + At + \frac{1}{2!}A^2 t^2 + \cdots + \frac{1}{k!}A^k t^k + \cdots \right) x_0 \tag{7-19}$$

式(7-19)的等式右边括号内的展开式是一个 $n \times n$ 矩阵指数函数，记作 e^{At}，即

$$e^{At} = I + At + \frac{1}{2!}A^2 t^2 + \cdots + \frac{1}{k!}A^k t^k + \cdots \tag{7-20}$$

故式(7-19)可以表示为

$$x(t) = \mathrm{e}^{At}x(0) \qquad\qquad (7-21)$$

同理，能够推导出初始时刻 t_0、初始状态为 $x(t_0)$ 时，齐次状态方程的解为

$$x(t) = \mathrm{e}^{A(t-t_0)}x(t_0) \qquad\qquad (7-22)$$

【例 7 - 9】 线性定常系统齐次状态方程为

$$\dot{x} = \begin{bmatrix} 1 & 0 \\ 3 & 2 \end{bmatrix}x, \quad x(0) = \begin{bmatrix} 1 \\ 0 \end{bmatrix}$$

求齐次状态方程的解。

解： 根据式(7 - 20)有

$$\mathrm{e}^{At} = I + At + \frac{1}{2!}A^2t^2 + \cdots$$

$$= \begin{bmatrix} 1 & 0 \\ 0 & 1 \end{bmatrix} + \begin{bmatrix} 1 & 0 \\ 3 & 2 \end{bmatrix}t + \frac{1}{2!}\begin{bmatrix} 1 & 0 \\ 3 & 2 \end{bmatrix}^2 t^2 + \cdots$$

$$= \begin{bmatrix} 1 + t + \frac{1}{2}t^2 + \cdots & 0 \\ 3t + \frac{9}{2}t^2 + \cdots & 1 + 2t + 2t^2 + \cdots \end{bmatrix}$$

则齐次状态方程的解为

$$x(t) = \mathrm{e}^{At}x(0) = \begin{bmatrix} 1 + t + \frac{1}{2}t^2 + \cdots & 0 \\ 3t + \frac{9}{2}t^2 + \cdots & 1 + 2t + 2t^2 + \cdots \end{bmatrix}\begin{bmatrix} 1 \\ 0 \end{bmatrix} = \begin{bmatrix} 1 + t + \frac{1}{2}t^2 + \cdots \\ 3t + \frac{9}{2}t^2 + \cdots \end{bmatrix}$$

7.2.2 状态转移矩阵

1. 状态转移矩阵的定义

从线性定常连续系统齐次状态方程解的表达式(7 - 21)可以看出，系统初始状态 $x(t_0)$ 与 $t > t_0$ 时刻状态 $x(t)$ 之间存在一种向量变换关系，矩阵指数函数 $\mathrm{e}^{A(t-t_0)}$ 是其变换矩阵。$\mathrm{e}^{A(t-t_0)}$ 是一个 $n \times n$ 时变函数矩阵，矩阵中的各元素为时间 t 的函数，从时间角度而言，它可以使状态向量在状态空间中，随着时间的推移而不断转移，因此 $\mathrm{e}^{A(t-t_0)}$ 也称状态转移矩阵，记作 $\boldsymbol{\Phi}(t - t_0)$，即

$$\boldsymbol{\Phi}(t - t_0) = \mathrm{e}^{A(t-t_0)} \qquad\qquad (7-23)$$

则齐次状态方程的解又可以表示为

$$x(t) = \boldsymbol{\Phi}(t - t_0)x(t_0) \qquad\qquad (7-24)$$

2. 状态转移矩阵的计算

求线性定常系统的状态转移矩阵的方法有很多，现介绍比较通用的三种方法。

（1）幂级数法

幂级数法是依据状态转移矩阵的定义进行直接计算，具有步骤简便与编程容易的特点，比较适合于计算机计算。

$$\boldsymbol{\Phi}(t) = \mathrm{e}^{At} = I + At + \frac{1}{2!}A^2t^2 + \cdots + \frac{1}{k!}A^kt^k + \cdots = \sum_{k=0}^{\infty}\frac{1}{k!}A^kt^k \qquad (7-25)$$

（2）线性变换法

线性变换法是将系统矩阵 $\boldsymbol{A}$ 变换为对角标准型或约当标准型。

① 当系统矩阵 $\boldsymbol{A}$ 具有互异的实特征值 λ_1，λ_2，$\cdots$，λ_n 时，经过线性变换得

$$\bar{\boldsymbol{\Lambda}}=\boldsymbol{P}^{-1}\boldsymbol{A}\boldsymbol{P}=\begin{bmatrix}\lambda_1 & & & \\ & \lambda_2 & & \\ & & \ddots & \\ & & & \lambda_n\end{bmatrix}$$

上式中，$\boldsymbol{P}$ 是将系统矩阵 $\boldsymbol{A}$ 变换为对角矩阵的非奇异线性变换矩阵，则状态转移矩阵 $\mathrm{e}^{\boldsymbol{A}t}$ 可变换为

$$\mathrm{e}^{\boldsymbol{A}t}=\boldsymbol{P}\mathrm{e}^{\bar{\boldsymbol{\Lambda}}t}\boldsymbol{P}^{-1}=\boldsymbol{P}\begin{bmatrix}\mathrm{e}^{\lambda_1 t} & & & \\ & \mathrm{e}^{\lambda_2 t} & & \\ & & \ddots & \\ & & & \mathrm{e}^{\lambda_n t}\end{bmatrix}\boldsymbol{P}^{-1} \tag{7-26}$$

② 当系统矩阵 $\boldsymbol{A}$ 具有 n 重根 λ 时，经过线性变换得

$$\boldsymbol{J}=\boldsymbol{P}^{-1}\boldsymbol{A}\boldsymbol{P}=\begin{bmatrix}\lambda & 1 & & & \\ & \lambda & 1 & & \\ & & \lambda & \ddots & \\ & & & \ddots & 1 \\ & & & & \lambda\end{bmatrix}_{n\times n}$$

上式中，$\boldsymbol{P}$ 是将系统矩阵 $\boldsymbol{A}$ 变换为约当矩阵的非奇异线性变换矩阵，则状态转移矩阵 $\mathrm{e}^{\boldsymbol{A}t}$ 可变换为

$$\mathrm{e}^{\boldsymbol{A}t}=\boldsymbol{P}\mathrm{e}^{\boldsymbol{J}t}\boldsymbol{P}^{-1}=\boldsymbol{P}\mathrm{e}^{\lambda t}\begin{bmatrix}1 & t & \dfrac{1}{2!}t^2 & \cdots & \dfrac{1}{(n-1)!}t^{n-1} \\ 0 & 1 & t & \cdots & \dfrac{1}{(n-2)!}t^{n-2} \\ \vdots & \vdots & \vdots & & \vdots \\ 0 & 0 & 0 & \cdots & 1\end{bmatrix}\boldsymbol{P}^{-1} \tag{7-27}$$

（3）拉普拉斯变换法

这里不加证明地给出求取状态转移矩阵 $\mathrm{e}^{\boldsymbol{A}t}$ 的拉普拉斯变换法。

$$\mathrm{e}^{\boldsymbol{A}t}=\boldsymbol{\Phi}(t)=L^{-1}\left[(s\boldsymbol{I}-\boldsymbol{A})^{-1}\right] \tag{7-28}$$

7.2.3 线性定常连续系统非齐次状态方程的解

前面分析了线性定常连续系统齐次状态方程的解，该解描述了系统由初始状态所引起的自由运动（零输入响应）。下面将着重讨论线性定常连续系统在输入控制作用下的强制运动（零状态响应）。

设线性定常连续系统非齐次状态方程为

$$\dot{\boldsymbol{x}}=\boldsymbol{A}\boldsymbol{x}+\boldsymbol{B}\boldsymbol{u}, \boldsymbol{x}(0)=\boldsymbol{x}_0, t\geqslant 0 \tag{7-29}$$

将上式两边同时左乘以 $\mathrm{e}^{-\boldsymbol{A}t}$，有

$$\mathrm{e}^{-\boldsymbol{A}t}(\dot{\boldsymbol{x}}-\boldsymbol{A}\boldsymbol{x})=\mathrm{e}^{-\boldsymbol{A}t}\boldsymbol{B}\boldsymbol{u}$$

即

$$\frac{\mathrm{d}}{\mathrm{d}t}\left[\mathrm{e}^{-\boldsymbol{A}t}(t)\right]=\mathrm{e}^{-\boldsymbol{A}t}\boldsymbol{B}\boldsymbol{u} \tag{7-30}$$

对式(7-28)在区间$(0,t)$上积分，整理后有

$$\boldsymbol{x}(t) = \mathrm{e}^{\boldsymbol{A}t}\boldsymbol{x}(0) + \int_0^t \mathrm{e}^{\boldsymbol{A}(t-\tau)}\boldsymbol{B}\boldsymbol{u}(\tau)\mathrm{d}\tau \qquad (7-31)$$

当初始时刻 $t_0 = 0$、初始状态 $\boldsymbol{x}(0) = \boldsymbol{x}_0$ 时，线性定常连续系统非齐次状态方程的解为

$$\boldsymbol{x}(t) = \boldsymbol{\Phi}(t)\boldsymbol{x}(0) + \int_0^t \boldsymbol{\Phi}(t-\tau)\boldsymbol{B}\boldsymbol{u}(\tau)\mathrm{d}\tau \qquad (7-32)$$

式中，$\boldsymbol{\Phi}(t) = \mathrm{e}^{\boldsymbol{A}t}$。

同理，当初始时刻为 t_0、初始状态为 $\boldsymbol{x}(t_0) = \boldsymbol{x}_0$ 时，其解为

$$\boldsymbol{x}(t) = \boldsymbol{\Phi}(t-t_0)\boldsymbol{x}(t_0) + \int_{t_0}^t \boldsymbol{\Phi}(t-\tau)\boldsymbol{B}\boldsymbol{u}(\tau)\mathrm{d}\tau \qquad (7-33)$$

式中，$\boldsymbol{\Phi}(t-t_0) = \mathrm{e}^{\boldsymbol{A}(t-t_0)}$。

从式(7-31)可以看出，非齐次状态方程的解由两部分构成，即由初始状态引起的自由运动(零输入响应)和由输入控制作用引起的强制运动(零状态响应)。

【例7-10】 线性定常连续系统非齐次状态方程为

$$\dot{\boldsymbol{x}} = \begin{bmatrix} 0 & 1 \\ -2 & -3 \end{bmatrix}\boldsymbol{x} + \begin{bmatrix} 0 \\ 1 \end{bmatrix}\boldsymbol{u}, \boldsymbol{x}(0) = \begin{bmatrix} 1 \\ 2 \end{bmatrix}$$

试求系统在单位阶跃函数作用下的解。

解：(1) 首先求出状态转移矩阵

$$\boldsymbol{\Phi}(t) = \mathrm{e}^{\boldsymbol{A}t} = \begin{bmatrix} 2\mathrm{e}^{-t} - \mathrm{e}^{-2t} & \mathrm{e}^{-t} - \mathrm{e}^{-2t} \\ -2\mathrm{e}^{-t} + 2\mathrm{e}^{-2t} & -\mathrm{e}^{-t} + 2\mathrm{e}^{-2t} \end{bmatrix}$$

(2) 将 $\boldsymbol{B} = \begin{bmatrix} 0 \\ 1 \end{bmatrix}$ 和 $u(t) = 1(t)$ 代入系统非齐次状态方程解的表达式(7-32)中，有

$$\begin{aligned}
\boldsymbol{x}(t) &= \boldsymbol{\Phi}(t)\boldsymbol{x}(0) + \int_0^t \boldsymbol{\Phi}(t-\tau)\boldsymbol{B}\boldsymbol{u}(\tau)\mathrm{d}\tau \\
&= \begin{bmatrix} 2\mathrm{e}^{-t} - \mathrm{e}^{-2t} & \mathrm{e}^{-t} - \mathrm{e}^{-2t} \\ -2\mathrm{e}^{-t} + 2\mathrm{e}^{-2t} & -\mathrm{e}^{-t} + 2\mathrm{e}^{-2t} \end{bmatrix}\begin{bmatrix} 1 \\ 2 \end{bmatrix} \\
&\quad + \int_0^t \begin{bmatrix} 2\mathrm{e}^{-(t-\tau)} - \mathrm{e}^{-2(t-\tau)} & \mathrm{e}^{-(t-\tau)} - \mathrm{e}^{-2(t-\tau)} \\ -2\mathrm{e}^{-(t-\tau)} + 2\mathrm{e}^{-2(t-\tau)} & -\mathrm{e}^{-(t-\tau)} + 2\mathrm{e}^{-2(t-\tau)} \end{bmatrix}\begin{bmatrix} 0 \\ 1 \end{bmatrix}1(t)\mathrm{d}\tau \\
&= \begin{bmatrix} 4\mathrm{e}^{-t} - 3\mathrm{e}^{-2t} \\ -4\mathrm{e}^{-t} + 6\mathrm{e}^{-2t} \end{bmatrix} + \int_0^t \begin{bmatrix} \mathrm{e}^{-(t-\tau)} - 3\mathrm{e}^{-2(t-\tau)} \\ -\mathrm{e}^{-(t-\tau)} + 2\mathrm{e}^{-2(t-\tau)} \end{bmatrix}\mathrm{d}\tau \\
&= \begin{bmatrix} \dfrac{1}{2} + 3\mathrm{e}^{-t} - \dfrac{5}{2}\mathrm{e}^{-2t} \\ -3\mathrm{e}^{-t} + 5\mathrm{e}^{-2t} \end{bmatrix}
\end{aligned}$$

7.3　线性定常系统的能控性和能观性

系统能控性和能观性的概念最先是由卡尔曼提出的，它们是现代控制理论中表征系统结构特性的两个重要概念。现代控制理论是建立在状态空间描述的基础上的，状态方程描述了输入对系统状态变化的影响，输出方程则描述了状态变化所引起的系统输出的变化。粗略地讲，能控性是分析系统输入对状态的控制能力，能观性则揭示了系统输出对初始状

态的反映能力。也就是说，若系统内部每个状态变量都能够由输入完全影响，则称系统的状态是完全能控的；若系统内部每个状态变量都能够由输出完全反映，则称系统的状态是完全能观的。

7.3.1 能控性

1. 能控性的定义

能控性研究的是系统在输入控制作用下状态向量的转移能力，与输出无关，因此可以从系统的状态方程出发来分析系统的能控性。

线性定常连续系统状态方程为

$$\dot{x} = Ax + Bu \qquad (7-34)$$

若存在一个分段连续输入 $u(t)$，能够在有限的时间区间 $[t_0, t_f]$ 内，将系统由某一初始状态 $x(t_0)$ 转移到指定的任意终端状态 $x(t_f)$，那么称此状态是能控的。若系统全部状态都是能控的，则称此系统是状态完全能控的，简称系统能控；否则，就称系统为不完全能控的。

2. 能控性的判据

线性定常连续系统 $\dot{x} = Ax + Bu$ 能控的充分必要条件是由 A、B 组成的能控性判别矩阵

$$Q_c = \begin{bmatrix} B & AB & A^2B & \cdots & A^{n-1}B \end{bmatrix} \qquad (7-35)$$

满秩，即 $\text{rank}Q_c = n$。否则，若 $\text{rank}Q_c < n$，则系统为不能控。

7.3.2 能观性

1. 能观性的定义

能观性表示的是输出 $y(t)$ 反映状态向量 $x(t)$ 的能力，与控制作用没有直接联系，因此要研究能观性问题，只需从齐次状态方程和输出方程出发。

设线性定常系统为

$$\begin{cases} \dot{x} = Ax, x(t_0) = x_0 \\ y = Cx \end{cases} \qquad (7-36)$$

若在任意给定的输入 $u(t)$ 作用下，存在有限的观测时间 $t_f > t_0$，使得根据在有限时间区间 $[t_0, t_f]$ 的输出 $y(t)$，可以唯一确定系统初始时刻的状态 $x(t_0)$，那么称此状态是能观的。若系统全部状态都是能观的，则称此系统是状态完全能观测的，简称系统是能观的；否则，就称系统为不完全能观测。

2. 能观性的判据

线性定常连续系统式(7-36)状态完全能观的充分必要条件是，能观性判别矩阵

$$Q_o = \begin{bmatrix} C \\ CA \\ \vdots \\ CA^{n-1} \end{bmatrix} \qquad (7-37)$$

满秩，即 $\text{rank}Q_o = n$。否则，若 $\text{rank}Q_o < n$，则系统不能观。

7.3.3 能控标准型和能观标准型

如前所述,由于状态变量形式的非唯一性,故系统的状态空间模型也不是唯一的。在系统分析和综合时,通常根据问题的实际需要,将状态空间模型变换成几种不同的标准型式。而能控标准型和能观标准型是完全能控系统和完全能观系统的一种状态空间描述形式,它们可以更好地凸显系统能控及能观的特征及结构特点。在后续所讨论的状态反馈和状态观测器的设计问题中,系统状态空间模型变换为相应的标准型式会比较方便研究工作的开展。

将状态空间模型变换为能控标准型(能观标准型)的理论根据是状态的非奇异变换不能改变其能控性(能观性)。

1. 能控标准型

设系统的状态空间方程为

$$\begin{cases} \dot{x} = Ax + Bu \\ y = Cx \end{cases} \tag{7-38}$$

式中,x 为 n 维状态向量;u、y 分别为系统输入和输出;A、B、C 分别为实常数矩阵。

若系统状态是完全能控的,则存在非奇异线性变换 $x = P_c \bar{x}$,式中

$$P_c = \begin{bmatrix} A^{n-1}B & A^{n-2}B & \cdots & B \end{bmatrix} \begin{bmatrix} 1 & 0 & \cdots & 0 & 0 \\ a_{n-1} & 1 & \cdots & 0 & 0 \\ \vdots & \vdots & & \vdots & \vdots \\ a_2 & a_3 & \cdots & 1 & 0 \\ a_1 & a_2 & \cdots & a_{n-1} & 1 \end{bmatrix} \tag{7-39}$$

原式经线性变换变为

$$\dot{\bar{x}} = \bar{A}\bar{x} + \bar{B}u$$
$$y = \bar{C}\bar{x} \tag{7-40}$$

式中

$$\bar{A} = P_c^{-1}AP_c = \begin{bmatrix} 0 & 1 & 0 & \cdots & 0 \\ 0 & 0 & 1 & \cdots & 0 \\ \vdots & \vdots & \vdots & & \vdots \\ 0 & 0 & 0 & \cdots & 1 \\ -a_0 & -a_1 & -a_2 & \cdots & -a_{n-1} \end{bmatrix} \tag{7-41}$$

$$\bar{B} = P_c^{-1}B = \begin{bmatrix} 0 \\ 0 \\ \vdots \\ 0 \\ 1 \end{bmatrix}, \bar{C} = CP_c = \begin{bmatrix} \beta_0, \beta_1, \cdots, \beta_{n-1} \end{bmatrix} \tag{7-42}$$

形如式(7-42)的状态空间表达式称为可控标准型。其中,$a_i (i=0,1,\cdots,n-1)$ 为系统特征多项式

$$|\lambda I - A| = \lambda^n + a_{n-1}\lambda^{n-1} + \cdots + a_1\lambda + a_0 \tag{7-43}$$

的对应项系数。$\beta_i (i=0,1,\cdots,n-1)$ 是 CP_c 相乘的结果,即

$$\begin{cases} \beta_0 = C(A^{n-1}B + a_{n-1}A^{n-2}B + \cdots + a_1 B) \\ \vdots \\ \beta_{n-2} = C(AB + a_{n-1}B) \\ \beta_{n-1} = CB \end{cases} \tag{7-44}$$

另外，根据系统的能观标准型可以直接写出系统的传递函数，反之亦然，即

$$G(s) = \bar{C}(sI - \bar{A})^{-1}\bar{B} = \frac{\beta_{n-1}s^{n-1} + \cdots + \beta_1 s + \beta_0}{s^n + a_{n-1}s^{n-1} + \cdots + a_1 s + a_0} \tag{7-45}$$

2. 能观标准型

设系统的状态空间方程为式(7-38)，若系统是能观的，同样可用下面的方法将其变换为能观标准型，即存在非奇异线性变换 $x = P_o \bar{x}$，其中

$$P_o = \begin{bmatrix} 1 & a_{n-1} & \cdots & a_2 & a_1 \\ 0 & 1 & \cdots & a_3 & a_2 \\ \vdots & \vdots & \vdots & & \vdots \\ 0 & 0 & \cdots & 1 & a_{n-1} \\ 0 & 0 & \cdots & 0 & 1 \end{bmatrix} \begin{bmatrix} CA^{n-1} \\ CA^{n-2} \\ \vdots \\ CA \\ C \end{bmatrix} \tag{7-46}$$

使原式经线性变换变为式(7-40)，式中

$$\bar{A} = P_o^{-1} A P_o = \begin{bmatrix} 0 & 0 & \cdots & 0 & -a_0 \\ 1 & 0 & \cdots & 0 & -a_1 \\ 0 & 1 & \cdots & 0 & -a_2 \\ \vdots & \vdots & \vdots & & \vdots \\ 0 & 0 & \cdots & 1 & -a_{n-1} \end{bmatrix} \tag{7-47}$$

$$\bar{B} = P_o^{-1} B_o = \begin{bmatrix} \beta_0 \\ \beta_1 \\ \vdots \\ \beta_{n-1} \end{bmatrix}, \bar{C} = CP_o = \begin{bmatrix} 0 & 0 & \cdots & 0 & 1 \end{bmatrix} \tag{7-48}$$

形如式(7-48)的状态空间表达式称为能观标准型。其中，$a_i(i=0,1,\cdots,n-1)$ 为系统特征多项式(7-43)中的对应项系数。$\beta_i(i=0,1,\cdots,n-1)$ 是 $P_o^{-1}B$ 相乘的结果，即

$$\begin{cases} \beta_0 = C(A^{n-1}B + a_{n-1}A^{n-2}B + \cdots + a_1 B) \\ \vdots \\ \beta_{n-2} = C(AB + a_{n-1}B) \\ \beta_{n-1} = CB \end{cases} \tag{7-49}$$

另外，由于系统的能观标准型和能控标准型是对偶系统，因此根据系统的能观标准型也可以直接写出系统的传递函数，反之亦然，即

$$G(s) = \bar{C}(sI - \bar{A})^{-1}\bar{B} = \frac{\beta_{n-1}s^{n-1} + \cdots + \beta_1 s + \beta_0}{s^n + a_{n-1}s^{n-1} + \cdots + a_1 s + a_0} \tag{7-50}$$

【例 7-11】 试将下列状态空间表达式变换为能控标准型和能观标准型。

$$\dot{x} = \begin{bmatrix} 1 & 2 & 0 \\ 3 & -1 & 1 \\ 0 & 2 & 0 \end{bmatrix} x + \begin{bmatrix} 2 \\ 1 \\ 1 \end{bmatrix} u$$

$$y = \begin{bmatrix} 0 & 0 & 1 \end{bmatrix} x$$

解：（1）首先判别系统的能控性和能观性。

系统的能控性和能观性判别矩阵分别为

$$Q_c = \begin{bmatrix} B & AB & A^2B \end{bmatrix} = \begin{bmatrix} 2 & 4 & 16 \\ 1 & 6 & 8 \\ 1 & 2 & 12 \end{bmatrix}, Q_o = \begin{bmatrix} C \\ CA \\ CA^2 \end{bmatrix} = \begin{bmatrix} 0 & 0 & 1 \\ 0 & 2 & 0 \\ 6 & -2 & 2 \end{bmatrix}$$

$\text{rank}Q_c = \text{rank}Q_o = 3 = n$，因此系统是能控和能观的，可以将系统空间表达式变换为能控标准型和能观标准型。

（2）求能控标准型和能观标准型。系统的特征多形式为

$$|\lambda I - A| = \begin{vmatrix} \lambda - 1 & -2 & 0 \\ -3 & \lambda + 1 & -1 \\ 0 & -2 & \lambda \end{vmatrix} = \lambda^3 - 9\lambda + 2$$

即 $a_2 = 0$，$a_1 = -9$，$a_0 = 2$。于是，由式（7 – 39）和式（7 – 46）分别可得下列能控性和能观性线性变换矩阵。

$$P_c = \begin{bmatrix} A^2B & AB & B \end{bmatrix} \begin{bmatrix} 1 & 0 & 0 \\ a_2 & 1 & 0 \\ a_1 & a_2 & 1 \end{bmatrix} = \begin{bmatrix} 16 & 4 & 2 \\ 8 & 6 & 1 \\ 12 & 2 & 1 \end{bmatrix} \begin{bmatrix} 1 & 0 & 0 \\ 0 & 1 & 0 \\ -9 & 0 & 1 \end{bmatrix} = \begin{bmatrix} -2 & 4 & 2 \\ -1 & 6 & 1 \\ 3 & 2 & 1 \end{bmatrix}$$

$$P_o = \begin{bmatrix} 1 & a_2 & a_1 \\ 0 & 1 & a_1 \\ 0 & 0 & 1 \end{bmatrix} \begin{bmatrix} CA^2 \\ CA \\ C \end{bmatrix} = \begin{bmatrix} 1 & 0 & -9 \\ 0 & 1 & -9 \\ 0 & 0 & 1 \end{bmatrix} \begin{bmatrix} 6 & -2 & 2 \\ 0 & 2 & 0 \\ 0 & 0 & 1 \end{bmatrix} = \begin{bmatrix} 6 & -2 & -7 \\ 0 & 2 & -9 \\ 0 & 0 & 1 \end{bmatrix}$$

根据式（7 – 41）、式（7 – 42）和式（7 – 47）、式（7 – 48）分别可求得

能控标准型

$$\dot{\bar{x}} = \begin{bmatrix} 0 & 1 & 0 \\ 0 & 0 & 1 \\ -2 & 9 & 0 \end{bmatrix} \bar{x} + \begin{bmatrix} 0 \\ 0 \\ 1 \end{bmatrix} u, \quad y = \begin{bmatrix} 3 & 2 & 1 \end{bmatrix} \bar{x}$$

能观标准型

$$\dot{\bar{x}} = \begin{bmatrix} 0 & 0 & -2 \\ 1 & 0 & 9 \\ 0 & 1 & 0 \end{bmatrix} \bar{x} + \begin{bmatrix} 3 \\ 2 \\ 1 \end{bmatrix} u, \quad y = \begin{bmatrix} 0 & 0 & 1 \end{bmatrix} \bar{x}$$

7.3.4　系统能控性和能观性的对偶原理

对于线性系统的能控性和能观性，无论是从定义还是在判据和标准形式上都存在某种内在的联系，即一个系统的能控性等价于其对偶系统的能观性，反之亦然。这种联系我们称之为对偶关系。利用对偶关系，可以把对系统的能控性分析转化为对其对偶系统的能观性分析，从而沟通了最优控制和最优估计问题之间的关系。

1. 线性系统的对偶关系

若给定的两个线性定常连续系统，一个是 r 维输入 m 维输出的 n 阶系统 $\sum_1$

$$\begin{cases} \dot{x}_1 = A_1 x_1 + B_1 u_1 \\ y_1 = C_1 x_1 \end{cases}$$

另一个是 m 维输入 r 维输出的 n 阶系统 $\sum_2$

$$\begin{cases} \dot{x}_2 = A_2 x_2 + B_2 u_2 \\ y_2 = C_2 x_2 \end{cases}$$

若这两个系统满足以下条件，则称这两个系统是互为对偶的，即

$$A_2 = A_1^T, B_2 = C_1^T, C_2 = B_1^T \tag{7-51}$$

设系统 $\sum_1$ 和 $\sum_2$ 的传递函数矩阵分别为 $m \times r$ 矩阵 $G_1(s)$、$r \times m$ 矩阵 $G_2(s)$，则

$$G_1(s) = C_1(sI - A_1)^{-1} B_1$$

$$G_2(s) = C_2(sI - A_2)^{-1} B_2 = B_1^T [(sI - A_1)^{-1}]^T C_1^T = [G_1(s)^T]$$

由上式可知，对偶系统的传递函数矩阵是互为转置的，但这种转置并不是简单的转置。此外，对偶系统的特征方程也是相同的，即

$$|sI - A_2| = |sI - A_1^T| = |sI - A_1|$$

2. 对偶原理

设系统 $\sum_1$ 和 $\sum_2$ 是互为对偶的两个系统，则系统 $\sum_1$ 的能控性等价于系统 $\sum_2$ 的能观性，系统 $\sum_1$ 的能观性等价于系统 $\sum_2$ 的能控性。或者说，若系统 $\sum_1$ 是状态完全能控(完全能观)的，则系统 $\sum_2$ 是状态完全能观(完全能控)的。

7.4 线性定常系统的极点配置

本章前面所述内容都属于系统的描述与分析，本节将以状态空间描述和状态空间方法为基础，探讨控制系统综合的方法。系统综合的根本任务是依据被控对象和给定的性能指标要求设计自动控制系统，使运动规律具有预期的性质和特征。

7.4.1 状态反馈

控制系统的基本构成形式是由受控对象和反馈规律构成的反馈系统，即闭环系统。在经典控制理论中通常采用输出反馈。相对输出反馈，状态反馈能提供更加丰富的状态信息和可供选择的自由度，从而使系统能更方便地获取优异的性能，因此在现代控制理论中通常采用状态反馈。

1. 状态反馈结构图

对于线性定常连续时间系统，引入状态反馈后的系统结构图如图 7.8 所示。其中，状态变量 x 通过反馈矩阵 K 被反馈到系统输入端，v 为系统参考输入量。在这里，由于反馈矩阵 K 为实数矩阵，因此这类状态反馈称为静态(或非动态)状态反馈。

2. 状态反馈描述

考虑线性定常连续时间系统 $\sum_0$，其状态空间方程为

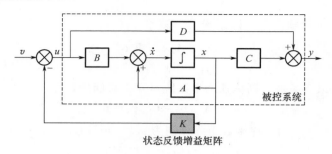

状态反馈增益矩阵

图 7.8　引入状态反馈后的系统结构图

$$\begin{cases} \dot{x}=Ax+Bu \\ y=Cx+Du \end{cases} \tag{7-52}$$

式中，x、u、y 分别为 n 维、r 维和 m 列向量；A、B、C、D 分别为 $n\times n$、$n\times r$、$m\times n$、$m\times r$ 实数矩阵。

对于多数实际被控系统，由于输入与输出之间总是存在惯性，因此传递矩阵 $D=0$。

由图 7.8 可知，引入状态反馈后系统控制量 u 为状态变量 x 的线性函数

$$u=v-Kx \tag{7-53}$$

式中，v 为 r 维参考输入向量；$K=[k_1,k_2,\cdots,k_n]$ 为 $r\times n$ 实状态反馈矩阵，即反馈增益矩阵，$k_i(i=1,2,\cdots,n)$ 为反馈系数。

将式(7-53)代入式(7-52)，可以推出状态反馈系统 $\sum_k$ 的状态空间方程

$$\begin{cases} \dot{x}=(A-BK)x+Bv \\ y=Cx \end{cases} \tag{7-54}$$

由式(7-54)可知，引入状态反馈后只改变了系统矩阵，使其变为 $(A-BK)$，B 和 C 矩阵均无改变。引入状态反馈后，传递函数矩阵和系统闭环特征多项式变为

$$G_K(s)=C(sI-A+BK)^{-1}B \tag{7-55}$$

$$a(s)=\det(sI-A+BK) \tag{7-56}$$

由于控制系统的性能和极点在复平面上的分部密切相关，因此状态反馈增益矩阵 K 的引入可以使闭环系统的极点位于复平面上的期望位置，从而使系统获得理想的动态性能。

7.4.2　状态反馈极点配置(单输入系统)

本节基于状态反馈，针对单输入线性定常连续时间系统，讨论极点配置问题的综合理论和综合算法。所谓极点配置，就是通过选择合适的反馈矩阵，使系统的闭环极点恰好配置在所希望的位置上，以获得期望的稳定性和动态性。

设 n 维线性定常连续时间系统的状态方程为

$$\dot{x}=AX+Bu \tag{7-57}$$

再任意指定 n 个期望闭环极点为 $\{\lambda_1^*,\lambda_2^*,\cdots,\lambda_n^*\}$，这些闭环极点可能是实数也有可能是共轭复数。引入状态反馈后，系统控制量 u 为状态变量 x 的线性函数

$$u=v-Kx \tag{7-58}$$

式中，K 为 $r\times n$ 状态反馈矩阵。

于是，状态反馈极点配置也可以叙述为，对于给定的系统[式(7-57)]，确定一个状态反馈矩阵 K，使所导出的闭环系统

$$\dot{x} = (A - BK)x + Bv \tag{7-59}$$

的特征值满足关系式

$$\lambda_i(A - BK) = \lambda_i^* \tag{7-60}$$

式中，$\lambda(\cdot)$ 代表相应矩阵的特征值。

在采用状态反馈实现极点配置时，通常需要解决两个问题：一是建立极点可配置的条件；二是建立极点配置的算法，即确立极点配置所要求的状态反馈矩阵。

1. 极点可配置条件

给定的单输入 n 维线性定常连续时间系统 $\sum$

$$\dot{x} = Ax + Bu \tag{7-61}$$

通过状态反馈任意配置极点的充分必要条件是系统完全能控。

2. 极点配置算法

（1）单输入系统极点配置的规范算法

第一步：考察系统的能控性条件。若系统状态是完全能控的，则可按下列步骤进行，否则停止运算。

第二步：运用系统矩阵 A 的特征多项式。

$$\det(sI - A) = a(s) = s^n + a_{n-1}s^{n-1} + \cdots + a_1 s + a_0$$

确定 $a_{n-1}, \cdots, a_1, a_0$ 的值。

第三步：计算由期望闭环极点 $\{\lambda_1^*, \lambda_2^*, \cdots, \lambda_n^*\}$ 决定的特征多项式

$$a^*(s) = (s - \lambda_1^*)(s - \lambda_2^*) \cdots (s - \lambda_n^*) = s^n + a_{n-1}^* s^{n-1} + \cdots + a_1^* s + a_0^*$$

第四步：计算 $\overline{K}$

$$\overline{K} = \begin{bmatrix} a_0^* - a_0 & a_1^* - a_1 & \cdots & a_{n-1}^* - a_{n-1} \end{bmatrix}$$

第五步：计算变换矩阵。

$$P_c = \begin{bmatrix} A^{n-1}B & A^{n-2}B & \cdots & B \end{bmatrix} \begin{bmatrix} 1 & 0 & \cdots & 0 & 0 \\ a_{n-1} & 1 & \cdots & 0 & 0 \\ \vdots & \vdots & & \vdots & \vdots \\ a_2 & a_3 & \cdots & 1 & 0 \\ a_1 & a_2 & \cdots & a_{n-1} & 1 \end{bmatrix}$$

第六步：计算 $K = \overline{K}P_c^{-1}$。

【例 7-12】 给定单输入线性定常连续时间系统的状态方程为

$$\dot{x} = \begin{bmatrix} 0 & 0 & 0 \\ 1 & -1 & 0 \\ 0 & 1 & -1 \end{bmatrix} x + \begin{bmatrix} 1 \\ 0 \\ 0 \end{bmatrix} u$$

试求其状态反馈矩阵 K，使由状态反馈构成的闭环极点配置在 $\lambda_1^* = -2$，$\lambda_{2,3}^* = -1 \pm j\sqrt{3}$。

解：（1）首先需要判断该系统状态是否完全能控。由于

$$\text{rank}(Q_c) = \text{rank}\begin{bmatrix} B & AB & A^2B \end{bmatrix} = \text{rank}\begin{bmatrix} 1 & 0 & 0 \\ 0 & 1 & -1 \\ 0 & 0 & 1 \end{bmatrix} = 3$$

因此该系统是状态完全能控的，可以通过状态反馈控制律任意配置闭环极点。

② 求出系统矩阵 $\boldsymbol{A}$ 的特征多项式

$$\det(s\boldsymbol{I}-\boldsymbol{A})=\det\begin{bmatrix} s & 0 & 0 \\ -1 & s+1 & 0 \\ 0 & -1 & s+1 \end{bmatrix}=s^3+2s^2+s$$

解得
$$a_0=0,\ a_1=1,\ a_2=2$$

③ 计算由期望闭环极点决定的特征多项式。

$$(s-\lambda_1^*)(s-\lambda_2^*)(s-\lambda_3^*)=(s+2)(s+1+\mathrm{j}\sqrt{3})(s+1-\mathrm{j}\sqrt{3})=s^3+4s^2+8s+8$$

解得
$$a_0^*=8,\ a_1^*=8,\ a_2^*=4$$

④ 计算 $\overline{\boldsymbol{K}}$。

$$\overline{\boldsymbol{K}}=\begin{bmatrix} a_0^*-a_0 & a_1^*-a_1 & a_2^*-a_2 \end{bmatrix}=\begin{bmatrix} 8 & 7 & 2 \end{bmatrix}$$

⑤ 计算变换矩阵。

$$\boldsymbol{P}_c=\begin{bmatrix} \boldsymbol{A}^2\boldsymbol{B} & \boldsymbol{AB} & \boldsymbol{B} \end{bmatrix}\begin{bmatrix} 1 & 0 & 0 \\ a_2 & 1 & 0 \\ a_1 & a_2 & 1 \end{bmatrix}=\begin{bmatrix} 0 & 0 & 1 \\ -1 & 1 & 0 \\ 1 & 0 & 0 \end{bmatrix}\begin{bmatrix} 1 & 0 & 0 \\ 2 & 1 & 0 \\ 1 & 2 & 1 \end{bmatrix}=\begin{bmatrix} 1 & 2 & 1 \\ 1 & 1 & 0 \\ 1 & 0 & 0 \end{bmatrix}$$

⑥ 计算 $\boldsymbol{K}=\overline{\boldsymbol{K}}\boldsymbol{P}_c^{-1}$。

$$\boldsymbol{K}=\overline{\boldsymbol{K}}\boldsymbol{P}_c^{-1}=\begin{bmatrix} 8 & 7 & 2 \end{bmatrix}\begin{bmatrix} 0 & 0 & 1 \\ 0 & 1 & -1 \\ 1 & -2 & 1 \end{bmatrix}=\begin{bmatrix} 2 & 3 & 3 \end{bmatrix}$$

（2）直接配置非规范算法

如果是低阶系统（$n\leqslant3$），并不一定要进行到能控标准型的变换步骤，只需检验系统是否能控，直接计算状态反馈系统的特征多项式 $\det(s\boldsymbol{I}-\boldsymbol{A}+\boldsymbol{BK})$，使其各项系数和期望特征多项式中对应项系数相等，便可求得状态反馈矩阵 $\boldsymbol{K}$。

第一步：考察系统的能控性条件。若系统是状态完全能控的，则可按下列步骤进行，否则停止运算。

第二步：设定 $1\times n$ 状态反馈矩阵

$$\boldsymbol{K}=\begin{bmatrix} k_1,k_2,\cdots,k_n \end{bmatrix}$$

第三步：引入状态反馈后的闭环系统特征多项式

$$\det(s\boldsymbol{I}-\boldsymbol{A}+\boldsymbol{BK})=s^n+a_{n-1}(k)s^{n-1}+\cdots+a_1(k)s+a_0(k)$$

式中，$a_i(k)$ 为状态反馈矩阵 $\boldsymbol{K}$ 的函数。

第四步：计算由期望闭环极点 $\{\lambda_1^*,\lambda_2^*,\cdots,\lambda_n^*\}$ 决定的特征多项式

$$a^*(s)=(s-\lambda_1^*)(s-\lambda_2^*)\cdots(s-\lambda_n^*)=s^n+a_{n-1}^*s^{n-1}+\cdots+a_1^*s+a_0^*$$

第五步：列出方程组

$$a_i(k)=a_i^*\quad(i=0,1,\cdots,n-1)$$

其解 $\boldsymbol{K}=\begin{bmatrix} k_1,k_2,\cdots,k_n \end{bmatrix}$，即为所求得的状态反馈矩阵。

【例 7-13】 同例 7-12。

解： ① 首先需要判断该系统状态是否完全能控。由于

$$\mathrm{rank}(\boldsymbol{Q}_c)=\mathrm{rank}\begin{bmatrix} \boldsymbol{B} & \boldsymbol{AB} & \boldsymbol{A}^2\boldsymbol{B} \end{bmatrix}=\mathrm{rank}\begin{bmatrix} 1 & 0 & 0 \\ 0 & 1 & -1 \\ 0 & 0 & 1 \end{bmatrix}=3$$

因此该系统是状态完全能控的，可以通过状态反馈控制律任意配置闭环极点。

② 设所需的状态反馈矩阵

$$K=[k_1,k_2,k_3]$$

③ 引入状态反馈后的闭环系统特征多项式为

$$\det(sI-A+BK)=\det\left\{\begin{bmatrix}s&0&0\\0&s&0\\0&0&s\end{bmatrix}-\begin{bmatrix}0&0&0\\1&-1&0\\0&1&-1\end{bmatrix}+\begin{bmatrix}1\\0\\0\end{bmatrix}[k_1,k_2,k_3]\right\}$$

$$=s^3+(2+k_1)s^2+(2k_1+k_2+1)s+(k_1+k_2+k_3)$$

④ 计算由期望闭环极点$\{\lambda_1^*,\lambda_2^*,\cdots,\lambda_n^*\}$决定的特征多项式

$$(s-\lambda_1^*)(s-\lambda_2^*)(s-\lambda_3^*)=(s+2)(s+1+j\sqrt{3})(s+1-j\sqrt{3})=s^3+4s^2+8s+8$$

⑤ 列出方程组，比较两个多项式同次幂的系数

$$\begin{cases}2+k_1=4\\2k_1+k_2+1=8\\k_1+k_2+k_3=8\end{cases}$$

由上式解得$k_1=2$，$k_2=3$，$k_3=3$，则状态反馈矩阵$K=[2\quad3\quad3]$。

7.5 状态观测器

状态反馈是改善系统性能的重要方法，对于完全能控的系统能够通过状态反馈实现系统极点的任意配置，从而使系统保持稳定且达到一定的性能指标要求。然而，因为描述内部运动特性的状态变量有时并不是可以直接测量的，更甚者有时并没有实际物理量与之直接相对应，而是一种抽象的数学变量。这些情况的出现导致了状态反馈的物理实现成为不可能或极为困难的事情。为解决这一矛盾，便引入了状态观测器对系统进行重构，运用重构的系统状态替代真实状态，以此来实现系统的状态反馈。

7.5.1 状态重构的原理

1. 状态观测器的构造

状态变量的重构是指一个能观系统的所有状态变量可以通过可测量的输入量和输出量重构出来，如利用系统可测量参量输入和输出来估计系统状态。而这种由估计状态变量重新构造的一个物理可实现的模拟动力学系统称为状态观测器。在这里需要注意的是，状态观测器是指不考虑噪声干扰下状态值的观测或估计问题，即所有测量值都准确无差且原系统内外部无噪声干扰。

设原系统为$\sum(A,B,C)$，重新构造的系统为$\hat{\sum}(A,B,C)$，即

$$\begin{cases}\dot{\hat{x}}=A\hat{x}+Bu\\\hat{y}=C\hat{x}\end{cases} \tag{7-62}$$

式中，$\hat{x}(t)$表示构造系统的状态，又称状态$x(t)$的估计值，则

$$\dot{x}=\dot{\hat{x}}=A(x-\hat{x}) \tag{7-63}$$

其解为

$$x - \hat{x} = e^{At}[x(0) - \hat{x}(0)] \qquad (7-64)$$

若 $x(0) = \hat{x}(0)$，则有 $x(t) = \hat{x}(t)$，即估计值与实际值相等。然而在一般情况下，要完全确保任意时刻的初始条件相同，是极困难的。因此，为了消除状态误差，可以在此基础上引入误差 $(x - \hat{x})$ 的反馈，但因为 $(x - \hat{x})$ 不能直接测量，而 $(y - \hat{y}) = C(x - \hat{x})$ 能够测量，故引入偏差 $(y - \hat{y})$ 的反馈，并经输出反馈增益矩阵 G 反馈到所构造系统中积分器的输入端，从而组成闭环系统，其结构如图 7.9 所示。图中用来实现状态重构的系统称为龙伯格状态观测器，G 称为状态观测器的反馈矩阵。

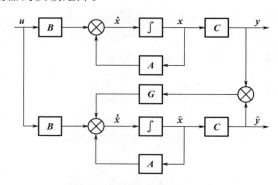

图 7.9　状态观测器结构

由图 7.9 可知状态观测器的状态方程为

$$\dot{\hat{x}} = (A - GC)\hat{x} + Bu + Gy \qquad (7-65)$$

式中，G 为状态观测器的输出反馈增益矩阵；$(A - GC)$ 为状态观测器的系统矩阵。

由式 (7-65) 可知状态观测器的等效结构如图 7.10 所示。

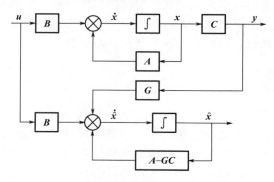

图 7.10　状态观测器的等效结构

状态估计误差为

$$\dot{x} - \dot{\hat{x}} = (A - GC)(\dot{x} - \hat{x}) \qquad (7-66)$$

其解为

$$x - \hat{x} = e^{(A - GC)t}[x(0) - \hat{x}(0)] \qquad (7-67)$$

显然，只要选择合适的状态观测器，使其系数矩阵 $(A - GC)$ 的特征值均具有负实部，就能够让估计状态 $\hat{x}(t)$ 逐渐逼近实际状态 $x(t)$，即

$$\lim_{t \to \infty} \hat{\boldsymbol{x}}(t) = \lim_{t \to \infty} \boldsymbol{x}(t) \tag{7-68}$$

因此通常将这类状态观测器称为渐近观测器，简称观测器。

2. 状态观测器的极点配置和存在条件

状态观测器的极点，即$(\boldsymbol{A}-\boldsymbol{GC})$的特征值对于状态观测器的性能是极为重要的，主要原因有以下三个方面。

（1）要想成功地构建状态观测器，必须保证状态观测器所选取的极点具有负实部。

（2）状态观测器的极点决定了$\hat{\boldsymbol{x}}(t)$逼近$\boldsymbol{x}(t)$的速度，随着负实部的增大，逼近速度也就越快，即状态观测器的响应速度越快。

（3）状态观测器的极点还决定了状态观测器的抗干扰能力。响应速度越快，状态观测器频带越宽，抗干扰能力越不稳定。

综上所述，对闭环状态观测器极点的选择应从实际出发，兼顾多重因素（如快速性、抗干扰性等）。这就要求极点能够任意配置，那么极点任意配置需要满足什么条件呢？

这里不加证明地指出，线性定常系统$\sum(\boldsymbol{A},\boldsymbol{B},\boldsymbol{C})$的状态观测器的极点可任意配置的充分必要条件是该系统是完全能观测的，而线性定常系统$\sum(\boldsymbol{A},\boldsymbol{B},\boldsymbol{C})$的渐近观测器存在的充分必要条件是其不能观测部分是渐近稳定的。

7.5.2 全维状态观测器的设计

根据维数的不同，状态观测器可以分为两类：一类是状态观测器的维数和受控系统的维数相同，该类状态观测器称为全维状态观测器；另外一类是状态观测器的维数小于受控系统的维数，该类状态观测器称为降维状态观测器。由于前面所述的状态观测器都是全维状态观测器，因此本节着重讲解全维状态观测器的设计。由全维状态观测器的状态方程式(7-65)可知，在受控系统和状态观测器的极点位置已经确定的情形下，状态观测器的主要设计任务就变为确定反馈矩阵$\boldsymbol{G}$。

类似于7.4.2节介绍的状态完全能控的单输入/单输出系统运用状态反馈进行闭环极点配置的设计方法，状态完全能观测的单输入/单输出系统的闭环状态观测器的极点配置主要有下列两种设计方法。

1. 配置极点求状态观测器增益矩阵的待定系数法

第一步：考察系统的能观性条件。若系统是能观的，则进入下一步，否则停止运算。

第二步：设定状态观测器的$n \times 1$反馈增益矩阵$\boldsymbol{G}^{\mathrm{T}} = [g_1, g_2, \cdots, g_n]^{\mathrm{T}}$，并引入状态观测器的特征多项式

$$\det(s\boldsymbol{I} - (\boldsymbol{A}-\boldsymbol{GC})) = s^n + a_{n-1}(g)s^{n-1} + \cdots + a_1(g)s + a_0(g)$$

式中，$a_i(g)$为反馈矩阵$\boldsymbol{G}$的函数。

第三步：计算由期望状态观测器极点$\{\lambda_1^*, \lambda_2^*, \cdots, \lambda_n^*\}$决定的特征多项式

$$a^*(s) = (s-\lambda_1^*)(s-\lambda_2^*)\cdots(s-\lambda_n^*) = s^n + a_{n-1}^* s^{n-1} + \cdots + a_1^* s + a_0^*$$

第四步：列出方程组

$$a_i(g) = a_i^* \quad (i=0,1,\cdots,n-1)$$

其解$\boldsymbol{G}^{\mathrm{T}} = [g_1, g_2, \cdots, g_n]^{\mathrm{T}}$，即为所求的状态观测器的增益矩阵。

第五步：计算$(\boldsymbol{A}-\boldsymbol{GC})$，则所要设计的全维状态观测器就是

$$\dot{\hat{x}} = (A - GC)\hat{x} + Bu + Gy$$

2. 配置极点求状态观测器增益矩阵的能观标准型法

第一步：考察系统的能观性条件。若系统是能观的，则进入下一步，否则停止运算。

第二步：运用系统矩阵 A^T 的特征多项式

$$\det(sI - A^T) = a(s) = s^n + a_{n-1}s^{n-1} + \cdots + a_1 s + a_0$$

确定 $a_{n-1}, \cdots, a_1, a_0$ 的值。

第三步：计算由期望状态观测器极点 $\{\lambda_1^*, \lambda_2^*, \cdots, \lambda_n^*\}$ 决定的特征多项式

$$a^*(s) = (s - \lambda_1^*)(s - \lambda_2^*)\cdots(s - \lambda_n^*) = s^n + a_{n-1}^* s^{n-1} + \cdots + a_1^* s + a_0^*$$

第四步：计算状态反馈矩阵

$$\bar{G}^T = [a_0^* - a_0 \quad a_1^* - a_1 \quad \cdots \quad a_{n-1}^* - a_{n-1}]$$

第五步：计算变换矩阵

$$P_o^{-1} = [(A^T)^{n-1}C^T \quad (A^T)^{n-2}C^T \quad \cdots \quad C^T]\begin{bmatrix} 1 & 0 & \cdots & 0 & 0 \\ a_{n-1} & 1 & \cdots & 0 & 0 \\ \vdots & \vdots & & \vdots & \vdots \\ a_2 & a_3 & \cdots & 1 & 0 \\ a_1 & a_2 & \cdots & a_{n-1} & 1 \end{bmatrix}$$

第六步：计算 $G^T = \bar{G}^T P_o$，则状态观测器的增益矩阵 $G = (G^T)^T$。

第七步：计算 $(A - GC)$，则所要设计的全维状态观测器就是

$$\dot{\hat{x}} = (A - GC)\hat{x} + Bu + Gy$$

【例 7-14】 已知原系统状态空间表达式

$$\dot{x} = \begin{bmatrix} 0 & 0 & 0 \\ 1 & -1 & 0 \\ 0 & 1 & -1 \end{bmatrix}x + \begin{bmatrix} 1 \\ 0 \\ 0 \end{bmatrix}u$$

$$y = [0 \quad 1 \quad 1]x$$

试设计一个全维状态观测器，使其极点为 $\lambda_1^* = -5, \lambda_{2,3}^* = -4 \pm j4$。

解：① 检验系统状态是否能观。可知系统是完全能观的，可以构造任意配置极点的全维状态观测器。

② 求出系统矩阵 A^T 的特征多项式

$$\det(sI - A^T) = s^3 + 2s^2 + s$$

解得 $a_0 = 0, a_1 = 1, a_2 = 2$。

③ 计算由期望状态观测器极点决定的特征多项式

$$(s - \lambda_1^*)(s - \lambda_2^*)(s - \lambda_3^*) = (s+5)(s+4+j4)(s+4-j4) = s^3 + 13s^2 + 72s + 160$$

解得 $a_0^* = 160, a_1^* = 72, a_2^* = 13$。

④ 计算状态反馈矩阵

$$\bar{G}^T = [a_0^* - a_0 \quad a_1^* - a_1 \quad a_2^* - a_2] = [160 \quad 70 \quad 11]$$

⑤ 计算变换矩阵

$$P_o = [(A^T)^2 C^T \quad A^T C^T \quad C^T]\begin{bmatrix} 1 & 0 & 0 \\ a_2 & 1 & 0 \\ a_1 & a_2 & 1 \end{bmatrix} = \begin{bmatrix} 0 & 1 & 0 \\ -1 & 0 & 1 \\ 1 & -1 & 1 \end{bmatrix}\begin{bmatrix} 1 & 0 & 0 \\ 2 & 1 & 0 \\ 1 & 2 & 1 \end{bmatrix} = \begin{bmatrix} 2 & 1 & 0 \\ 0 & 2 & 1 \\ 0 & 1 & 1 \end{bmatrix}$$

则变换矩阵就是

$$\boldsymbol{P}_{\mathrm{o}}=(\boldsymbol{P}_{\mathrm{o}}^{-1})^{-1}=\begin{bmatrix} 0.5 & -0.5 & 0.5 \\ 0 & 1 & -1 \\ 0 & -1 & 2 \end{bmatrix}$$

⑥ 计算 $\boldsymbol{G}^{\mathrm{T}}$

$$\boldsymbol{G}^{\mathrm{T}}=\bar{\boldsymbol{G}}^{\mathrm{T}}\boldsymbol{P}_{\mathrm{o}}=\begin{bmatrix} 160 & 71 & 11 \end{bmatrix}\begin{bmatrix} 0.5 & -0.5 & 0.5 \\ 0 & 1 & -1 \\ 0 & -1 & 2 \end{bmatrix}=\begin{bmatrix} 80 & -20 & 31 \end{bmatrix}$$

⑦ 所要设计的全维状态观测器为

$$\dot{\hat{\boldsymbol{x}}}=(\boldsymbol{A}-\boldsymbol{G}\boldsymbol{C})\hat{\boldsymbol{x}}+\boldsymbol{B}\boldsymbol{u}+\boldsymbol{G}\boldsymbol{y}=\begin{bmatrix} 0 & -80 & -80 \\ 1 & 19 & 20 \\ 0 & -30 & -32 \end{bmatrix}\hat{\boldsymbol{x}}+\begin{bmatrix} 1 \\ 0 \\ 0 \end{bmatrix}\boldsymbol{u}+\begin{bmatrix} 80 \\ -20 \\ 31 \end{bmatrix}\boldsymbol{y}$$

7.6 李雅普诺夫稳定性分析

稳定性是控制系统的重要特性，它表示系统在扰动消失后，由初始偏差状态恢复到原平衡状态的性能，是保证系统正常工作的先决条件。由前面几章的内容可知，对于线性定常系统，可以利用经典控制理论中的劳斯稳定判据、赫尔维茨稳定判据、奈奎斯特稳定判据等来判定系统的稳定性，但这些方法却不适用于时变系统和非线性系统。俄国学者李雅普诺夫于1892年建立了基于状态空间描述的稳定性理论——李雅普诺夫稳定性理论。该理论是判断系统稳定性的更一般的理论，不仅适用于单变量线性定常系统，而且还适用于多变量非线性时变系统，它是现代稳定性理论的重要基础和现代控制理论的关键组成部分。

7.6.1 李雅普诺夫稳定性定义

系统的稳定性是指系统在平衡状态下受到扰动影响后自由运动的特性，与系统所受的外部作用或外部输入无关。对于系统的自由运动，可令输入为 0，则系统的齐次状态方程为

$$\dot{\boldsymbol{x}}=f(\boldsymbol{x},t) \tag{7-69}$$

式中，$\boldsymbol{x}$ 为 n 维状态向量。$f(\boldsymbol{x},t)$ 为线性或非线性、定常或时变的 n 维函数，其展开式为

$$\dot{x}_i=f_i(x_1,x_2,\cdots,x_n,t) \quad (i=1,2,\cdots,n) \tag{7-70}$$

假设方程的解为 $\boldsymbol{x}(t;\boldsymbol{x}_0,t_0)$，其中 $\boldsymbol{x}_0$ 和 t_0 分别为初始状态向量和初始时刻，则初始条件 $\boldsymbol{x}_0$ 需满足 $\boldsymbol{x}(t_0;\boldsymbol{x}_0,t_0)=x_0$。

1. 平衡状态

如果系统[式(7-69)]存在状态向量 $\boldsymbol{x}_e$，对所有时间 t 都满足

$$f(\boldsymbol{x}_e,t)\equiv 0 \tag{7-71}$$

则 $\boldsymbol{x}_e$ 称为系统的平衡状态。平衡状态的各分量相对于时间不再发生变化。若已知状态方程，令 $\dot{\boldsymbol{x}}=0$ 所得到的解 $\boldsymbol{x}$，便为平衡状态。由平衡状态在状态空间中所确定的点称

为平衡点。

对于线性定常连续时间系统 $\dot{x}=Ax$，其平衡状态 x_e 是方程 $Ax_e=0$ 的解。当 A 为非奇异矩阵时，$x_e=0$ 是其唯一的零解，即存在一个位于状态空间原点的平衡状态。当 A 为奇异矩阵时，系统有无穷多个平衡状态，即除 $x_e=0$ 外还有非零 x。而对于非线性系统，可能存在多个平衡状态，由系统状态方程决定。

2. 李雅普诺夫意义下的稳定

李雅普诺夫根据系统自由响应是否有界把系统的稳定性定义为以下四种情况。

（1）李雅普诺夫意义下的稳定

假设系统的初始状态位于以平衡状态 x_e 为球心、半径为 δ 的闭球域 $S(\delta)$ 内，即 $\|x_0-x_e\|\leqslant\delta$，$t=t_0$。如果能使系统方程的解 $x(t;x_0,t_0)$ 在 $t\rightarrow\infty$ 的过程中，全部都位于以 x_e 为球心、任意规定的半径为 ε 的闭球域 $S(\varepsilon)$ 内，即 $\|x(t;x_0,t_0)-x_e\|\leqslant\varepsilon$，$t\geqslant t_0$，则称该 x_e 是稳定的，通常称为李雅普诺夫意义下的稳定性。该定义下的平面几何表示如图 7.11（a）所示。一般地，实数 δ 和 ε 有关，通常也与 t_0 有关。若 δ 和 t_0 没有关联，则称此时的平衡状态 $x_e=0$ 为李雅普诺夫意义下一致稳定的平衡状态。

（2）渐近稳定（经典控制理论稳定性定义）

若系统［式（7-69）］的平衡状态 x_e 不仅是李雅普诺夫意义下稳定的，而且满足

$$\lim_{t\rightarrow\infty}\|x(t;x_0,t_0)-x_e\|=0 \tag{7-72}$$

则称系统的平衡状态 x_e 是渐近稳定的。这时，从域 $S(\delta)$ 出发的运动轨迹不仅不会超出域 $S(\varepsilon)$ 的范围，且当 $t\rightarrow\infty$ 时收敛于 x_e，其平面几何表示如图 7.11（b）所示。若 δ 与 t_0 无关，则称平衡状态 x_e 是一致渐近稳定的。对于定常系统，平衡状态 x_e 的渐近稳定和一致渐近稳定是等价的。

（3）大范围（全局）渐近稳定

当初始条件扩展至整个状态空间［即 $\delta\rightarrow\infty$，$S(\delta)\rightarrow\infty$］，且平衡状态 x_e 是渐近稳定的，则称此平衡状态 x_e 是大范围渐近稳定的。或者说，如果 x_e 大范围渐近稳定，当 $t\rightarrow\infty$ 时，由状态空间中任意初始状态 x_0 出发的运动轨迹都收敛于 x_e。显然，大范围渐近稳定的必要条件是整个状态空间中只有一个平衡状态。若 δ 与 t_0 无关，则称平衡状态 x_e 是大范围一致渐近稳定的。

对于线性系统，基于叠加定理可知，如果平衡状态 x_e 是渐近稳定的，则其一定是大范围渐近稳定的。而非线性系统的稳定性是和初始条件的大小密切相关的，其 δ 总是有限的，因此只能是小范围渐近稳定。

（4）不稳定

无论域 $S(\delta)$ 取多么小，内部总存在一个初始状态 x_0，使得从该初始状态出发的运动轨迹超出域 $S(\varepsilon)$，则称此平衡状态 x_e 是不稳定的，其平面几何表示如图 7.11（c）所示。

对于线性系统而言，如果平衡状态 x_e 是不稳定的，则表示该系统不稳定。但对于非线性系统，平衡状态 x_e 不稳定，只能说明存在局部发散的轨迹，至于是否趋于无穷远处，需揭示 $S(\varepsilon)$ 域外是否存在其他平衡状态，假设存在（如有极限环），则系统仍然是李雅普诺夫意义下的稳定。

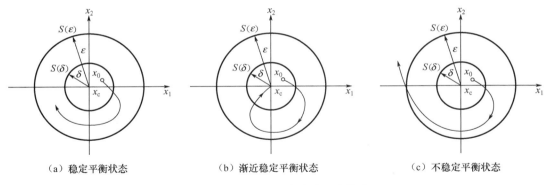

（a）稳定平衡状态　　　　　（b）渐近稳定平衡状态　　　　　（c）不稳定平衡状态

图 7.11　从域 $S(\delta)$ 出发的运动轨迹

7.6.2　李雅普诺夫稳定性的判别方法

对于系统[式(7-69)]的稳定性，李雅普诺夫提出了"李雅普诺夫第一方法"和"李雅普诺夫第二方法"两种判定系统稳定性的方法。下面着重介绍这两种方法的运用。

1. 李雅普诺夫第一方法

对于线性定常系统，李雅普诺夫第一方法（简称间接法）的基本思路是只需求出其特征值，便能够判定系统的稳定性。经典控制理论中关于线性定常系统稳定性的各种判据，均可视作李雅普诺夫第一方法在线性系统中的工程应用。

设线性定常连续系统自由运动的状态方程为

$$\dot{x} = Ax \tag{7-73}$$

对任意的 $x(0)$，判别系统的稳定性有下列充分必要条件成立，即

（1）若 A 的实部为零的特征值对应的约当块为一阶块，其余特征值均具有负实部，则平衡状态 x_e 是李雅普诺夫意义下稳定的。

（2）若 A 的特征值均具有负实部，则平衡状态 x_e 是大范围渐近稳定的。

（3）若 A 或具有正实部特征值，或实部为零的特征值存在非一阶约当块，则平衡状态 x_e 是不稳定的。

2. 李雅普诺夫第二方法

李雅普诺夫第二方法（简称直接法）是从能量的观点进行稳定性分析的。如果系统存储的能量随着时间的推移而不断减少，当趋于平衡状态时，其能量达到最小值，这时系统的平衡状态是渐近稳定的；反之，如果系统不断从外界吸收能量，其存储的能量日益变多，这时系统的平衡状态是不稳定的；如果系统存储的能量没有发生改变，这时系统的平衡状态是李雅普诺夫意义下稳定的。

为了便于判断系统的稳定性，李雅普诺夫定义了一个正定的标量函数 $V(x)$，当作虚构的广义能量函数，然后通过分析李雅普诺夫函数导数 $\dot{V}(x) = \dfrac{\mathrm{d}V(x)}{\mathrm{d}t}$ 的定号性，直接判断系统的稳定性。对于一个给定的系统，若可以找到一个正定的标量函数 $V(x)$（即李雅普诺夫函数），且 $\dot{V}(x)$ 是负定的，则这个系统就是渐近稳定的。因此运用李雅普诺夫第二方法判定系统稳定性的关键在于找到李雅普诺夫函数。对于线性系统，一般可用二次型函数

$x^T P x$ 作为李雅普诺夫函数。

运用李雅普诺夫第二方法判别系统的稳定性，可以概括为下列几个稳定判据。

给定系统的状态方程为 $\dot{x}=f(x)$，平衡状态 $x_e=0$，满足 $f(x_e)=0$。

若存在一个标量函数 $V(x)$，应满足以下条件。

（1）$V(x)$ 对所有 x 都具有连续的一阶偏导数。

（2）$V(x)$ 是正定的，即当 $x=0$，$V(x)=0$；$x\neq0$，$V(x)>0$。

（3）$V(x)$ 沿着状态轨迹方向计算的时间导数 $\dot{V}(x)$ 分别满足以下条件。

① 如果 $\dot{V}(x)$ 是半负定的，则平衡状态 x_e 是李雅普诺夫意义下稳定的。此为稳定判据。

② 如果 $\dot{V}(x)$ 是负定的，或虽然 $\dot{V}(x)$ 是半负定的，但对任意初始状态 $x(t_0)\neq0$ 来讲，除 $x=0$ 以外，对 $x\neq0$，$\dot{V}(x)$ 不恒为零，则原点的平衡状态是渐近稳定的。并且，当 $\|x\|\to\infty$ 时，有 $V(x)\to\infty$，则可判断系统是大范围渐近稳定的。此为渐近稳定判据。

③ 如果 $\dot{V}(x)$ 是正定的，则平衡状态 x_e 是不稳定的。此为不稳定判据。

需要说明的是，上述的几个稳定判据仅仅是充分条件。进一步讲就是，如果构造出了李雅普诺夫函数，则可判断系统是渐近稳定的；但如果找不出这样的函数，则并不能说明系统是不稳定的。

【例 7 - 15】 已知系统的状态方程如下，试分析其平衡状态的稳定性。

$$\dot{x}_1=x_1+x_2$$
$$\dot{x}_2=2x_1-3x_2$$

解： 易知，$x_1=0$ 及 $x_2=0$ 是系统的唯一平衡状态。取李雅普诺夫函数为

$$V(x)=\frac{1}{2}x_1^2+\frac{1}{4}x_2^2$$

可知 $V(x)$ 正定，且 $V(0)=0$，有

$$\dot{V}(x)=\dot{x}_1 x_1+\frac{1}{2}\dot{x}_2 x_2=-x_1^2+2x_1 x_2-\frac{3}{2}x_2^2=-(x_1-x_2)^2-\frac{1}{2}x_2^2$$

显然，对于状态空间中一切非零 x 满足条件 $V(x)$ 正定和 $\dot{V}(x)$ 负定，并且当 $\|x\|\to\infty$ 时，有 $V(x)\to\infty$，则可判断系统在坐标原点处是大范围渐近稳定的。

7.6.3 线性定常系统的李雅普诺夫稳定性分析

李雅普诺夫第一方法是利用状态方程解的性质来判断系统稳定性的方法，这里主要介绍李雅普诺夫第二方法在线性定常系统中的应用。

线性定常连续时间系统李雅普诺夫判据：设线性定常连续系统为 $\dot{x}=Ax$，则原点平衡状态 $x_e=0$ 为大范围渐近稳定的充要条件是，对于任意给定的一个 $n\times n$ 正定实对称矩阵 Q，必然存在唯一的一个 $n\times n$ 正定实对称矩阵 P，满足李雅普诺夫方程，即

$$A^T P+PA=-Q \tag{7-74}$$

且

$$V(x)=x^T P x \tag{7-75}$$

为系统的李雅普诺夫函数。

下面，针对李雅普诺夫判据做出几点说明。

（1）由于李雅普诺夫判据所述条件和系统矩阵 A 的全部特征值具有负实部的条件等

价，因此该判据所给出的条件是充分必要条件。

（2）实际计算时，一般先选取一个正定的实对称矩阵 $\boldsymbol{Q}$，代入李雅普诺夫方程式(7-74)求得矩阵 $\boldsymbol{P}$，之后按赛尔维斯特准则判断 $\boldsymbol{P}$ 的正定性，从而得出系统渐近稳定的结论。

（3）为了简化计算，一般将矩阵 $\boldsymbol{Q}$ 选取为正定对角矩阵或单位矩阵，若正定实对称矩阵 $\boldsymbol{Q}$ 取为单位矩阵，则此时 $\boldsymbol{P}$ 应满足

$$\boldsymbol{A}^{\mathrm{T}}\boldsymbol{P}+\boldsymbol{P}\boldsymbol{A}=-\boldsymbol{I} \tag{7-76}$$

式中，$\boldsymbol{I}$ 为单位矩阵。

（4）如果 $\dot{V}(\boldsymbol{x})$ 沿任一轨迹不恒等于零，则 $\boldsymbol{Q}$ 可取为半正定。

【例 7-16】 对例 7-15 可以采用另一种判别方法来分析系统平衡状态的稳定性。

解： 系统的状态方程为

$$\begin{bmatrix} \dot{x}_1 \\ \dot{x}_2 \end{bmatrix}=\begin{bmatrix} -1 & 1 \\ 2 & -3 \end{bmatrix}\begin{bmatrix} x_1 \\ x_2 \end{bmatrix}$$

则可知系统的状态矩阵 $\boldsymbol{A}$ 是非奇异的，故原点 $\boldsymbol{x}_{\mathrm{e}}=0$ 是其唯一的平衡状态。

选取李雅普诺夫函数 $V(\boldsymbol{x})=\boldsymbol{x}^{\mathrm{T}}\boldsymbol{P}\boldsymbol{x}$，其中 $\boldsymbol{P}$ 为实对称矩阵，令

$$\boldsymbol{P}=\begin{bmatrix} p_{11} & p_{12} \\ p_{21} & p_{22} \end{bmatrix},\boldsymbol{Q}=\boldsymbol{I}$$

则根据李雅普诺夫方程

$$\boldsymbol{A}^{\mathrm{T}}\boldsymbol{P}+\boldsymbol{P}\boldsymbol{A}=-\boldsymbol{I}$$

可得

$$\begin{bmatrix} -1 & 2 \\ 1 & -3 \end{bmatrix}\begin{bmatrix} p_{11} & p_{12} \\ p_{21} & p_{22} \end{bmatrix}+\begin{bmatrix} p_{11} & p_{12} \\ p_{21} & p_{22} \end{bmatrix}\begin{bmatrix} -1 & 1 \\ 2 & -3 \end{bmatrix}=-\begin{bmatrix} 1 & \\ & 1 \end{bmatrix}$$

将上式展开，并令矩阵中各对应元素相等，解得

$$\boldsymbol{P}=\frac{1}{8}\begin{bmatrix} 14 & 5 \\ 5 & 3 \end{bmatrix}$$

则实对称矩阵 $\boldsymbol{P}$ 的各阶顺序主子行列式

$$\Delta_1=\frac{7}{4},\Delta_2=\frac{1}{64}\begin{vmatrix} 14 & 5 \\ 5 & 3 \end{vmatrix}=\frac{17}{64}>0$$

可见，$\boldsymbol{P}$ 的各阶顺序主子行列式都为正，由赛尔维斯特定理可知实对称矩阵 $\boldsymbol{P}$ 是正定的。因此，系统在原点处的平衡状态是大范围渐近稳定的。

习　　题

7.1　试求图 7.12 所示的电网络系统的状态空间方程，其中 $u_i(t)$ 为输入变量，R_1 上的电压 $u_{R1}(t)$ 为输出变量，电压和电流为关联参考方向。

7.2　已知系统的微分方程为

（1）$y^{(3)}+7y^{(2)}-6\dot{y}+2y=5u$；

（2）$y^{(3)}+3y^{(2)}+2\dot{y}-6y=2u^{(3)}+u^{(2)}+9\dot{u}+u$。

试列出它们的状态空间表达式，并画出相应的状态结构图。

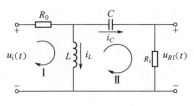

图 7.12 题 7.1 图

7.3 已知系统的结构如图 7.13 所示，其状态变量为 x_1、x_2、x_3 已在图中标注，试求其状态空间表达式，并画出状态结构图。

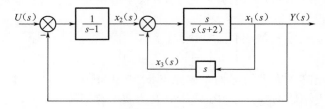

图 7.13 题 7.3 图

7.4 已知系统的传递函数为

$$G(s) = \frac{s+3}{s^2 + 3s + 2}$$

试求出系统的能控标准型和能观标准型的状态空间表达式。

7.5 试求下列齐次状态方程的解。

(1) $\dot{x} = \begin{bmatrix} 0 & 1 \\ -1 & 0 \end{bmatrix} x, x(0) = \begin{bmatrix} 1 \\ 1 \end{bmatrix}$；

(2) $\dot{x} = \begin{bmatrix} 5 & -2 \\ 0 & 1 \end{bmatrix} x, x(0) = \begin{bmatrix} 1 \\ 0 \end{bmatrix}$。

7.6 已知系统矩阵为 $A = \begin{bmatrix} 0 & 1 & 0 \\ 0 & 0 & 1 \\ 2 & 3 & 0 \end{bmatrix}$，试用两种方法求 e^{At}。

7.7 已知系统状态方程如下，试求系统在单位阶跃函数作用下的解。

$$\dot{x} = \begin{bmatrix} 1 & 1 \\ 0 & -3 \end{bmatrix} x + \begin{bmatrix} 1 \\ 1 \end{bmatrix} u, x(0) = \begin{bmatrix} 1 \\ 0 \end{bmatrix}$$

7.8 线性定常系统的状态空间表达式分别为

(1) $\dot{x} = \begin{bmatrix} 1 & 1 \\ 1 & 0 \end{bmatrix} x + \begin{bmatrix} 0 \\ 1 \end{bmatrix} u, y = \begin{bmatrix} 0 & 1 \end{bmatrix} x$；

(2) $\dot{x} = \begin{bmatrix} 1 & 2 & -1 \\ 0 & 1 & 0 \\ 0 & -4 & 3 \end{bmatrix} x + \begin{bmatrix} 0 \\ 0 \\ 1 \end{bmatrix} u, y = \begin{bmatrix} 1 & -1 & 1 \end{bmatrix} x$。

试判别各系统的能控性和能观性。若各系统状态完全能控或能观，试写出相应的能控标准型或能观标准型。

7.9 给定单输入线性定常连续时间系统的状态方程为

$$\dot{x} = \begin{bmatrix} 0 & 1 & 0 \\ 0 & -1 & 1 \\ 0 & -1 & 10 \end{bmatrix} x + \begin{bmatrix} 0 \\ 0 \\ 10 \end{bmatrix} u$$

试确定状态反馈矩阵 K，使由状态反馈构成的闭环极点配置为 $\lambda_1^* = -10$，$\lambda_{2,3}^* = -1 \pm j\sqrt{3}$。

7.10 给定系统的传递函数为

$$G(s) = \frac{1}{s(s+1)(s+2)}$$

（1）试确定一个状态反馈矩阵 K，使由状态反馈构成的闭环极点配置为 $\lambda_1^* = -3$，$\lambda_{2,3}^* = -\frac{1}{2} \pm j\frac{\sqrt{3}}{2}$；

（2）试设计一个全维状态观测器，使得状态观测器的极点均位于 -5。

7.11 已知线性定常连续时间系统的状态方程为

$$\dot{x}_1 = x_2$$
$$\dot{x}_2 = -x_1 - x_2$$

试分别用李雅普诺夫第一方法和李雅普诺夫第二方法判定系统在平衡状态的稳定性。

7.12 已知线性定常连续时间系统的状态方程为

$$\dot{x} = \begin{bmatrix} 0 & 1 \\ -1 & -1 \end{bmatrix} x, Q = I$$

试用李雅普诺夫判据判定系统在平衡状态的稳定性。

附录 1
常用函数拉普拉斯变换表

序号	拉普拉斯变换 $F(s)$	时域原函数 $f(t)$
1	1	单位脉冲函数 $\delta(t)$ 在 $t=0$ 时
2	e^{-KTx}	$\delta(t-KT)$
3	$\dfrac{1}{s}$	单位阶跃函数 $1(t)$ 在 $t=0$ 时
4	$\dfrac{1}{s^2}$	t
5	$\dfrac{1}{s^3}$	$\dfrac{1}{2}t^2$
6	$\dfrac{1}{s^{r+1}}$	$\dfrac{1}{r!}t^r$
7	$\dfrac{1}{s+a}$	e^{-at}
8	$\dfrac{1}{(s+a)^2}$	te^{-at}
9	$\dfrac{1}{(s+a)^n}$	$\dfrac{1}{(n-1)!}t^{n-1}e^{-at}$
10	$\dfrac{a}{s(s+a)}$	$1-e^{-at}$
11	$\dfrac{\omega}{s^2+\omega^2}$	$\sin\omega t$
12	$\dfrac{s}{s^2+\omega^2}$	$\cos\omega t$

序号	拉普拉斯变换 $F(s)$	时域原函数 $f(t)$
13	$\dfrac{\omega}{(s+a)^2+\omega^2}$	$\mathrm{e}^{-at}\sin\omega t$
14	$\dfrac{s+a}{(s+a)^2+\omega^2}$	$\mathrm{e}^{-at}\cos\omega t$
15	$\dfrac{s+a_0}{s(s+a)}$	$\dfrac{1}{a}\left[a_0-(a_0-a)\mathrm{e}^{-at}\right]$
16	$\dfrac{1}{s^2(s+a)}$	$\dfrac{1}{a^2}\left[at-1+\mathrm{e}^{-at}\right]$
17	$\dfrac{s^2+a_1s+a_0}{s^2(s+a)}$	$\dfrac{1}{a^2}\left[a_0at+a_1a-a_0+(a_0-a_1a+a^2)\mathrm{e}^{-at}\right]$

附录 2
拉普拉斯变换的基本性质

序号	变换定理		表达式
1	线性定理	齐次性	$L[\alpha f(t)]=\alpha F(s)$
		叠加性	$L[\alpha f_1(t)\pm\beta f_2(t)]=\alpha F_1(s)\pm\beta F_2(s)$
2	微分定理	一般形式	$L\left[\dfrac{\mathrm{d}^n f(t)}{\mathrm{d}t^n}\right]=s^n F(s)-s^{n-1}f(0)-s^{n-2}f(0)-\cdots-sf^{(n-2)}(0)-f^{(n-1)}(0)$ $f(0)$ 为 $t=0$ 时的函数值，$f^{(n-1)}(0)$ 为函数 $f(t)$ 的 $n-1$ 阶导数取 $t=0$ 时的值
		初始条件为 0 时	$L\left[\dfrac{\mathrm{d}^n f(t)}{\mathrm{d}t^n}\right]=s^n F(s)$
3	积分定理	一般形式	$L\left[\underbrace{\iint\cdots\int}_{n\text{重积分}}f(t)\mathrm{d}t\right]=\dfrac{1}{s^n}F(s)+\dfrac{1}{s^n}f^{(-1)}(0)+\dfrac{1}{s^{n-1}}f^{(-2)}(0)+\cdots$ $+\dfrac{1}{s}f^{(-n)}(0)$ $f^{(-n)}(0)$ 表示 $f(t)$ 的 n 重积分取 $t=0$ 时的值
		初始条件为 0 时	$L\left[\underbrace{\iint\cdots\int}_{n\text{重积分}}f(t)\mathrm{d}t\right]=\dfrac{1}{s^n}F(s)$
4	延迟定理（t 域平移定理）		$L[f(t-\tau)]=\mathrm{e}^{-\tau s}F(s)$
5	衰减定理（s 域平移定理）		$L[\mathrm{e}^{at}f(t)]=F(s+a)$
6	终值定理		$\lim\limits_{t\to\infty}f(t)=\lim\limits_{s\to 0}sF(s)$
7	初值定理		$\lim\limits_{t\to 0}f(t)=\lim\limits_{s\to\infty}sF(s)$
8	卷积定理		$L\left[\int_0^t f_1(t-\tau)f_2(\tau)\mathrm{d}\tau\right]=L\left[\int_0^t f_1(t)f_2(t-\tau)\mathrm{d}\tau\right]=F_1(s)F_2(s)$

部分习题参考答案

第1章

1.5 温度控制系统结构组成框图

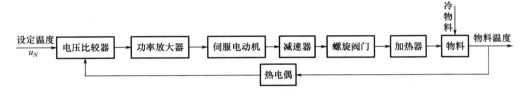

1.6 控制系统结构组成框图

第2章

2.1 (2)、(3)是线性系统。

2.2 (a) $m\ddot{x}(t) + kx(t) = f(t)$ (b) $m\ddot{x}(t) + \dfrac{k_1 k_2}{k_1 + k_2} x(t) = f(t)$

2.3 (a) $m\ddot{x}_o(t) + (c_1 + c_2)\dot{x}_o(t) = c_1\dot{x}(t)$

    (b) $c(k_1 + k_2)\dot{x}_o(t) + k_1 k_2 x_o(t) = ck_1\dot{x}_i(t)$

    (c) $c\dot{x}_o(t) + (k_1 + k_2)x_o(t) = c\dot{x}_i(t) + k_1 x_i(t)$

2.4 (a) $c_1 R_2 \ddot{u}_o + \left(1 + \dfrac{R_2}{R_1} + \dfrac{C_1}{C_2}\right)\dot{u}_o + \dfrac{1}{C_2 R_1} u_o = c_1 R_2 \ddot{u}_i + \left(\dfrac{R_2}{R_1} + \dfrac{C_1}{C_2}\right)\dot{u}_i + \dfrac{1}{C_2 R_1} u_i$

    (b) $(R_1 + R_2)\dot{u}_o + \left(\dfrac{1}{C_1} + \dfrac{1}{C_2}\right)u_o = R_2\dot{u}_i + \dfrac{1}{C_2} u_i$

2.5 $mJ\theta^{(4)} + (mc_m + cJ)\dddot{\theta} + (R^2 km + c_m c + KJ)\ddot{\theta} + k(cR^2 + c_m)\dot{\theta} + kKM = m\ddot{M} + c\dot{M} + kM$

2.6 (1) $Y(s)/R(s) = \dfrac{s^2 + 2}{s^3 + 15s^2 + 50s + 500}$;   (2) $Y(s)/R(s) = \dfrac{0.5s}{5s^2 + 25s}$;

    (3) $Y(s)/R(s) = \dfrac{0.5}{s^2 + 25}$;   (4) $Y(s)/R(s) = \dfrac{4s}{s^3 + 3s^2 + 6s + 4}$.

2.7 $G(s) = \dfrac{8s + 2}{(3s + 1)(5s + 1)}$

2.8 $G(s) = \dfrac{1}{Ts + 1}$ 时, $G_B(s) = \dfrac{Ts + 1}{Ts + 2}$; $G(s) = \tau s$ 时, $G_B(s) = \dfrac{\tau s}{\tau s + 1}$; $G(s) = \dfrac{1}{Ts}$

时, $G_B(s) = \dfrac{1}{Ts + 1}$.

2.9 (a) $G(s) = X_o(s)/X_i(s) = k/(ms^2 + cs + k)$;

(b) $G(s) = U_o(s)/U_i(s) = 1/(LCs^2 + RCs + 1)$ 两者为相似系统

2.10 (1) $X_o(s) = \dfrac{G_1(s)G_2(s)}{1 + G_1(s)G_2(s)H(s)} X_i(s)$;

(2) $X_o(s) = \dfrac{G_2(s)}{1 + G_1(s)G_2(s)H(s)} N(s)$;

(3) $X_o(s) = \dfrac{G_1(s)G_2(s)}{1 + G_1(s)G_2(s)H(s)} X_i(s) + \dfrac{G_2(s)}{1 + G_1(s)G_2(s)H(s)} N(s)$

2.11 $G(s) = \dfrac{K_4}{K_1 K_2} s$

2.12 $G_B(s) = \dfrac{X_o(s)}{X_i(s)} = \dfrac{G_1 G_2 G_3 + G_4}{1 + (G_1 G_2 G_3 + G_4) H_3 - G_1 G_2 G_3 H_1 H_2}$

2.13 $G_B(s) = \dfrac{X_o(s)}{X_i(s)} = \dfrac{G_1 G_2 G_3 G_4}{1 - G_1 G_2 G_3 G_4 H_3 + G_1 G_2 G_3 H_2 - G_2 G_3 H_1 + G_3 G_4 H_4}$

2.14 （略）

第 3 章

3.2 单位脉冲响应 $x_o(t) = 8e^{-0.4t}$，单位阶跃响应 $x_o(t) = 20(1 - e^{-0.4t})$

3.3 $T = 0.256 \text{min}$，稳态误差 $e_{ss} = 2.53\text{℃}$

3.4 单位脉冲响应 $x_o(t) = \dfrac{1}{RC} e^{-t/RC}$，单位阶跃响应 $x_o(t) = 1 - e^{-t/RC}$，单位斜坡响应 $x_o(t) = t - T + Te^{-t/RC}$

3.5 $t_r = 3.72\text{s}$，$t_p = 5.59\text{s}$，$M_p = 41.3\%$，$t_s \approx 6\text{s}(\Delta = 5\%)$

3.6 $K_0 = 10$，$K_1 = 0.9$

3.7 (1) 单位阶跃响应 $x_o(t) = \dfrac{20}{21}(1 - e^{\frac{-21}{0.2}t})$;

(2) 单位阶跃响应 $x_o(t) = \dfrac{16}{17}(1 - e^{\frac{-17}{0.2}t})$;

(3) 单位阶跃响应 $x_o(t) = \dfrac{16}{17}(1 - e^{\frac{-17}{0.1}t})$；$K$ 值增大，系统稳态误差减小；T 减小，系统调整时间缩短。

3.8 (1) $G_B(s) = \dfrac{600}{s^2 + 70s + 600}$;   (2) $\xi = 1.43$，$\omega_n = 24.5$

3.9 (1) $\xi = 1/6$，$\omega_n = 3$;   (2) $M_p = 53.8\%$，$t_p = 1.06\text{s}$，$t_s \approx 6\text{s}(\Delta = 5\%)$

3.10 (1) $K = 20$；(2) 1s 后实际心速 60 次/分钟，瞬时最大心速 70 次/分钟

3.11 $K = 2.92$，$K_f = 0.468$

3.12 $G_B(s) = \dfrac{2.94}{s^2 + 1.38s + 2.94}$

3.13 $K = 25$

3.14 (1) $\xi = \dfrac{1}{\sqrt{10}}$，$\omega_n = \sqrt{10}$，$e_{ss} = 0.4$;   (2) $K_f = 1.79$，$e_{ss} = 0.38$;

（3）$K_A = 6\sqrt{10}$，$K_f = 1.79$

3.15　$e_{ss} = e_{ss x_i} + e_{ssN} = \dfrac{1}{5} - \dfrac{1}{5} = 0$

第 4 章

4.3　不论 K 取何值，系统均无法稳定。

4.4　$0 < K < 6$

4.5　（a）满足劳斯判据，稳定；　（b）满足劳斯判据，稳定

4.6

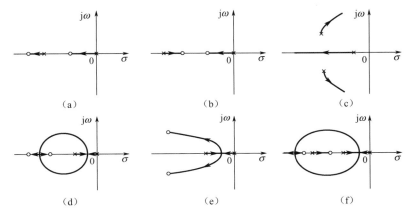

4.7　（1）渐近线 $\sigma_a = -7/3$，$\varphi_a = \pm\pi/3, \pi$。分离点 $d = -0.88$；与虚轴的交点（0，$\pm\sqrt{10}\,\mathrm{j}$）。

（2）渐近线 $\sigma_a = 0$，$\varphi_a = \pm\pi/2$；分离点 $d = -0.886$。

（3）渐近线 $\sigma_a = -8/3$，$\varphi_a = \pm\pi/3, \pi$；分离点 $d = -2, -3.33$。与虚轴的交点处 $\omega = \pm 2\sqrt{5}$，$k^* = 160$。起始角 $\theta_{p2} = -63°$，$\theta_{p3} = +63°$。

（4）起始角 $\theta_{p2} = \theta_{p3} = 0°$。

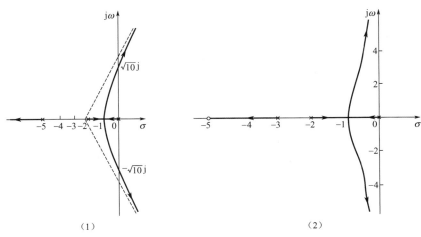

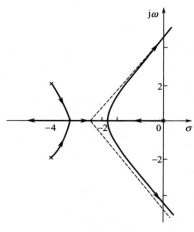

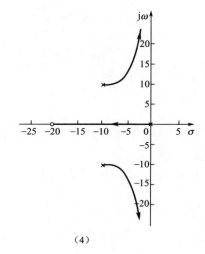

(4)

4.8　$0 < K^* < 27$,（3）$0 < K < 3$

4.9　略

4.10　$K_c^* = 126$

4.11　对原系统，随着 K 的增大，系统衰减振荡且调整时间 t_s 增大。增加零点后，随着 K 的增大，系统由衰减振荡变为不振荡，可近似为一个负实数主导极点的惯性环节，且主导极点逐渐靠近开环零点。因此，系统无超调量，且调整时间 t_s 下降，快速性提高。

4.12　$s_{1,2} = -0.164 \pm j0.167$，只要 $K > 0$，系统就稳定。

第 5 章

5.2　幅频特性 $A(\omega) = |G(j\omega)| = \dfrac{36}{\sqrt{16+\omega^2}\ \sqrt{81+\omega^2}}$,

相频特性 $\varphi(\omega) = 0 - \arctan\dfrac{\omega}{4} - \arctan\dfrac{\omega}{9}$

5.3　$x_{oss}(t) = 2\dfrac{1}{\sqrt{1+10^2}}\sin(2t - 0.1 - \arctan 10)$

5.4　$k = 4$，$c = 1$

5.5　(1) $x_{oss}(t) = \dfrac{10}{\sqrt{122}}\sin(t + 30° - 5.2°)$;

　　(2) $x_{oss}(t) = 2 \times \dfrac{10}{\sqrt{125}}\cos(2t - 45° - 10.3°)$;

　　(3) $x_{oss}(t) = 0.905\sin(t + 24.81°) - 1.79\cos(2t - 55.3°)$

5.6　$x_o(t) = 10 \times 3.06\sin(6.3t - 72.5°)$

5.7　(1) $x_o(t) = 0.79\sin(2t - 18.4°)$;

　　(2) $x_o(t) = 0.93\sin(2t - 21.8°)$;

　　(3) $x_o(t) = \dfrac{\sqrt{5}}{5}\sin(2t - 10.3°)$

5.9　(1) $K = 9$，$a = 3$；(2) $\xi = 0.5$，$\omega_n = 3$，$\omega_r = 2.12$；(3) $\omega = 2.12$，1.15A

5.10　a：Ⅳ型，b：Ⅰ型，c：Ⅱ型，d：Ⅲ型

5.12　(1) $\xi = 0.5$，$\omega_n = 10$；(2) $M_p = 16.3\%$，$t_s = 0.6\,\text{s}$，$\omega_c = 7.86$；(3) $e_{ss} = 1$

5.14　不稳定，2个

5.16　$a = 0.084\,\text{s}$

5.17　$K = 10$ 时，$\omega_c = 2.86$，$\gamma = -10.46°$，$K_g = -4.48\,\text{dB}$；

　　　$K = 100$ 时，$\omega_c = 7.436$，$\gamma = -48.4°$，$K_g = -24.5\,\text{dB}$

5.18　(1) $K = 1.1$；(2) $K = 0.574$。

5.19　(1) $\gamma = +12°$，$K_g = +3\text{dB}$；(2) $\gamma = -30°$，$K_g = -6\text{dB}$

参 考 文 献

包革军，邢宇明，盖云英，2013. 复变函数与积分变换[M]. 3 版 . 北京：科学出版社 .

陈康宁，1997. 机械工程控制基础[M]. 修订版 . 西安：西安交通大学出版社 .

韩致信，2008. 机械工程控制基础[M]. 北京：北京大学出版社 .

胡寿松，2018. 自动控制原理习题解析[M]. 3 版 . 北京：科学出版社 .

胡寿松，2019. 自动控制原理[M].7 版 . 北京：科学出版社 .

李先允，2007. 现代控制理论基础[M]. 北京：机械工业出版社 .

刘豹，唐万生，2011. 现代控制理论[M]. 3 版 . 北京：机械工业出版社 .

刘慧英，2016. 自动控制原理 导教·导学·导考[M]. 4 版 . 西安：西北工业大学出版社 .

彭珍瑞，董海棠，2015. 控制工程基础[M].2 版 . 北京：高等教育出版社 .

王春侠，2016. 现代控制理论基础[M]. 北京：电子工业出版社 .

王立国，2012. 现代控制理论基础[M]. 北京：机械工业出版社 .

王正林，王胜开，陈国顺，等，2017. MATLAB/Simulink 与控制系统仿真[M]. 4 版 . 北京：电子工业出版社 .

熊良才，杨克冲，吴波，2013. 机械工程控制基础学习辅导与题解[M]. 修订版 . 武汉：华中科技大学出版社 .

杨叔子，杨克冲，吴波，等，2018. 机械工程控制基础[M]. 7 版 . 武汉：华中科技大学出版社 .

雨宫好文，末松良一，2001. 机械控制入门[M]. 王献平，高航，译 . 北京：科学出版社 .

张莲，胡晓倩，彭滔，等，2016. 现代控制理论[M].2 版 . 北京：清华大学出版 .

周高峰，赵则祥，2014. MATLAB/Simulink 机电动态系统仿真及工程应用[M]. 北京：北京航空航天大学出版社 .

DORF R C，BISHOP R H，2001. 现代控制系统[M]. 8 版 . 谢红卫，等译 . 北京：高等教育出版社 .